Inhalt

Liebe Schülerin, lieber Schüler,

dieses Trainingsbuch ist die ideale Ergänzung zu deinem Schulbuch „Schnittpunkt". Du findest darin über 200 Übungen zu allen wichtigen Themen, die du in der Schule lernst. Die ausführlichen Lösungen am Ende des Buches zeigen dir, wie gut du schon bist.

Das Trainingsbuch ist übersichtlich aufgebaut und einfach zu handhaben:

- Der Lernstoff ist genau derselbe wie in „Schnittpunkt". Auch die Reihenfolge der Themen orientiert sich an deinem Schulbuch*.
- Jeder neue Abschnitt beginn mit einem **Wissen-Kasten**. Hier findest du auf einen Blick alle wichtigen Regeln und Formeln. Zusätzliche Beispiele erleichtern das Verständnis.
- Dann folgen die **Übungen**, die nach Schwierigkeit sortiert sind. Die meisten können direkt im Buch gelöst werden. Für einige brauchst du eigenes Papier oder ein Heft.
- **Tipps** helfen dir bei besonders kniffligen Aufgaben auf die Sprünge.
- Anhand der **ausführlichen Lösungen** am Ende des Buches kannst du überprüfen, ob du alles richtig gemacht hast.
- Die **Tests** am Ende jedes Kapitels zeigen dir, worin du stark bist und was du noch verbessern musst.

Viel Erfolg wünscht dir dein Klett Lerntraining-Team!

* Die Lehrpläne der einzelnen Bundesländer sind nicht genau gleich. Dieses Trainingsbuch deckt aber alle wichtigen Themen des 6. Schuljahres, die im Mathematik-Unterricht deutschlandweit behandelt werden, ab. Wenn du in diesem Buch ein Thema findest, das in deinem Unterricht nicht vorkommt, dann überspringe es einfach!

1 Kreis und Winkel

1 Kreis

Ein **Kreis** besteht aus allen Punkten, die von einem gegebenen Punkt, dem **Mittelpunkt** M, gleich weit entfernt sind. Diese Entfernung heißt **Radius** r.
Das Doppelte des Radius heißt **Durchmesser** d.
Der abgebildete Kreis um den Mittelpunkt M geht durch die Punkte P, Q und R.
Die Strecke $\overline{MP}$ ist ein Radius.
Die Strecke $\overline{QR}$ ist ein Durchmesser.

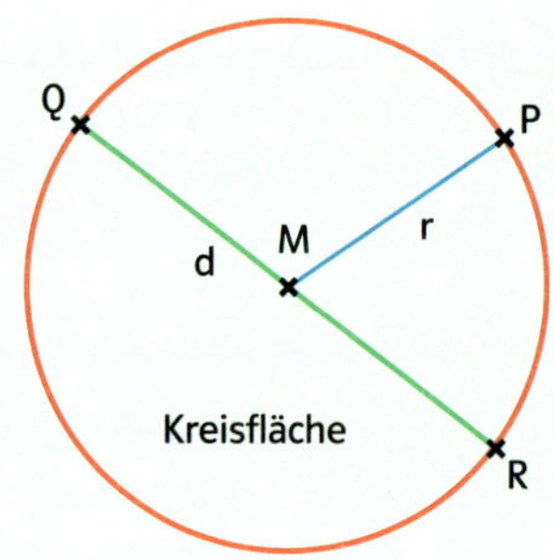

Aufgaben

1 Zeichne die vier Kreise mit dem Radius r = 3 cm um die Mittelpunkte M_1, M_2, M_3 und M_4.

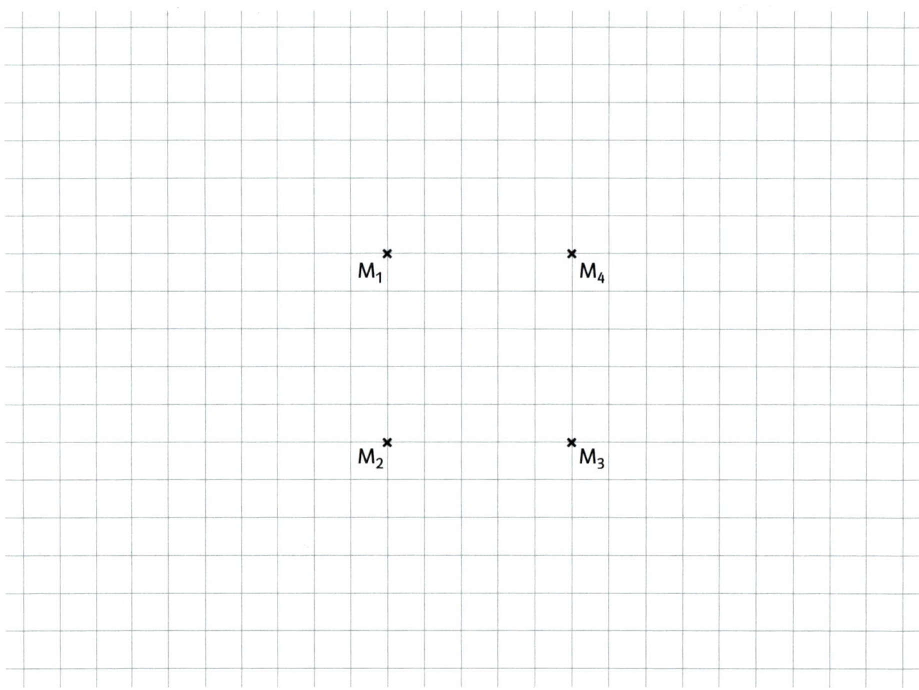

2 Versuche die Kreisfigur aus Aufgabe 1 von Hand in einem Zug zu zeichnen, also ohne den Stift abzusetzen. Übertrage sie dazu zuerst mit dem Zirkel auf ein eigenes Blatt Papier.

3 Zeichne einen Kreis um den Mittelpunkt M, der durch den Punkt P geht.
Zeichne einen Kreis um den Mittelpunkt N, der durch den Punkt P geht.
Zeichne einen Kreis mit dem Durchmesser $\overline{MP}$. Seinen Mittelpunkt musst du erst finden. Füge noch einen Kreis so hinzu, dass eine schöne Figur entsteht.

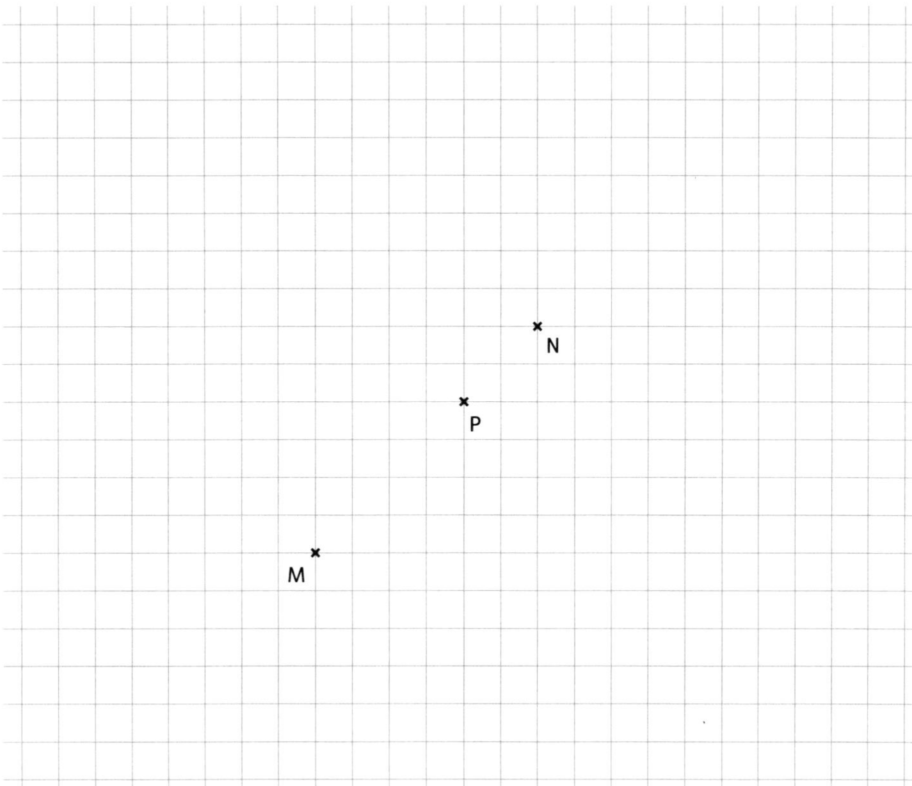

4 Zeichne auf einem eigenen Blatt Papier die folgenden Kreise:
a) M(4 | 3); r = 2,5 cm b) M(6 | 4); r = 3 cm c) M(4 | 4,5); d = 6 cm d) M(6,5 | 5); d = 7 cm

5 Zeichne die Figur in doppelter Größe auf ein eigenes Blatt Papier.

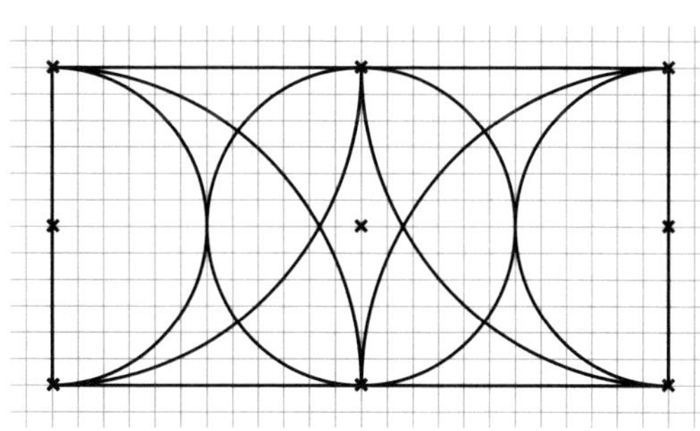

2 Kreisausschnitt

Zerschneidet man eine Kreisfläche durch zwei Radien, entstehen zwei **Kreisausschnitte.**

Der Rand eines Kreisausschnitts setzt sich aus zwei Radien und einem Teil des Kreises zusammen.
Ein solcher Kreisteil heißt **Kreisbogen.**

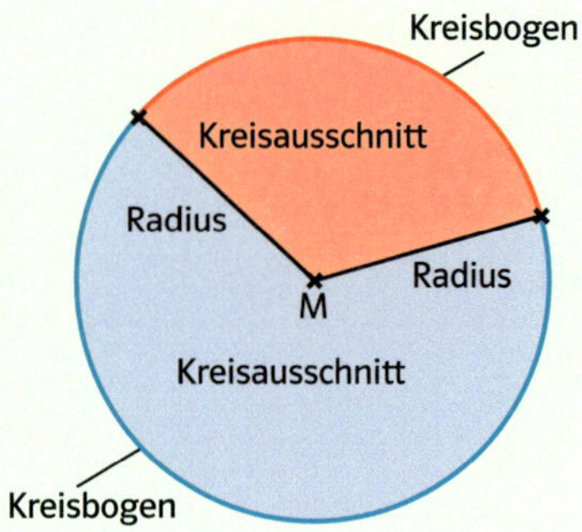

Aufgaben

1 Welche Figur ist ein Kreisausschnitt, welche ist keiner?

a) ja ☐ nein ☐

b) ja ☐ nein ☐

c) ja ☐ nein ☐

d) ja ☐ nein ☐

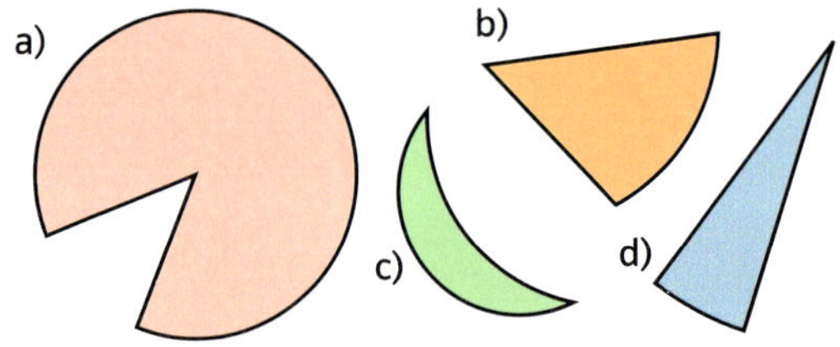

2 Zeichne Kreisbögen so ein, dass schöne Figuren entstehen.
In drei Figuren sind schon einige Kreisbögen eingetragen.
Die Raute kannst du durch Kreisbögen ergänzen, die außen liegen.

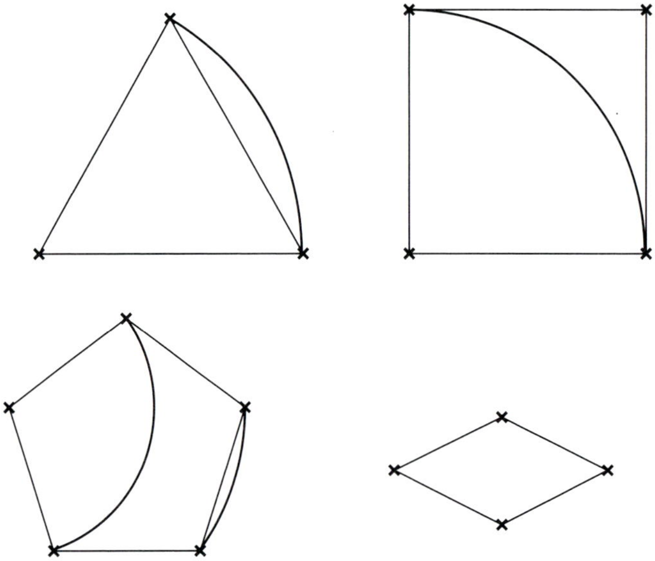

3 Fünf der sechs Brüche $\frac{3}{4}; \frac{9}{10}; \frac{2}{3}; \frac{1}{10}; \frac{1}{6}; \frac{1}{4}$ passen zu einem der Kreisausschnitte.
Schreibe die richtigen Brüche in die Felder.

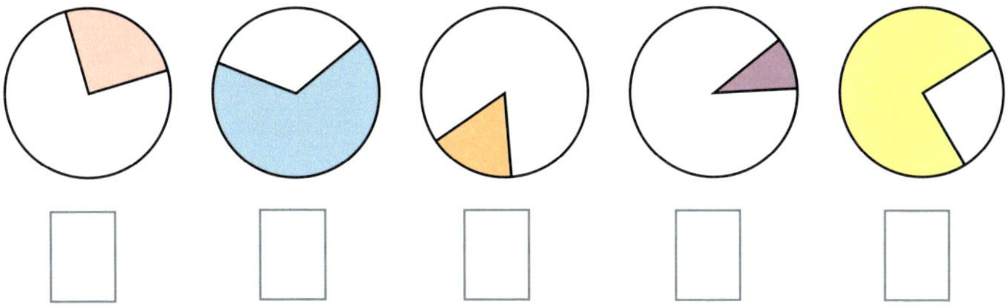

4 Die riesige Geburtstagstorte ist in 24 Stücke geschnitten. Acht Gäste putzen zwei Drittel weg. Dann kommen noch zwei hungrige Nachzügler und verspeisen drei Viertel des Rests.
Wie viele Stücke kommen danach in den Kühlschrank?
Du findest die Lösung, wenn du passende Kreisausschnitte färbst.

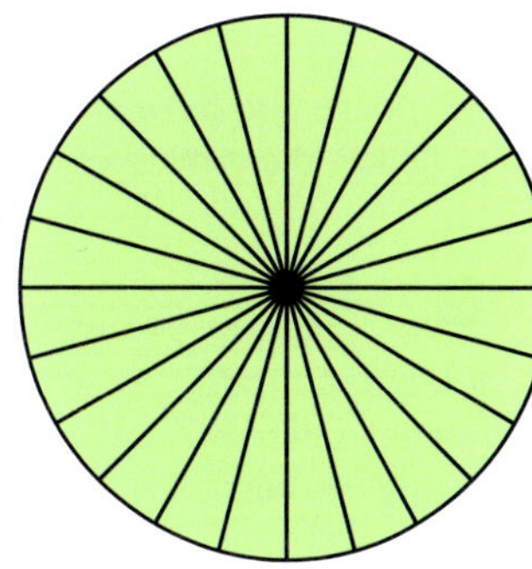

_________ Stücke kommen in den Kühlschrank?

5 Ein Vieleck mit vielen Kreisbögen!
Zeichne es nach der Vorlage.

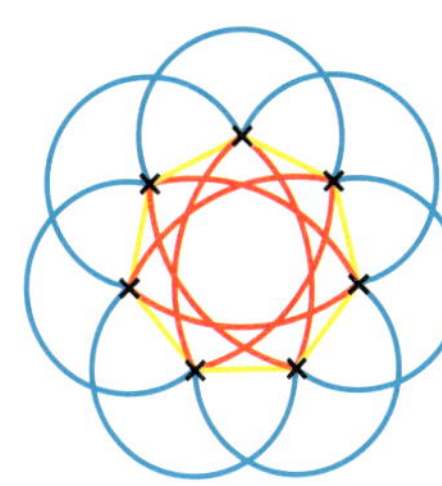

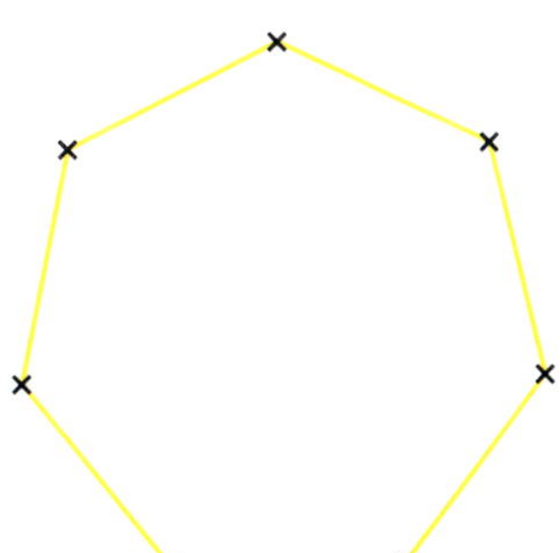

3 Winkel

Ein **Winkel** wird von zwei Schenkeln begrenzt, die vom Scheitel ausgehen.

Winkel werden mit einem kleinen Kreisbogen markiert und mit kleinen griechischen Buchstaben bezeichnet.

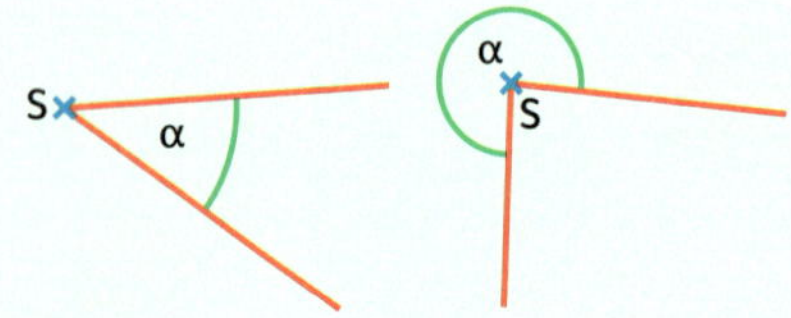

α Alpha β Beta γ Gamma δ Delta ε Epsilon

Aufgaben

1 Markiere und bezeichne die Winkel im Inneren der Dreiecke und des Vierecks. Es ist üblich, die Winkel entsprechend den Eckpunkten zu benennen, also α bei A; β bei B usw.

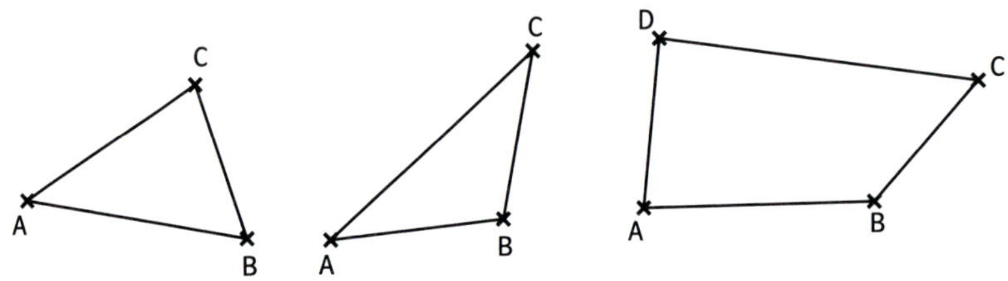

2 Markiere und bezeichne die Winkel, die am Dreieck, Viereck und Fünfeck außen liegen. Damit dafür Platz ist, sind A, B usw. innen angeschrieben. Als Hilfe ist schon ein Winkel eingetragen.

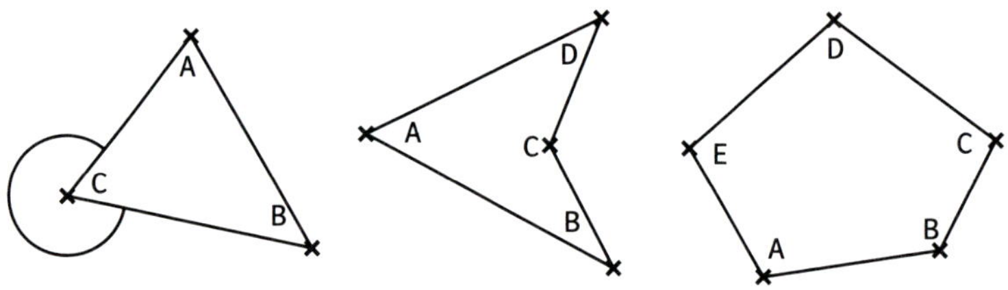

3 Ordne die Winkel nach ihrer Größe. Dabei kommt es nicht auf die Länge der Schenkel an, sondern auf die Weite der Öffnung. Augenmaß genügt. Schreibe α < β < γ usw.

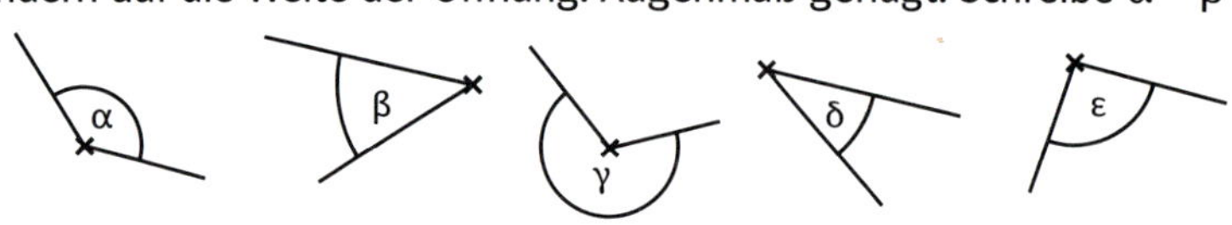

4 Die drei Bäume sind gleich groß. Sie sind aber unterschiedlich weit von der Lampe entfernt. Zeichne die Schatten der grünen Kronen auf dem Boden als dicke schwarze Striche. (Die Schatten der Stämme sollst du also nicht zeichnen). Was fällt dir auf?

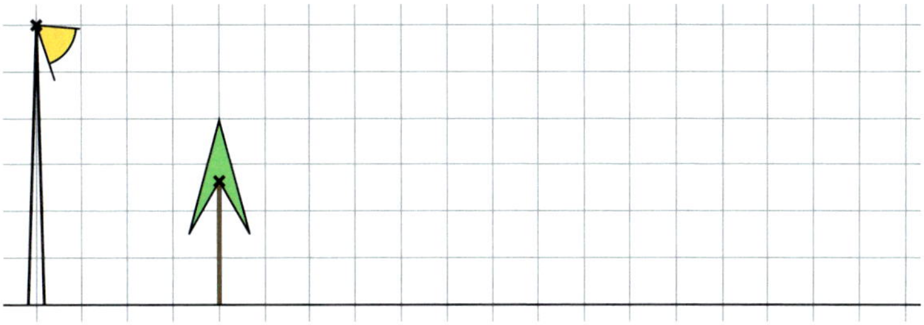

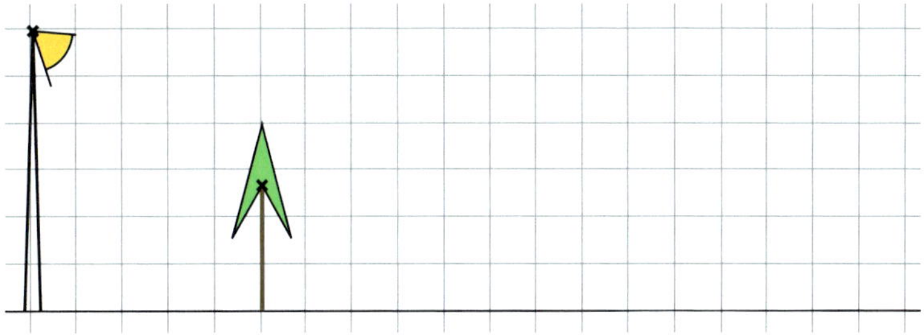

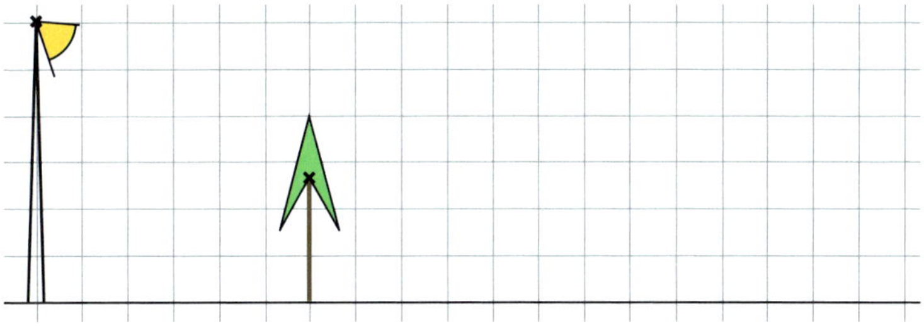

Mir fällt auf, dass ____

____

5 Das Bild zeigt von oben einen Hof mit Büschen und einer Lampe. Zeichne die Schatten der Bäume auf den Mauern als dicke schwarze Striche. Zeichne die im Schatten liegenden Teile des Hofs grau. Für die zwei Büsche links ist das nicht ganz einfach!

4 Winkelmessung. Einteilung der Winkel

Winkel werden in der **Maßeinheit 1 Grad** (1°) gemessen.
Der rechte Winkel hat das Maß 90°, der gestreckte Winkel 180°, der volle Winkel 360°.
Die anderen Winkel heißen spitz (kleiner als 90°), stumpf (zwischen 90° und 180°) und überstumpf (größer als 180°).

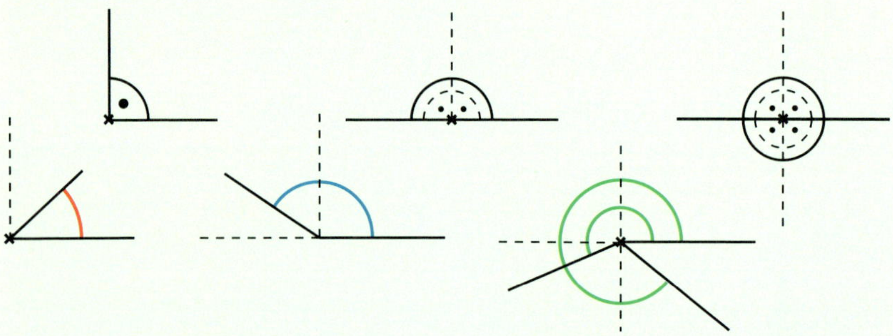

Winkel werden mit dem Geodreieck gemessen und gezeichnet. Überstumpfe Winkel werden zerlegt: 220° = 180° + 40°. Der 40°-Winkel wird an einen gestreckten Winkel angelegt.

messen zeichnen

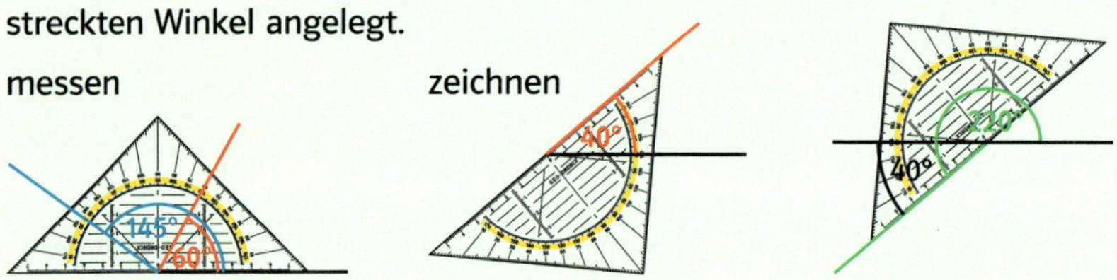

In den hier gezeichneten Winkeln liegt immer ein Schenkel horizontal. Im Allgemeinen liegen aber beide Schenkel schräg.

Aufgaben

1 Ist der Winkel spitz, stumpf oder überstumpf? Kürze ab: sp, st, üst.

65° ______ 10° ______ 110° ______ 200° ______ 170° ______

3° ______ 179° ______ 270° ______ 181° ______ 153° ______

2 Setze die Folge der Winkelmaße sinnvoll bis 360° fort.

30°; 60°; 90°; 120°; ____

Die Folge enthält ______ spitze Winkel, __________stumpfe Winkel,

_______ überstumpfe Winkel und _______ Winkel, die weder spitz noch stumpf noch überstumpf sind.

3 Miss die Winkel. Notfalls kannst du die Schenkel verlängern.

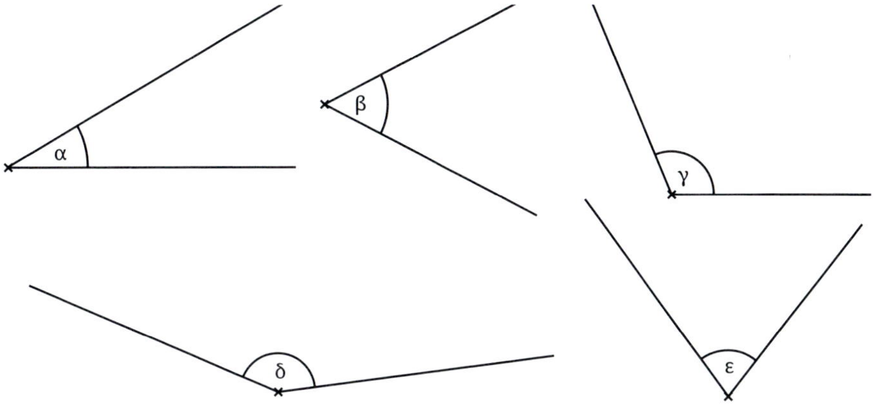

α = ______ β = ______ γ = ______ δ = ______ ε = ______

4 Trage in die sieben Winkel das richtige der folgenden Winkelmaße ein:
20°; 50°; 75°; 90°; 100°; 130°; 160°, 230°; 270°; 359°
Es sind aber zehn Maße angegeben. Drei davon kommen also nicht vor!

> **TIPP**
> *Mit etwas Augenmaß brauchst du höchstens einen Winkel zu messen.*

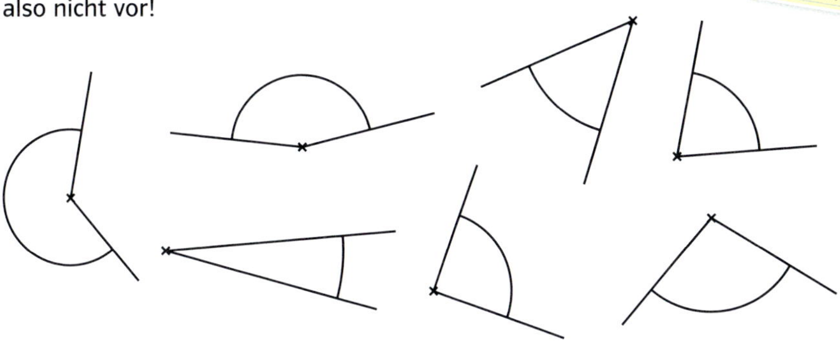

5 Miss die zwei überstumpfen Winkel.

α = ______

β = ______

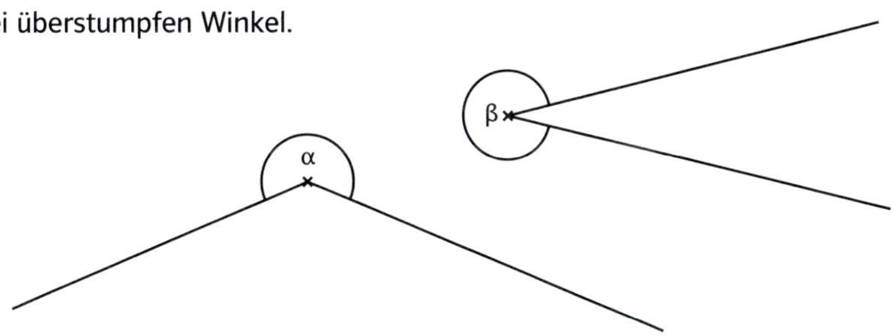

6 Zeichne die angegebenen Winkel. Der markierte Punkt ist der Scheitel, der kleine Kreisbogen zeigt, wo der Winkel liegen soll.

TIPP
Der erste Schenkel liegt schräg? Kein Problem: Buch drehen!

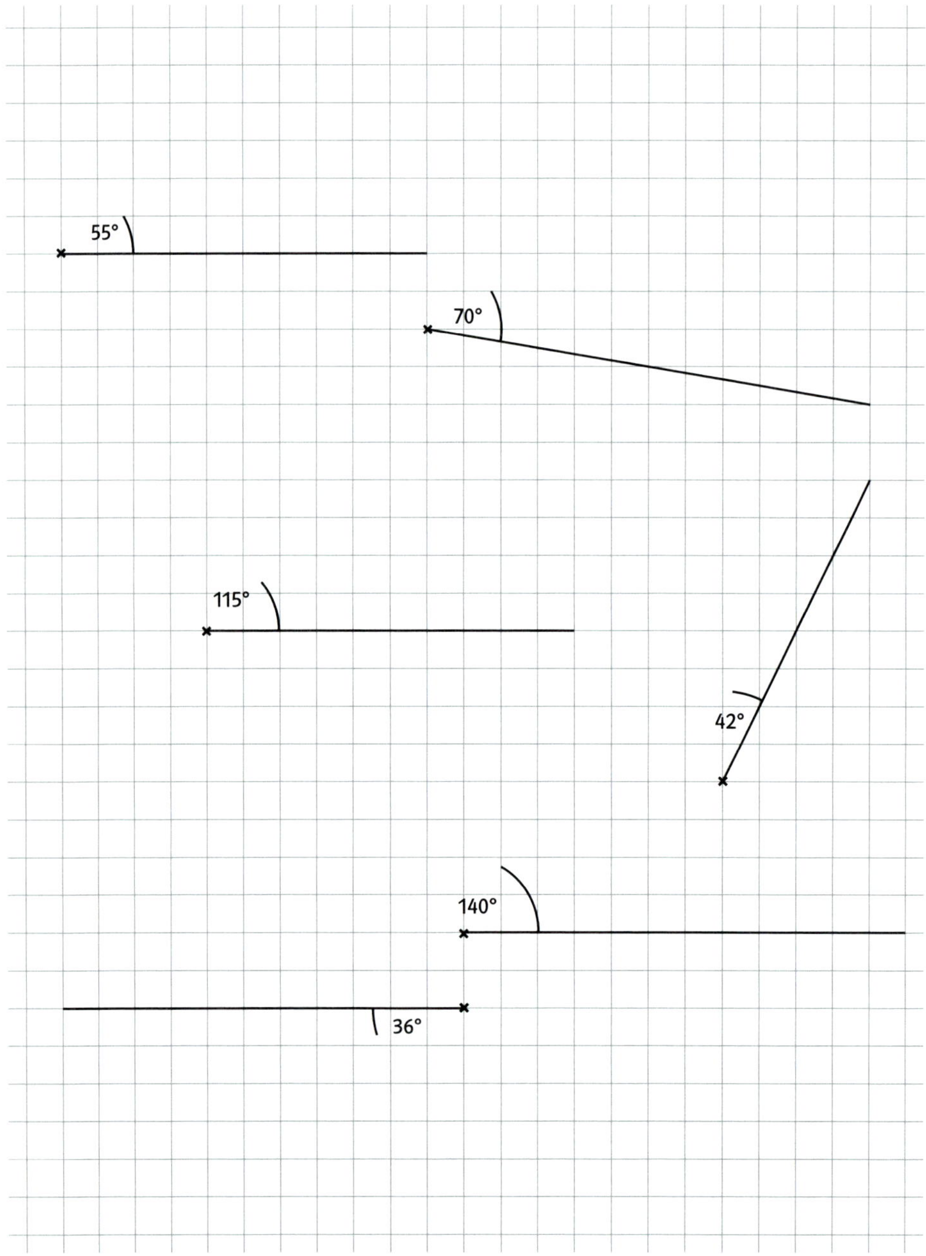

7 Die drei Kreise sind in gleiche Teile zerlegt.

TIPP
Der volle Winkel hat ??? Grad

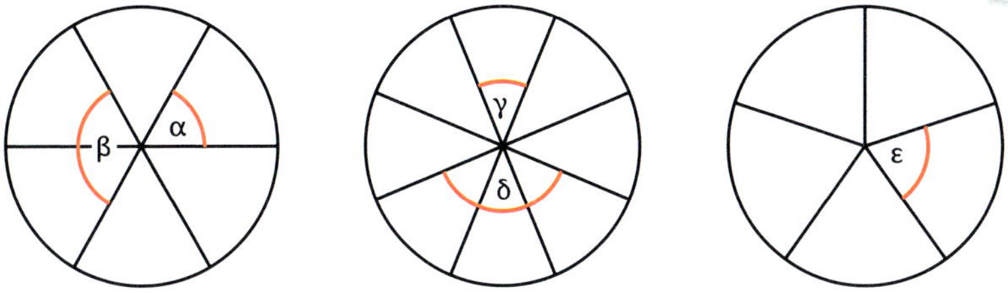

Wie groß sind die angegebenen Winkel?

α = ______ β = ______ γ = ______ δ = ______ ε = ______

Außer den Winkeln α, β, γ, δ, ε sind noch Winkel zwischen anderen Radien ablesbar. Schreibe die weiteren Winkelmaße auf. Rechne, falls nötig, auf einem eigenen Blatt Papier.

Kreis links ____________________

Kreis in der Mitte ____________________

Kreis rechts ____________________

8 Berechne den Winkel α. Rechne, falls nötig, auf einem eigenen Blatt Papier.

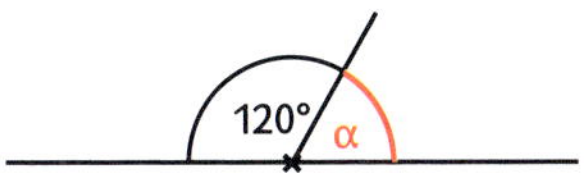

α = ____________

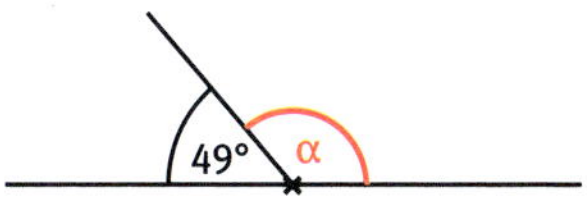

α = ____________

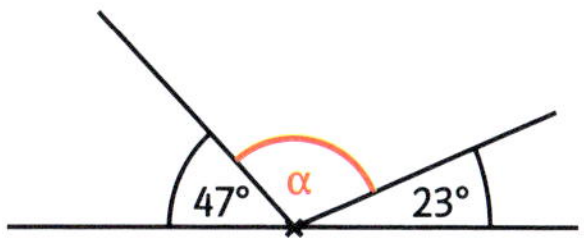

α = ____________

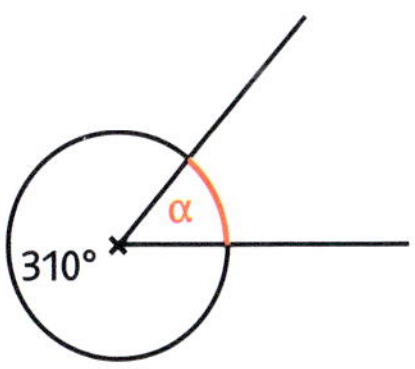

α = ____________

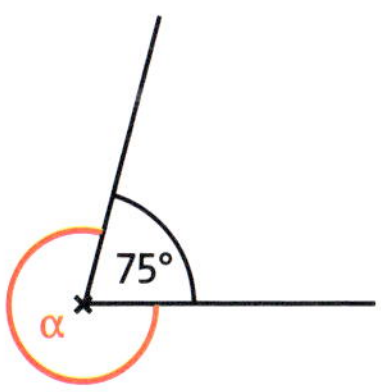

α = ____________

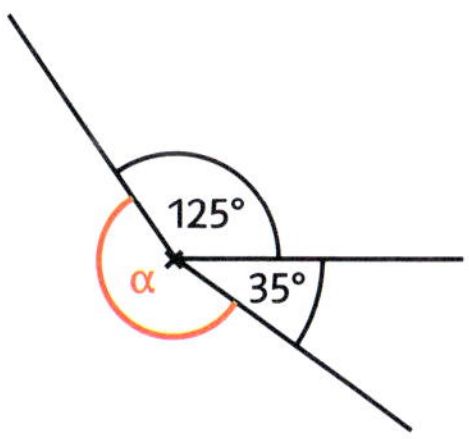

α = ____________

5 Winkel im Schnittpunkt von Geraden

Im Schnittpunkt zweier Geraden entstehen **Scheitelwinkel** und **Nebenwinkel**.
Scheitelwinkel sind gleich groß: $\alpha = \alpha'$
Nebenwinkel ergeben zusammen 180°: $\alpha + \beta = 180°$

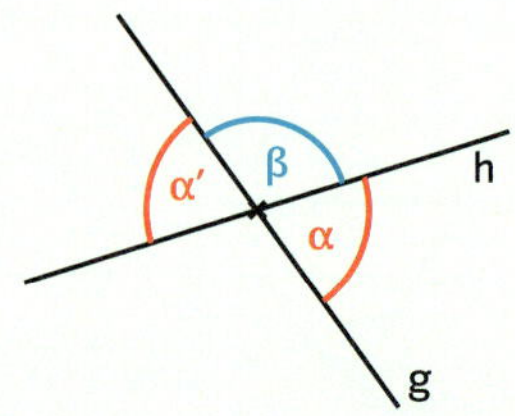

Im Bild werden die zwei Parallelen g und g′ von der Geraden h geschnitten.
In den Schnittpunkten entstehen **Stufenwinkel (F-Winkel)** und **Wechselwinkel (Z-Winkel)**.
Stufenwinkel sind gleich groß: $\alpha = \alpha'$
Wechselwinkel sind gleich groß: $\beta = \beta'$

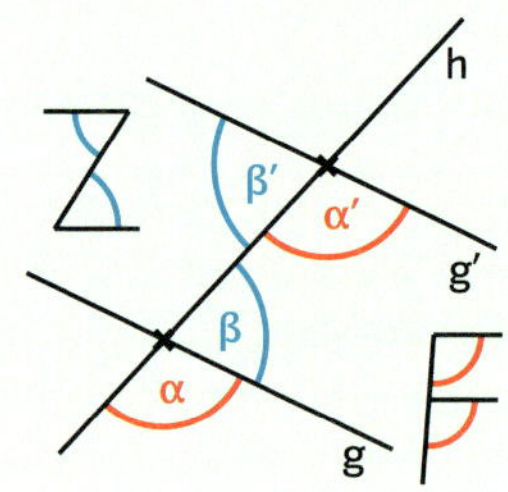

Aufgaben

1 Wie groß sind die Winkel β, γ und δ?

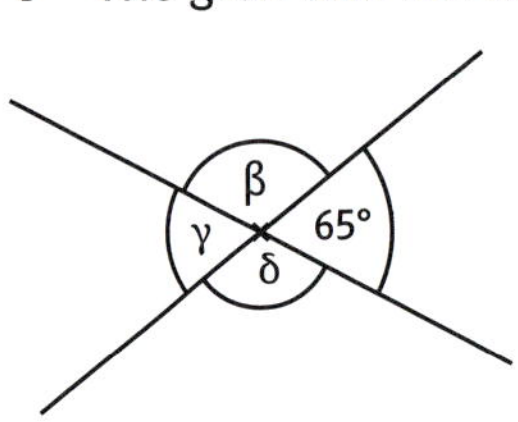

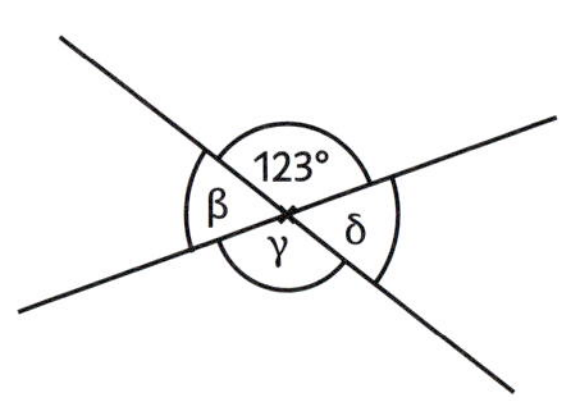

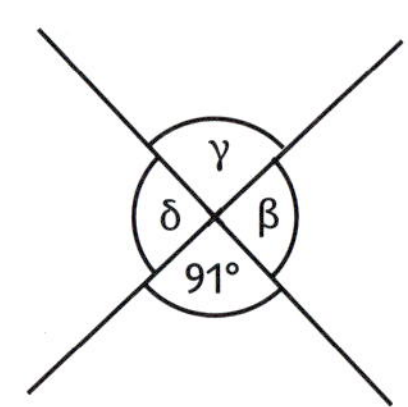

β = ____ γ = ____ δ = ____ β = ____ γ = ____ δ = ____ β = ____ γ = ____ δ = ____

2 Markiere den Scheitelwinkel von α mit einem roten Bogen, die Nebenwinkel von α blau, den Wechselwinkel von α gelb und den Stufenwinkel von α grün. Die Geraden g und h sind parallel.

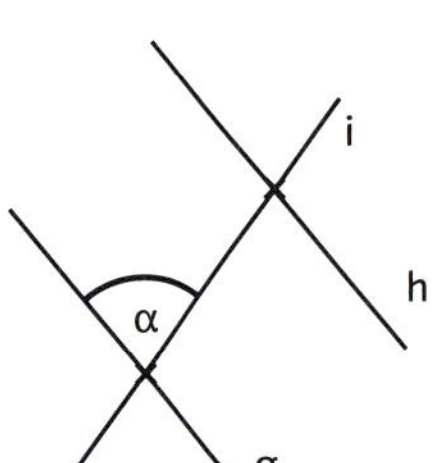

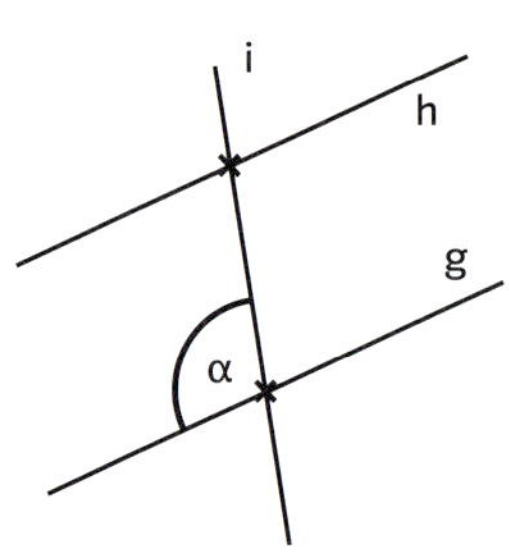

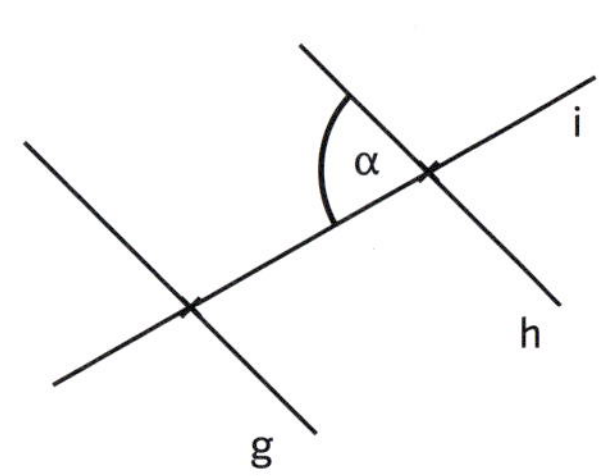

3 Berechne die Winkel.

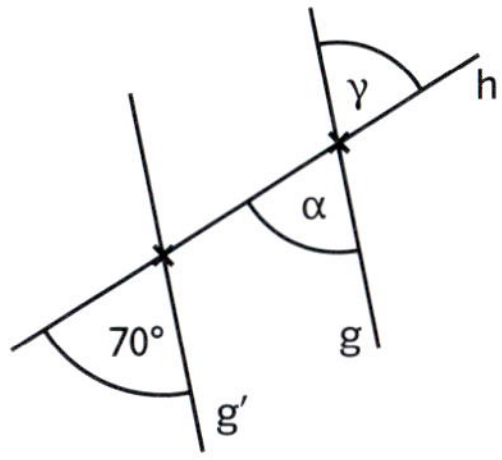

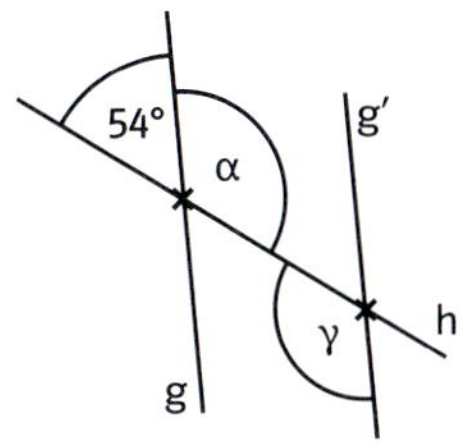

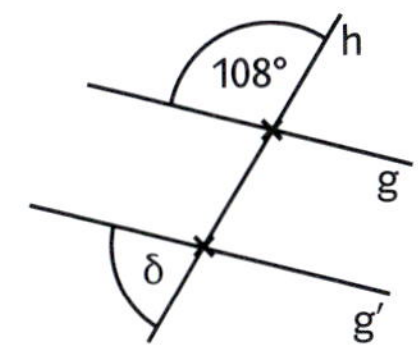

α = ______ γ = ______ α = ______ γ = ______ δ = ______

4 Markiere den Scheitelwinkel von α mit einem roten Bogen, die Nebenwinkel blau, die Wechselwinkel gelb und die Stufenwinkel grün.
Die Geraden g und h sind parallel und die Geraden i und j sind parallel.

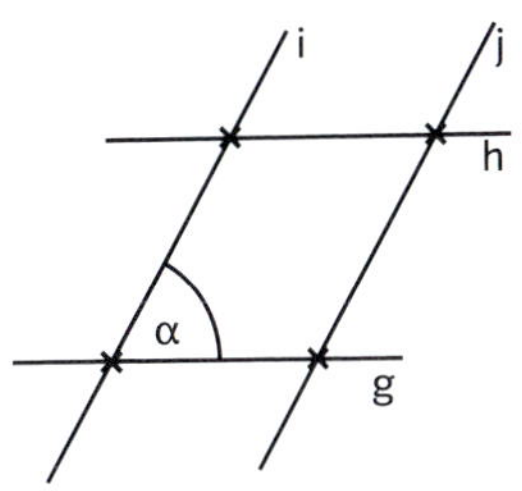

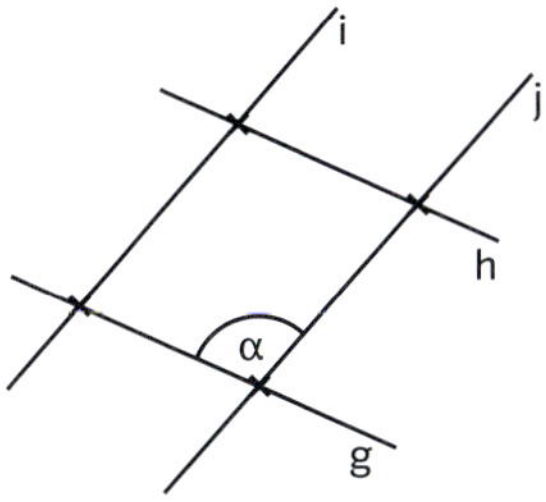

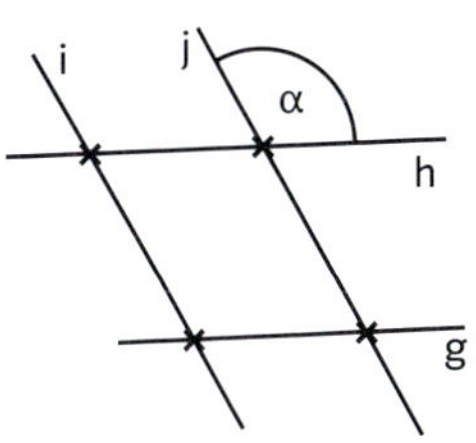

5 Gesucht sind die Winkel α und β.
Die Geraden g und h sind parallel, und die Geraden i und j sind parallel.

TIPP
Geschickt eingetragene Winkel helfen dir weiter.

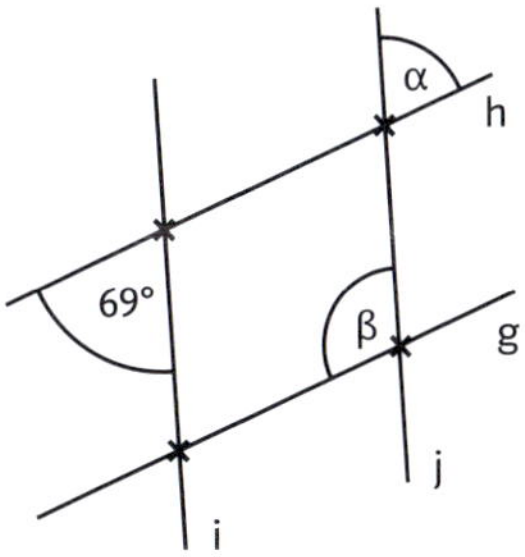

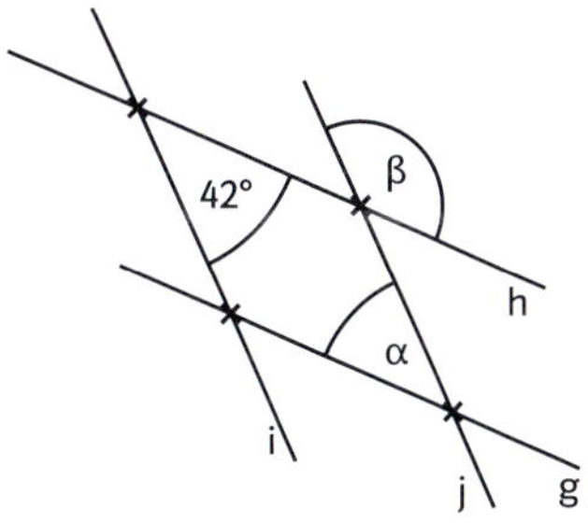

α = _____ β = ______ α = _____ β = ______

Teste dich selbst

r f

Eine Aufgabe ist nur dann richtig gelöst, wenn alle Teilaufgaben richtig gelöst sind.

1 Zeichne den Kreis mit Mittelpunkt M_1, der durch M_2 geht;
den Kreis mit Mittelpunkt M_2, der durch M_1 geht;
den Kreis mit Mittelpunkt M_3 und Radius r = 3,5 cm.

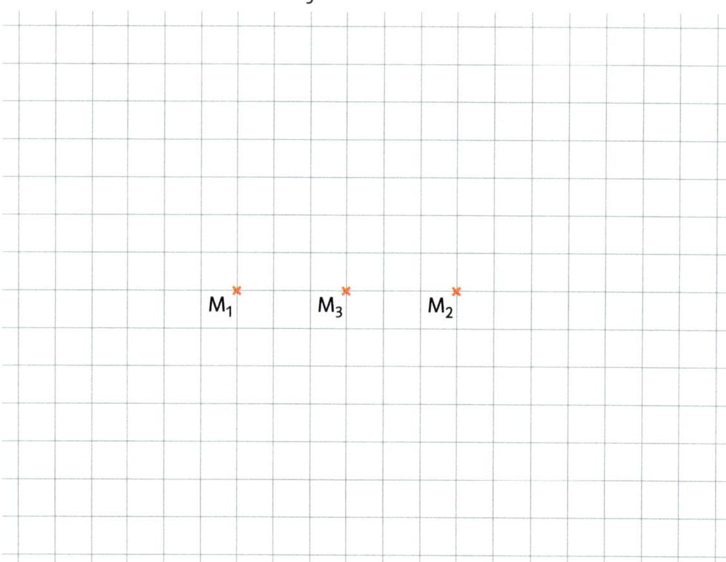

2 Die Kreisfigur besteht aus einigen Teilen. Welche davon sind Kreisausschnitte?

A ja ☐ nein ☐ B ja ☐ nein ☐
C ja ☐ nein ☐ D ja ☐ nein ☐
E ja ☐ nein ☐ F ja ☐ nein ☐
G ja ☐ nein ☐ H ja ☐ nein ☐
I ja ☐ nein ☐

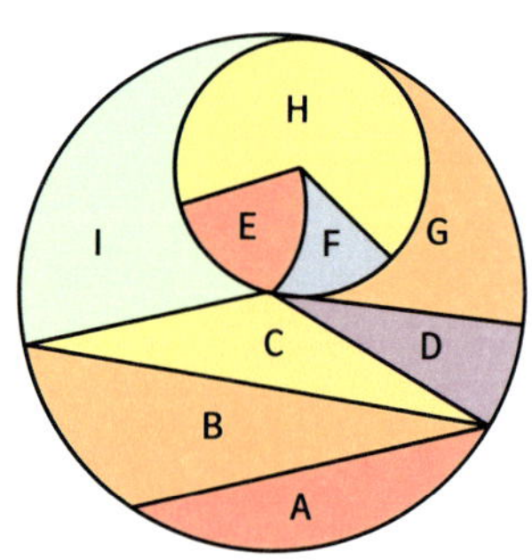

3 Sortiere die Winkelmaße:
65°; 140°; 72°; 180°; 280°; 162°; 315°; 90°; 22°.

spitz: ____________________ stumpf: ____________________

überstumpf: ______________ andere: ____________________

4 Miss den Winkel α in der Zeichnung von Aufgabe 5.

r f

5 Zeichne den Winkel mit dem angegebenen Maß. Der Scheitel ist markiert, und der kleine Kreisbogen zeigt, wo der Winkel liegen soll.

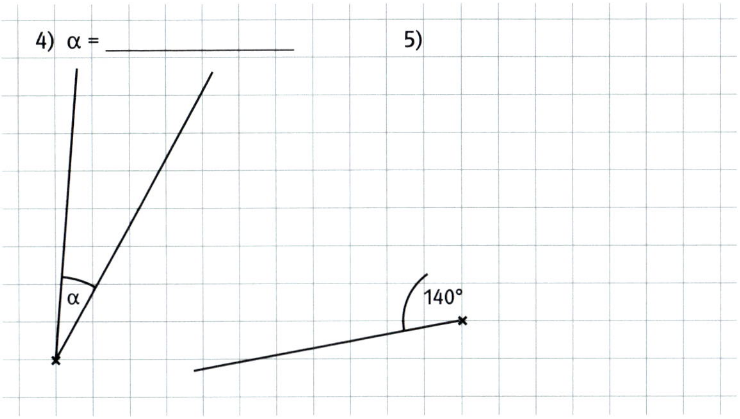

6 Berechne α und β.

α = ________

β = ________

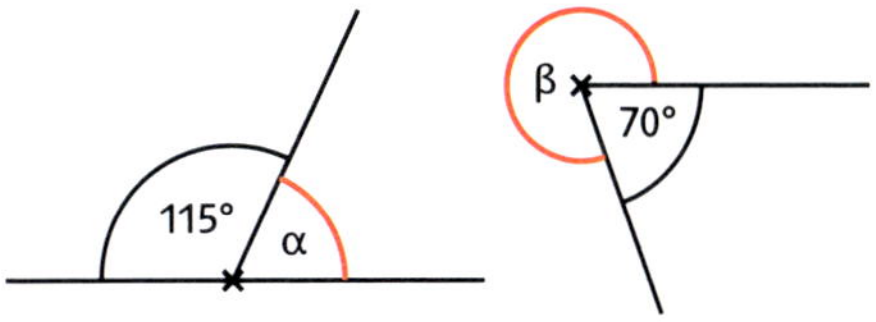

7 Markiere den Scheitelwinkel von α mit einem roten Bogen, die Nebenwinkel von α blau, den Wechselwinkel von α gelb und den Stufenwinkel von α grün. Die Geraden g und h sind parallel.

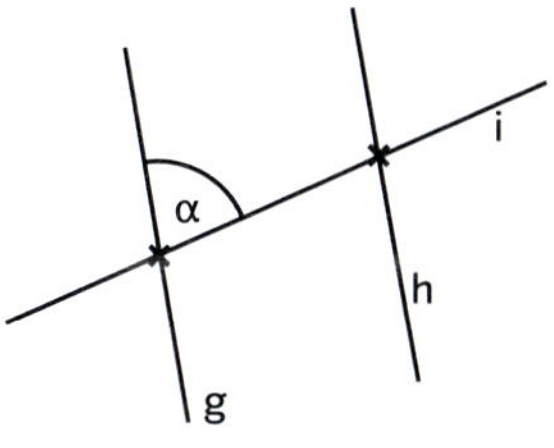

8 Berechne die Winkel. Es gilt g || h und i || j.

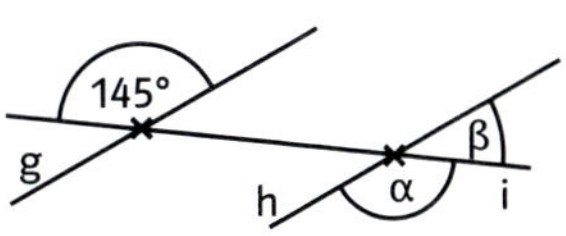

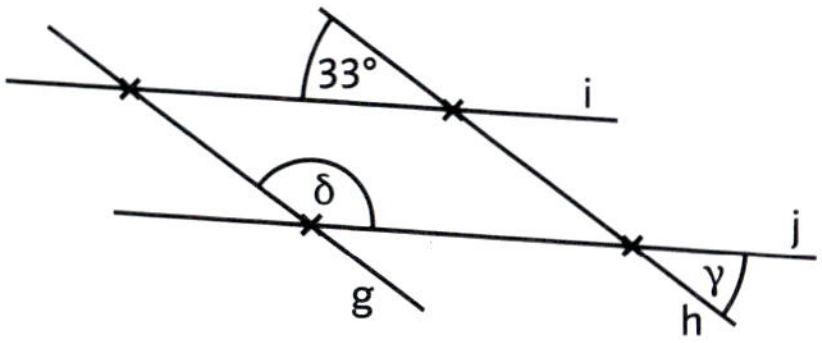

2 Teilbarkeit und Brüche

1 Teiler und Vielfache

Die Zahl 24 hat den **Teiler** 8, weil 8 in 24 aufgeht: 24 : 8 = 3 Rest 0.
Alle Teiler von 24 werden in der **Teilermenge** zusammengefasst:
$T_{24} = \{1; 2; 3; 4; 6; 8; 12; 24\}$.

Die Zahl 24 ist ein **Vielfaches** von 8, weil es eine Zahl gibt, die mit 8 multipliziert 24 ergibt: $3 \cdot 8 = 24$.
Es gibt beliebig viele Vielfache von 8. Man fasst sie in der **Vielfachenmenge** zusammen. Es genügt, die kleinsten drei oder vier Vielfachen aufzuschreiben, also die Produktwerte von $1 \cdot 8$; $2 \cdot 8$; $3 \cdot 8$; $4 \cdot 8$.
Für die weiteren Vielfachen schreibt man Fortsetzungspunkte.
$V_8 = \{8; 16; 24; 32; \ldots\}$

Aufgaben

1 Schreibe in der Tabelle „ja", wenn die Zahl in der Zeile ein Teiler der Zahl in der Spalte ist. Andernfalls schreibe „nein". Falls du nicht im Kopf dividieren kannst, nimm ein eigenes Blatt Papier.

	12	19	22	25	32	45	60	61	77	80	93	100
2			ja									
3												
6												
7						nein						
9												
11												
15												
20												
25												
31												
51												

2 Gib die Vielfachenmengen an. Rechne, falls nötig, auf einem eigenen Blatt Papier.

$V_5 = \{$ ____________ $\}$ $V_6 = \{$ ____________ $\}$ $V_9 = \{$ ____________ $\}$ $V_{10} = \{$ ____________ $\}$

$V_{11} = \{$ ____________ $\}$ $V_{13} = \{$ ____________ $\}$ $V_{16} = \{$ ____________ $\}$ $V_{20} = \{$ ____________ $\}$

$V_{22} = \{$ ____________ $\}$ $V_{24} = \{$ ____________ $\}$ $V_{25} = \{$ ____________ $\}$ $V_{30} = \{$ ____________ $\}$

3 Bestimme die Teilermengen.
Rechne auf einem eigenen Blatt Papier.

> **TIPP**
> *Willst du Teiler schnell finden? Da hilft die Produkttabelle.*
>
> | 56 |
> |---|
> | 1 · 56 |
> | 2 · 28 |
> | 4 · 14 |
> | 7 · 8 |

T_8 = {__________} T_{12} = {______________}

T_{16} = {______________} T_{21} = {__________}

T_{23} = {____________} T_{56} = {______________}

T_{40} = {________________________} T_{49} = {______________}

T_{50} = {____________} T_{75} = {________________________} T_{99} = {______________}

T_{126} = {____} T_{121} = {__________}

4 In welchen Vielfachenmengen kommt die Zahl vor?
Trage in die Tabelle „j“ für ja oder „n“ für nein ein.

	4	8	9	15	35	36	45	60	100
V_2									
V_3									
V_4									
V_5									
V_7									
V_9									
V_{10}									
V_{15}									

5 Nicht jede Zahl passt. Streiche die falschen Zahlen durch.

T_{24} = {1; 2; 3; 4; 6; 12; 18; 24}

V_{14} = {14; 28; 44; 56; …}

T_{63} = {1; 3; 7; 9; 14; 21; 36; 63}

V_{28} = {28; 46; 84; 114; …}

6 Unterstreiche die Zahlen, die in der Teilermenge T_{18} und auch in der Teilermenge T_{12} vorkommen. Was fällt dir auf? Rechne, falls nötig, auf einem eigenen Blatt Papier.

T_{18} = {__________________} T_{12} = {__________________}

Die gemeinsamen Zahlen bilden die T . . . . . m . . . . T___

Überlege ebenso: T_{56} = {______________________} T_{70} = {______________________}

Die gemeinsamen Zahlen bilden die ____

7 Bestimme die kleinste Zahl, die ein Vielfaches von 64 und auch ein Vielfaches von 40 ist. Dazu musst du mehr als nur die ersten drei oder vier Vielfachen der beiden Zahlen aufschreiben.

> **TIPP**
> *Addieren statt multiplizieren: 64 + 64 = …; noch mal + 64 usw. Das geht im Kopf.*

V_{64} = {__________________________________}

V_{40} = {__________________________________}

Die gesuchte Zahl ist ________ .

2 Endziffernregeln

1. Zahlen, die durch 2 teilbar sind, erkennt man an den Endziffern 0; 2; 4; 6; 8.
2. Zahlen, die durch 5 teilbar sind, erkennt man an den Endziffern 0; 5.
3. Zahlen, die durch 4 teilbar sind, erkennt man daran, dass die letzten zwei Ziffern eine durch 4 teilbare Zahl bilden.

Beispiel zu Regel 3:
6572 ist durch 4 teilbar, weil 72 durch 4 teilbar ist:
72 : 4 = 18 Rest 0.
8946 ist nicht durch 4 teilbar, weil 46 nicht durch 4 teilbar ist:
46 : 4 = 11 Rest 2

Aufgaben

1 Fülle die Tabelle mit „ja" oder „nein" aus.

	456	875	7106	4984	15 609	35 630	287 100	1 987 651	287 097 656
durch 2 teilbar									
durch 5 teilbar									

2 Prüfe, ob die Zahl durch 4 teilbar ist. Setze „ja" oder „nein" ein.

	364	940	7890	4538	8915	9704	19 176	44 445	25 252	167 386
durch 4 teilbar										

3 Welche Ziffern kann man in das Kästchen einsetzen, damit eine durch 4 teilbare Zahl entsteht?

5 8 6 □: Man kann ________ einsetzen. 5 8 7 □: Man kann ________ einsetzen.

3 9 □ 4: Man kann ________ einsetzen. 4 7 □ 2: Man kann ________ einsetzen.

4 Welche Ziffern kann man in das Kästchen einsetzen, damit eine Zahl entsteht, die durch 2 teilbar ist, aber nicht durch 4?

2 8 9 □: Man kann ________ einsetzen. 7 5 4 □: Man kann ________ einsetzen.

6 7 □ 8: Man kann ________ einsetzen. 9 4 □ 2: Man kann ________ einsetzen.

5 Schreibe auf, wie viele der folgenden vier Zahlen durch 4 teilbar sind.

734; 735; 736; 737: _____ 3546; 3547; 3548; 3549: _____ 9873; 9874; 9875; 9876: _____

3 Quersummenregeln

Die Summe der Ziffern einer Zahl heißt **Quersumme**.

Quersumme von 4785:
4 + 7 + 8 + 5 = 24

1. Zahlen, die durch 3 teilbar sind, erkennt man an der durch 3 teilbaren Quersumme.

4785 ist durch 3 teilbar, weil 24 durch 3 teilbar ist.

2. Zahlen, die durch 9 teilbar sind, erkennt man an der durch 9 teilbaren Quersumme.

4785 ist nicht durch 9 teilbar, weil 24 nicht durch 9 teilbar ist.

Aufgaben

1 Berechne zuerst die Quersumme und trage dann „ja" oder „nein" ein. Berechne die Quersumme, falls nötig, auf einem eigenen Blatt Papier.

	789	351	444	235	932	633	1806	72725	56907	70965
Quersumme										
durch 3 teilbar										
durch 9 teilbar										

	123456	902562	2465789	111222333	398875	472371999
Quersumme						
durch 3 teilbar						
durch 9 teilbar						

2 Setze in das Kästchen eine Ziffer so ein, dass eine durch 9 teilbare Zahl entsteht.

74□ 872□ 23□9 4□48 981□ 25□95 □4846 64□90

Gibt es mehrere Möglichkeiten? ja □ nein □

3 Welche Ziffern kannst du in das Kästchen einsetzen, dass eine durch 3 teilbare Zahl entsteht?

74□: ________ 872□: ________ 23□9: ________ 4□48: ________

981□: ________ 25□85: ________ □5875: ________ 64□90: ________

4 Vergleiche die Lösungen der Aufgaben 2 und 3. Was fällt dir auf?

____

____

4 Primzahlen

Eine Zahl, die größer als 1 ist und nur durch 1 und sich selbst teilbar ist, heißt **Primzahl**.
Eine Primzahl hat also nur zwei Teiler.

T_{13} = {1; 13}: Also ist 13 eine Primzahl.
T_{23} = {1; 23}: Also ist 23 eine Primzahl.
T_{33} = {1; 3; 11; 33}: Also ist 33 keine Primzahl.

Aufgaben

1 Gib alle einstelligen Primzahlen an. ______________________________

2 Welche zweistelligen Zahlen mit der Endziffer 3 sind Primzahlen? ____________

3 Gibt es zweistellige oder dreistellige Primzahlen mit Endziffer 5? ja ☐ nein ☐

Begründe deine Antwort. ______________________________

4
1. Kreise in der Tabelle die Zahl 2 ein und streiche alle folgenden Vielfachen von 2.
2. Kreise die 3 ein und streiche alle folgenden Vielfachen von 3.
3. Kreise die 5 ein und streiche alle folgenden Vielfachen von 5.
4. Suche die kleinste nicht gestrichene Zahl. Streiche ihre folgenden Vielfachen.
5. Wiederhole Schritt 4, bis alle Zahlen der Tabelle eingekreist oder gestrichen sind.

	2	3	4	5	6	7	8	9	10
11	12	13	14	15	16	17	18	19	20
21	22	23	24	25	26	27	28	29	30
31	32	33	34	35	36	37	38	39	40
41	42	43	44	45	46	47	48	49	50
51	52	53	54	55	56	57	58	59	60
61	62	63	64	65	66	67	68	69	70
71	72	73	74	75	76	77	78	79	80
81	82	83	84	85	86	87	88	89	90
91	92	93	94	95	96	97	98	99	100
101	102	103	104	105	106	107	108	109	110
111	112	113	114	115	116	117	118	119	120
121	122	123	124	125	126	127	128	129	130

Eingekreiste Zahlen sind keine Vielfachen kleinerer Zahlen. Sie sind also ____________ .
Warum gibt es in manchen Spalten ab der zweiten Zeile keine Primzahlen?

5 Brüche

Ein Bruch besteht aus Bruchstrich, Nenner und Zähler.
Der Nenner benennt die gleich großen Teile, in die das Ganze geteilt wird.
Der Zähler zählt die Teile, die genommen werden .
Der Kreis im Bild ist in fünf gleiche Teile geteilt.
Von diesen werden drei genommen. Das sind drei Fünftel des Kreises.

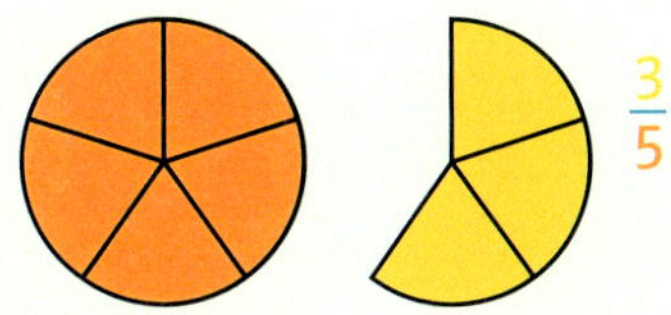

Aufgaben

1 Gib zur gefärbten Teilfläche den Bruch an.

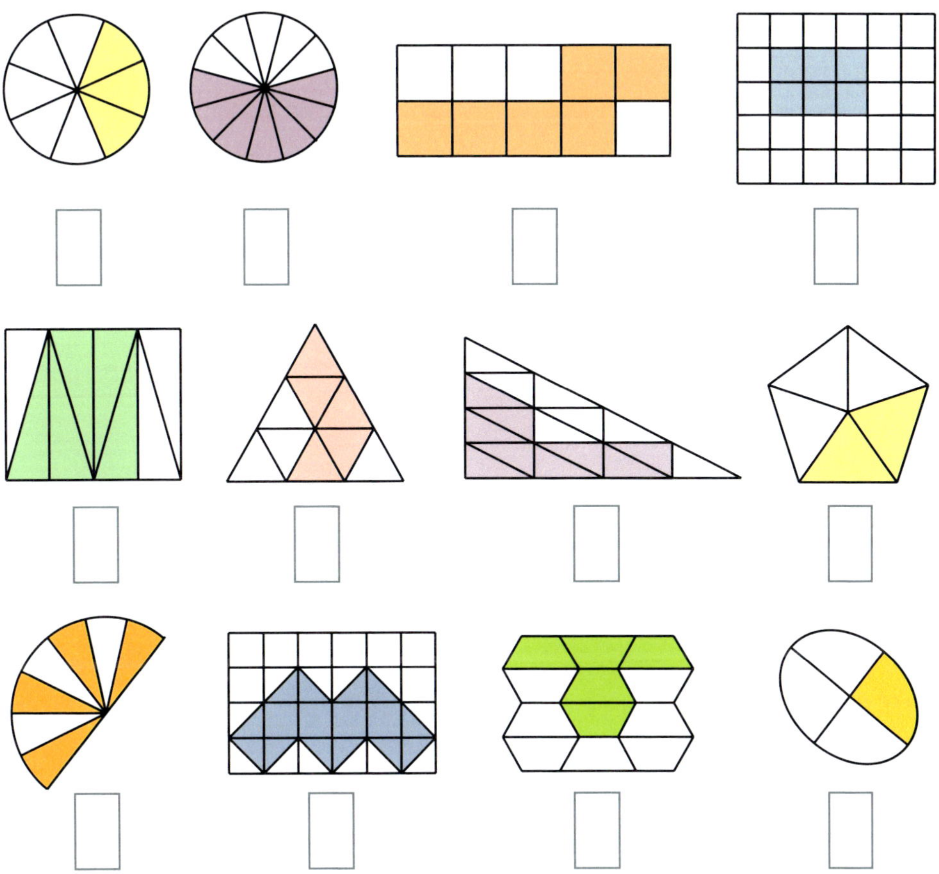

2 Grenze im Quadratgitter ein passendes Rechteck ab und färbe den angegebenen Bruchteil: a) $\frac{5}{8}$ b) $\frac{7}{12}$ c) $\frac{8}{15}$ d) $\frac{4}{25}$ e) $\frac{7}{30}$

TIPP
Du weißt doch: Auch ein Quadrat ist ein Rechteck!

3 Schreibe die Größe als natürliche Zahl mit einer kleineren Einheit.

TIPP
$\frac{1}{4}$ m = $\frac{1}{4}$ von 100 cm
= 25 cm

$\frac{1}{2}$ m = ____	$\frac{1}{2}$ dm = ____	$\frac{1}{10}$ m = ____	$\frac{1}{2}$ km = ____	
$\frac{1}{4}$ cm = ____	$\frac{1}{4}$ dm = ____	$\frac{1}{4}$ kg = ____	$\frac{1}{10}$ t = ____	
$\frac{3}{4}$ m = ____	$\frac{3}{4}$ cm = ____	$\frac{1}{10}$ kg = ____	$\frac{3}{10}$ kg = ____	$\frac{1}{100}$ t = ____
$\frac{3}{4}$ l = ____	$\frac{1}{4}$ h = ____	$\frac{3}{4}$ h = ____	$\frac{1}{10}$ min = ____	$\frac{3}{10}$ min = ____
$\frac{1}{8}$ l = ____	$\frac{1}{6}$ h = ____	$\frac{1}{10}$ h = ____	$\frac{1}{5}$ min = ____	$\frac{1}{3}$ min = ____

4 Schreibe als Bruch in einer größeren Einheit.

5 dm = ____	100 m = ____	500 m = ____	250 m = ____	125 m = ____
1 dm = ____	50 cm = ____	25 cm = ____	750 m = ____	3 cm = ____
500 kg = ____	50 kg = ____	250 ml = ____	30 min = ____	15 min = ____

Eine **gemischte Zahl** besteht aus einer Anzahl von Ganzen und einem Bruch.

Gemischte Zahlen lassen sich in Brüche umwandeln. Der Zähler ist dann größer als der Nenner. Umgekehrt lassen sich solche Brüche in gemischte Zahlen umwandeln. Man denkt sich dazu die Ganzen in Teile zerlegt.

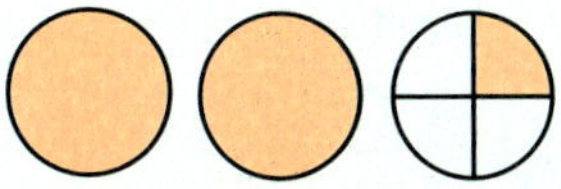

$2\frac{1}{4}$

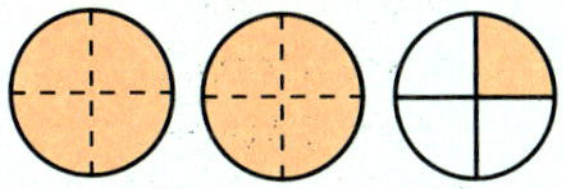

$2\frac{1}{4} = \frac{9}{4}$

5 Schreibe die passende gemischte Zahl und den Bruch auf.

 ____ = ____

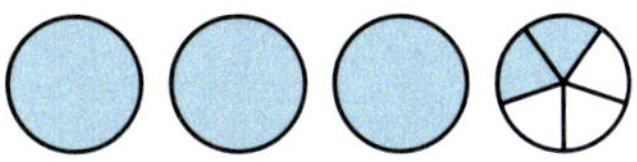 ____ = ____

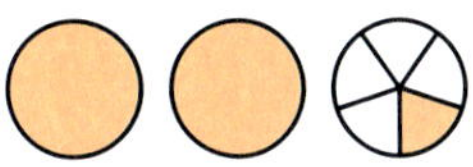 ____ = ____

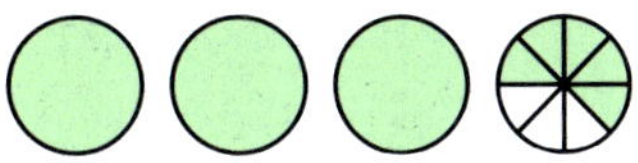 ____ = ____

6 Schreibe die gemischte Zahl als Bruch. Rechne, falls nötig, auf einem eigenen Blatt Papier.

$1\frac{1}{2}$ = ____	$1\frac{1}{4}$ = ____	$1\frac{2}{3}$ = ____	$1\frac{1}{8}$ = ____	$1\frac{3}{8}$ = ____
$4\frac{1}{2}$ = ____	$3\frac{1}{4}$ = ____	$5\frac{1}{3}$ = ____	$2\frac{1}{5}$ = ____	$3\frac{1}{8}$ = ____
$4\frac{3}{5}$ = ____	$6\frac{3}{4}$ = ____	$9\frac{2}{3}$ = ____	$5\frac{5}{6}$ = ____	$10\frac{4}{5}$ = ____

7 Schreibe den Bruch als gemischte Zahl.

$\frac{3}{2}$ = ____	$\frac{5}{4}$ = ____	$\frac{4}{3}$ = ____	$\frac{7}{4}$ = ____	$\frac{6}{5}$ = ____
$\frac{9}{5}$ = ____	$\frac{5}{2}$ = ____	$\frac{7}{3}$ = ____	$\frac{9}{4}$ = ____	$\frac{13}{6}$ = ____
$\frac{14}{5}$ = ____	$\frac{11}{3}$ = ____	$\frac{13}{4}$ = ____	$\frac{15}{4}$ = ____	$\frac{19}{8}$ = ____

8 Wandle in eine Größe mit natürlicher Maßzahl um.

$4\frac{1}{2}$ m = ____	$5\frac{3}{10}$ m = ____	$6\frac{1}{2}$ cm = ____	$3\frac{1}{4}$ m = ____	$7\frac{3}{4}$ dm = ____
$1\frac{3}{4}$ m = ____	$2\frac{1}{2}$ km = ____	$3\frac{3}{4}$ dm = ____	$1\frac{1}{4}$ l = ____	$7\frac{3}{4}$ kg = ____
$15\frac{1}{2}$ m = ____	$20\frac{1}{2}$ dm = ____	$6\frac{1}{4}$ dm = ____	$1\frac{1}{8}$ l = ____	$11\frac{1}{2}$ t = ____
$1\frac{1}{5}$ m = ____	$2\frac{1}{4}$ kg = ____	$7\frac{3}{4}$ m = ____	$15\frac{1}{4}$ t = ____	$3\frac{1}{8}$ l = ____

9 Wandle in ein Flächenmaß mit natürlicher Maßzahl um.

TIPP
$\frac{1}{4}m^2 = \frac{1}{4}$ von $100\,dm^2$
$= 25\,dm^2$

$\frac{3}{4}m^2$ = ____ $\frac{3}{4}dm^2$ = ____ $\frac{1}{2}cm^2$ = ____

$9\frac{1}{2}m^2$ = ____ $6\frac{1}{2}cm^2$ = ____ $\frac{1}{2}ha$ = ____ $8\frac{1}{4}a$ = ____

10 Wandle in die nächstgrößere Flächeneinheit um.

$50\,dm^2$ = ____ $25\,cm^2$ = ____ $25\,dm^2$ = ____ $5\,dm^2$ = ____ $20\,mm^2$ = ____

$50\,cm^2$ = ____ $5\,mm^2$ = ____ $10\,dm^2$ = ____ $25\,mm^2$ = ____ $50\,ha$ = ____

11 Beim Umwandeln in die nächstgrößere Maßeinheit können aus derselben Maßzahl ganz unterschiedliche Zahlen werden. Wandle um und vergleiche.

$2\frac{1}{2}m$ = ________ $2\frac{1}{2}m^2$ = ________ $2\frac{1}{2}kg$ = ________ $2\frac{1}{2}h$ = ________

$2\frac{1}{2}km$ = ________ $2\frac{1}{2}l$ = ________ $2\frac{1}{2}$ Tage = ________ $2\frac{1}{2}$ Monate = ________

12 Von einem Flughafen fliegen jährlich 20 Mio. Personen mit folgenden Zielen ab: London 4 Mio.; New York 6 Mio.; Moskau 2 Mio.; Istanbul 3 Mio., Dubai 1 Mio.
Die übrigen Passagiere haben andere Ziele.
Gib die Anteile als Brüche an.

TIPP
Wie viele Passagiere andere Ziele haben, kannst du aus den Diagrammen ablesen.

London ________ New York ________ Moskau ________

Istanbul ________ Dubai ________ andere Ziele ________

Trage die Anteile in die Diagramme ein. Beschrifte mit L; NY usw.

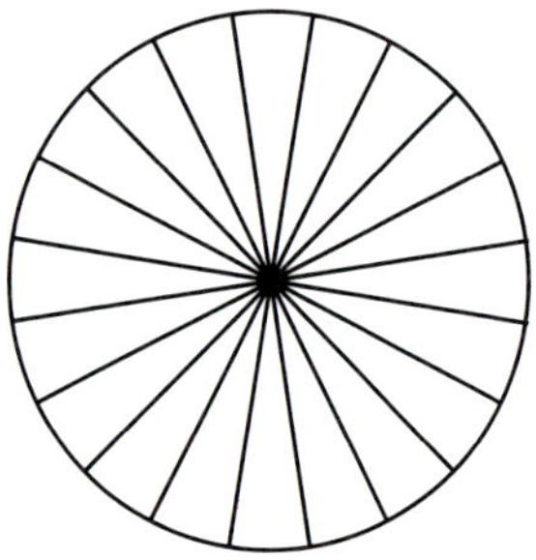

6 Brüche am Zahlenstrahl

Jeder Bruch hat einen Platz auf dem **Zahlenstrahl**.
Auf denselben Platz gehören unterschiedliche Brüche. Welche Brüche eingetragen sind, hängt von der Teilung des Zahlenstrahls ab.
Alle Brüche auf demselben Platz bilden eine **Bruchzahl**.

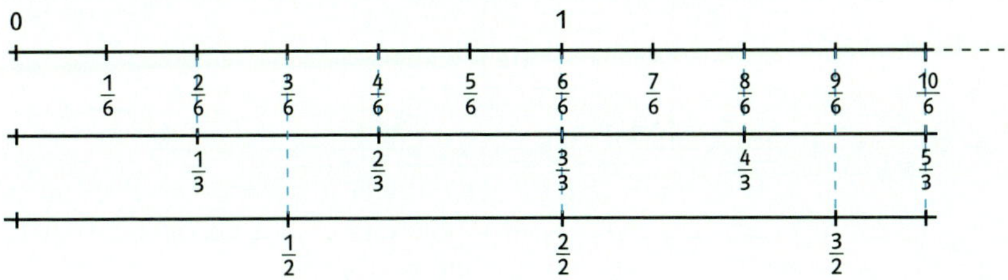

Aufgaben

1 Trage die richtigen Brüche ein.

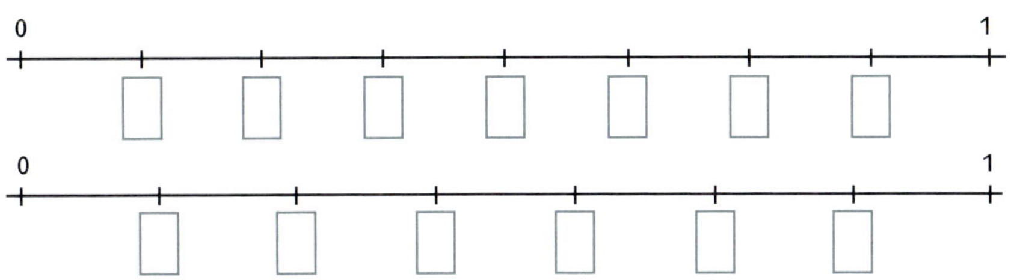

2 Zeichne auf einem eigenen Blatt Papier einen Zahlenstrahl von 0 bis 1 mit der Länge 9 cm und trage die Brüche mit dem Nenner 9 ein.
Trage auf einem gleich langen Zahlenstrahl darunter die Brüche mit dem Nenner 3 ein.
Trage die Brüche mit dem Nenner 6 ein, die auf Plätzen von Brüchen mit Nenner 9 liegen.
Welche Brüche mit dem Nenner 6 lassen sich nicht eintragen? ____________________

3 Zeichne auf einem eigenen Blatt Papier einen Zahlenstrahl von 0 bis 1 mit günstiger Länge und trage die Brüche mit dem Nenner 12 ein. Trage darunter die Brüche mit dem Nenner 4 ein. Trage die Brüche mit dem Nenner 9 ein, die auf Plätzen von Brüchen mit Nenner 12 liegen.
Welche Brüche mit dem Nenner 9 lassen sich nicht eintragen? ____________________
Welche Brüche mit dem Nenner 9 liegen auf Plätzen von

Brüchen mit Nenner 4? ____

4 Auf die Eins kommt es an! Trage die Brüche an den roten Teilstrichen ein.

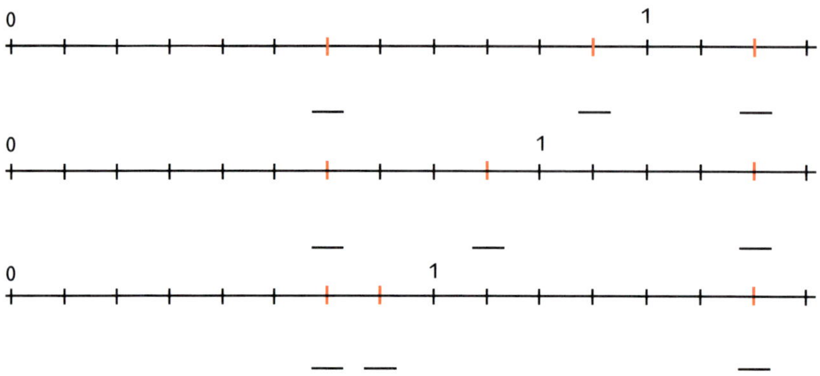

5 Trage an den rot markierten Teilstrichen unterschiedliche Brüche ein. Die Nenner sollen aber nicht größer sein als 24.

> ***TIPP***
> *Markiere jeden zweiten Teilstrich blau.*

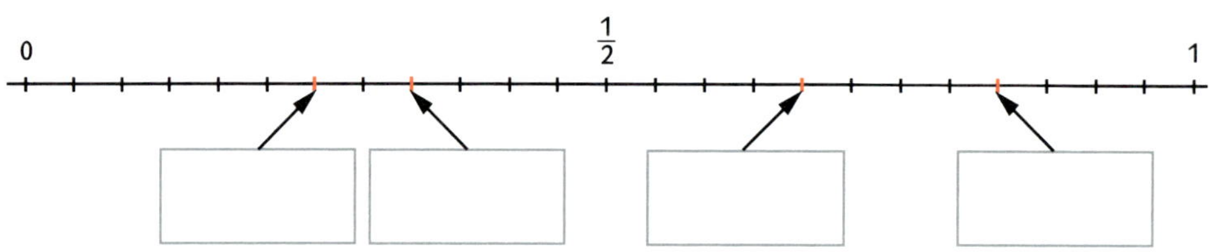

6 Sind die folgenden Sätze wahr oder falsch? Zeichne, falls nötig, selbst Zahlenstrahlen mit passender Teilung.

$\frac{1}{2}$ liegt genau in der Mitte zwischen $\frac{1}{4}$ und $\frac{1}{3}$. wahr ☐ falsch ☐

$\frac{1}{2}$ liegt genau in der Mitte zwischen $\frac{1}{6}$ und $\frac{4}{6}$. wahr ☐ falsch ☐

Von $\frac{1}{2}$ bis $\frac{3}{4}$ ist es ebenso weit wie von $\frac{1}{4}$ bis $\frac{1}{2}$. wahr ☐ falsch ☐

$\frac{1}{3}$ liegt genau in der Mitte zwischen $\frac{1}{6}$ und $\frac{1}{2}$. wahr ☐ falsch ☐

Von $\frac{2}{5}$ bis $\frac{1}{2}$ ist es ebenso weit wie von $\frac{1}{2}$ bis $\frac{3}{5}$. wahr ☐ falsch ☐

$\frac{5}{9}$ liegt genau in der Mitte zwischen $\frac{1}{6}$ und $\frac{5}{6}$. wahr ☐ falsch ☐

7 Der Zahlenstrahl geht nach rechts hin unbegrenzt weiter. Denke dir eine Teilung in Sechstel. Gehst du von $\frac{1}{6}$ aus 45 Schritte nach rechts, kommst du zum Bruch ________.

Um von $\frac{5}{6}$ nach $\frac{59}{6}$ zu kommen, musst du ________ Schritte nach rechts gehen.

Um von $\frac{5}{6}$ nach 10 zu kommen, musst du ________ Schritte nach rechts gehen.

7 Erweitern und Kürzen

Erweitern eines Bruchs bedeutet:
Zähler und Nenner werden mit derselben Zahl multipliziert.

$\frac{2}{3} = \frac{2 \cdot 4}{3 \cdot 4} = \frac{8}{12}$

Kürzen eines Bruchs bedeutet:
Zähler und Nenner werden durch dieselbe Zahl dividiert.

$\frac{15}{20} = \frac{15:5}{20:5} = \frac{3}{4}$

Bruch und erweiterter Bruch stehen auf dem Zahlenstrahl am selben Platz, ebenso Bruch und gekürzter Bruch. Sie gehören also zur selben Bruchzahl und haben damit denselben **Wert**. Man sagt kurz: Sie sind **gleich groß**.

Aufgaben

1 Erweitere mit der angegebenen Zahl.

	2	3	6	4	8	5	10	9	12	15	20	7
$\frac{2}{3}$												
$\frac{3}{4}$												
$\frac{1}{6}$												
$\frac{2}{5}$												
$\frac{3}{8}$												

2 Kürze durch die angegebene Zahl.

Kürzungszahl 2: $\frac{4}{6}$ = ____ $\frac{2}{8}$ = ____ $\frac{4}{10}$ = ____ $\frac{2}{12}$ = ____ $\frac{4}{18}$ = ____

Kürzungszahl 3: $\frac{3}{12}$ = ____ $\frac{3}{9}$ = ____ $\frac{3}{15}$ = ____ $\frac{6}{15}$ = ____ $\frac{6}{18}$ = ____

Kürzungszahl 3: $\frac{9}{12}$ = ____ $\frac{9}{21}$ = ____ $\frac{6}{33}$ = ____ $\frac{12}{27}$ = ____ $\frac{21}{24}$ = ____

Kürzungszahl 5: $\frac{15}{20}$ = ____ $\frac{10}{25}$ = ____ $\frac{50}{55}$ = ____ $\frac{35}{45}$ = ____ $\frac{5}{100}$ = ____

Kürzungszahl 5: $\frac{15}{40}$ = ____ $\frac{25}{40}$ = ____ $\frac{30}{35}$ = ____ $\frac{40}{55}$ = ____ $\frac{555}{5555}$ = ____

3 Kürze durch die angegebenen Zahlen. Ist Kürzen nicht möglich, setzt du ein Kreuz × in das Feld.

	2	3	4	5	6	7	10	12	15	21
$\frac{8}{12}$										
$\frac{18}{24}$										
$\frac{24}{36}$										
$\frac{50}{70}$										
$\frac{21}{63}$										
$\frac{45}{120}$										

4 Erweitere auf den angegebenen Nenner.

$\frac{1}{6} = \frac{\;}{30}$ $\frac{4}{5} = \frac{\;}{30}$ $\frac{11}{10} = \frac{\;}{30}$ $\frac{7}{15} = \frac{\;}{30}$ $\frac{5}{2} = \frac{\;}{30}$

$\frac{1}{9} = \frac{\;}{45}$ $\frac{1}{5} = \frac{\;}{45}$ $\frac{1}{15} = \frac{\;}{45}$ $\frac{7}{15} = \frac{\;}{45}$ $\frac{5}{3} = \frac{\;}{45}$

$\frac{1}{6} = \frac{\;}{120}$ $\frac{7}{12} = \frac{\;}{120}$ $\frac{13}{30} = \frac{\;}{120}$ $\frac{11}{40} = \frac{\;}{120}$ $\frac{23}{24} = \frac{\;}{120}$

5 Trage den fehlenden Zähler oder Nenner ein. Ob du kürzen oder erweitern sollst, findest du selbst heraus. Rechne, falls nötig, auf einem eigenen Blatt Papier.

$\frac{8}{10} = \frac{\;}{20}$ $\frac{6}{25} = \frac{18}{\;}$ $\frac{\;}{14} = \frac{6}{7}$ $\frac{22}{\;} = \frac{88}{100}$ $\frac{\;}{32} = \frac{3}{4}$

$\frac{7}{12} = \frac{\;}{96}$ $\frac{15}{75} = \frac{1}{\;}$ $\frac{25}{45} = \frac{\;}{9}$ $\frac{18}{40} = \frac{54}{\;}$ $\frac{56}{80} = \frac{\;}{10}$

6 Erweitere die zwei Brüche auf gleiche Nenner. Je kleiner die Nenner, desto besser!

$\frac{2}{3}$ und $\frac{1}{4}$: _____ und _____ $\frac{4}{5}$ und $\frac{1}{2}$: _____ und _____ $\frac{3}{4}$ und $\frac{5}{6}$: _____ und _____

$\frac{2}{5}$ und $\frac{1}{3}$: _____ und _____ $\frac{3}{5}$ und $\frac{7}{10}$: _____ und _____ $\frac{7}{9}$ und $\frac{5}{6}$: _____ und _____

7 Kürze vollständig. Das Ergebnis darf also nicht weiter kürzbar sein. Rechne auf einem eigenen Blatt Papier.

> **TIPP**
> *Du kannst auch in mehreren Schritten kürzen!*

$\frac{48}{64} =$ ____ $\frac{36}{90} =$ ____ $\frac{32}{88} =$ ____

$\frac{72}{90} =$ ____ $\frac{54}{81} =$ ____ $\frac{24}{108} =$ ____ $\frac{35}{140} =$ ____ $\frac{45}{105} =$ ____ $\frac{84}{180} =$ ____

8 Brüche ordnen

So vergleichst du zwei Brüche der **Größe** nach:

Sind ihre **Nenner gleich**, ist der Bruch mit dem größeren Zähler der größere. $\frac{5}{8} > \frac{3}{8}$, denn $5 > 3$

Sind ihre **Nenner verschieden**, erweiterst du auf den gleichen (man sagt auch: den **gemeinsamen**) Nenner. Dann entscheiden wieder die Zähler. Je kleiner der gemeinsame Nenner, desto leichter ist das Erweitern.

$\frac{2}{3} < \frac{5}{6}$, denn $\frac{2}{3} = \frac{4}{6}$
$\frac{4}{6} < \frac{5}{6}$
$4 < 5$

$\frac{5}{6} > \frac{7}{9}$, denn $\frac{5}{6} = \frac{5 \cdot 3}{6 \cdot 3} = \frac{15}{18}$
$\frac{7}{9} = \frac{7 \cdot 2}{9 \cdot 2} = \frac{14}{18}$
$15 > 14$

$\frac{5}{8} < \frac{2}{3}$, denn $\frac{5}{8} = \frac{5 \cdot 3}{8 \cdot 3} = \frac{15}{24}$
$\frac{2}{3} = \frac{2 \cdot 8}{3 \cdot 8} = \frac{16}{24}$
$15 < 16$

Aufgaben

1 Setze das richtige der Zeichen <, > oder = ein. Rechne, falls nötig, auf einem eigenen Blatt Papier.

$\frac{1}{3}$ ☐ $\frac{2}{3}$	$\frac{4}{5}$ ☐ $\frac{2}{5}$	$\frac{1}{2}$ ☐ $\frac{5}{8}$	$\frac{1}{6}$ ☐ $\frac{1}{3}$	$\frac{5}{6}$ ☐ $\frac{2}{3}$	$\frac{7}{11}$ ☐ $\frac{9}{11}$
$\frac{4}{6}$ ☐ $\frac{2}{3}$	$\frac{7}{8}$ ☐ $\frac{1}{4}$	$\frac{5}{9}$ ☐ $\frac{1}{2}$	$\frac{3}{4}$ ☐ $\frac{3}{5}$	$\frac{7}{12}$ ☐ $\frac{5}{6}$	$\frac{8}{12}$ ☐ $\frac{3}{4}$
$\frac{5}{15}$ ☐ $\frac{3}{9}$	$\frac{12}{8}$ ☐ $\frac{5}{4}$	$\frac{7}{8}$ ☐ $\frac{7}{10}$	$\frac{13}{10}$ ☐ $\frac{23}{10}$	$\frac{15}{30}$ ☐ $\frac{10}{20}$	$\frac{7}{15}$ ☐ $\frac{4}{9}$

2 Kreise die Brüche rot ein, die größer als 1 sind. Kreise die Brüche blau ein, die kleiner als $\frac{1}{2}$ sind.

$\frac{5}{4}$ $\frac{2}{3}$ $\frac{1}{10}$ $\frac{3}{7}$ $\frac{2}{3}$ $\frac{2}{9}$ $\frac{5}{12}$ $\frac{8}{7}$ $\frac{20}{11}$ $\frac{3}{5}$ $\frac{1}{5}$ $\frac{5}{6}$ $\frac{3}{8}$ $\frac{5}{8}$ $\frac{9}{8}$ $\frac{7}{4}$ $\frac{3}{10}$

3 Ordne die Brüche nach aufsteigender Größe. Wenn du gut überlegst, gibt es fast nichts zu rechnen.

$\frac{7}{10}$; $\frac{12}{8}$; $\frac{1}{12}$; $\frac{5}{12}$ ____________________

$\frac{5}{4}$; $\frac{2}{5}$; $\frac{11}{12}$; $\frac{5}{9}$ ____________________

4 Gib einen Bruch an, der zwischen den zwei gegebenen Brüchen liegt.

TIPP Erweitern!

$\frac{7}{12}$ und $\frac{11}{12}$ ________ $\frac{4}{9}$ und $\frac{2}{3}$ ________ $\frac{7}{12}$ und $\frac{8}{12}$ ________

$\frac{11}{8}$ und $\frac{15}{8}$ ________ $\frac{1}{5}$ und $\frac{1}{4}$ ________ $\frac{4}{5}$ und $\frac{5}{6}$ ________

9 Prozent

Für Hundertstel-Anteile sagt man auch **Prozent**.

$1\% = \frac{1}{100}$ $\quad 2\% = \frac{2}{100} = \frac{1}{50}$ $\quad 100\% = \frac{100}{100} = 1$

Hier wird auf den Nenner 100 erweitert:

$\frac{2}{5} = \frac{2 \cdot 20}{5 \cdot 20} = \frac{40}{100} = 40\%$.

Prozentangaben werden oft im **Prozentkreis** oder anderen Diagrammen dargestellt.

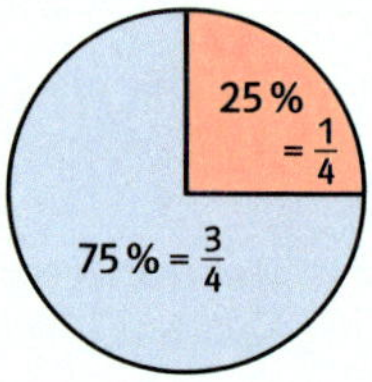

Aufgaben

1 Die wichtigsten Prozentzahlen und die dazugehörigen Brüche solltest du auswendig kennen. Spicken im Schulbuch gilt nicht.

10 % = ______ $\quad$ 20 % = ______ $\quad$ 25 % = ______ $\quad$ $33\frac{1}{3}\%$ = ______ $\quad$ 40 % = ______

50 % = ______ $\quad$ 60 % = ______ $\quad$ $66\frac{2}{3}\%$ = ______ $\quad$ 75 % = ______ $\quad$ 80 % = ______

2 Färbe Kästchen, in denen gleiche Anteile stehen, mit derselben Farbe.

50% | 9% | ein Zwanzigstel | 20 von 100 | jedes Neunte | 10 von 20 | $\frac{1}{9}$ | 25% | zwei von zehn | 5 von 100 | $\frac{1}{5}$ | 5 von 10 | die Hälfte | jede vierte | ein Viertel | 9 von 10 | 5%

3 Fülle die Tabelle aus. Lässt sich der Bruch nicht kürzen, bleibt das Feld in der dritten Zeile leer

Prozentzahl	3%	6%	4%	20%	12%	27%	25%	37%	55%	80%	90%
Hundertstel-Bruch											
vollständig gekürzter Bruch											

4 Schreibe den Bruch als Prozentzahl.

$\frac{1}{4}$ = ______	$\frac{1}{5}$ = ______	$\frac{3}{4}$ = ______	$\frac{1}{10}$ = ______	$\frac{3}{5}$ = ______
$\frac{1}{20}$ = ______	$\frac{7}{10}$ = ______	$\frac{3}{100}$ = ______	$\frac{15}{100}$ = ______	$\frac{5}{20}$ = ______
$\frac{3}{20}$ = ______	$\frac{99}{100}$ = ______	$\frac{7}{50}$ = ______	$\frac{1}{25}$ = ______	$\frac{11}{50}$ = ______
$\frac{8}{25}$ = ______	$\frac{16}{50}$ = ______	$\frac{12}{25}$ = ______	$\frac{10}{50}$ = ______	$\frac{24}{50}$ = ______

5 Wie viel Prozent der Fläche sind rot gefärbt, wie viel Prozent sind blau? Wie viel Prozent macht der Rest aus? Schreibe die Ergebnisse in die Teilstücke.

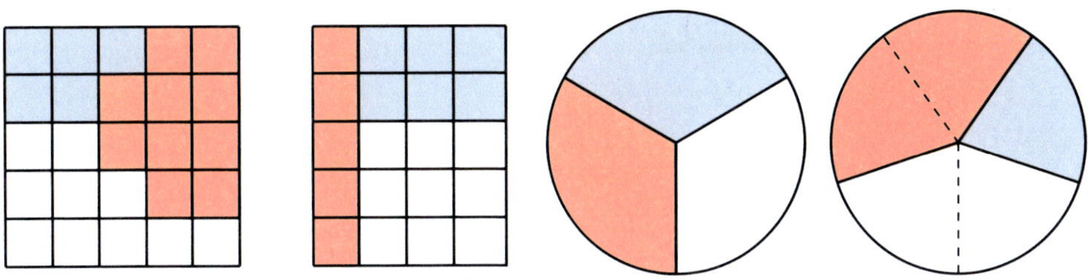

6 Zu einer Schule auf dem Land kommen 24 % aller Schülerinnen und Schüler mit dem Bus, 18 % kommen zu Fuß, 35 % kommen mit dem Fahrrad. Die übrigen werden mit dem Auto gebracht. Stelle die Prozentanteile im Streifendiagramm dar.

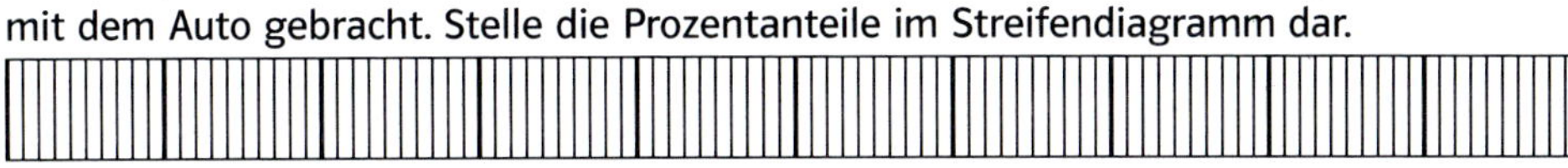

7 Eine Sorte Müsli enthält 55 % Dinkelflocken, 25 % Knusperflocken und 20 % Trockenfrüchte.
Eine zweite Sorte Müsli enthält etwa 30 % Haferflocken, 25 % Weizenflocken, 15 % Roggenflocken, 15 % Rosinen, 12 % Nüsse und 3 % Fruchtkonzentrat.
Stelle Anteile der Zutaten im Kreisdiagramm dar. Ein bisschen schätzen musst du nur am Schluss.

Sorte 1

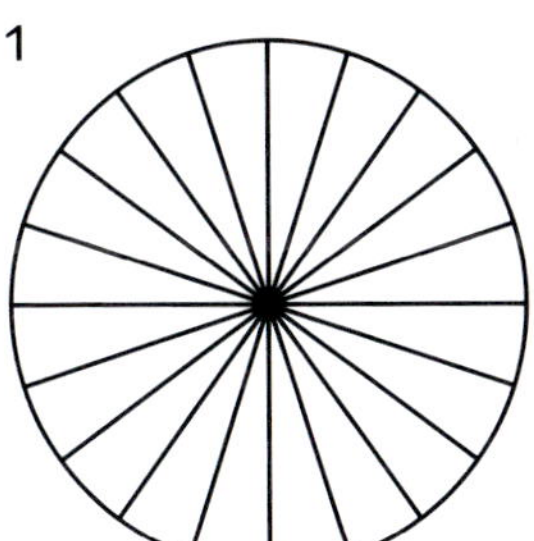

Sorte 2

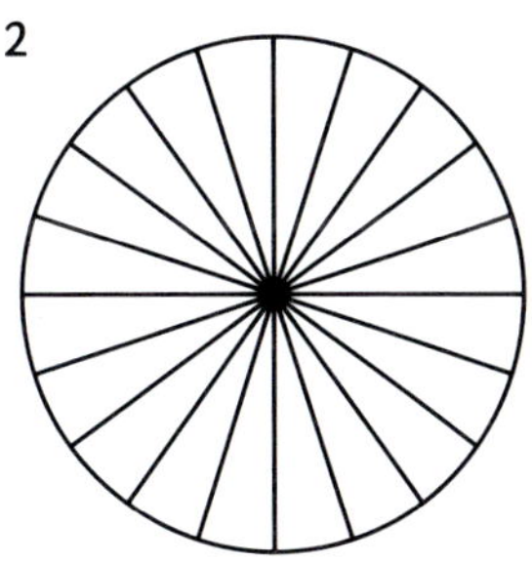

Teste dich selbst

r f

Eine Aufgabe ist nur dann richtig gelöst, wenn alle Teilaufgaben richtig gelöst sind.

1 Gib die Vielfachenmenge und die Teilermenge an.
V_{21} = {______________} T_{28} = {______________}

2 Trage in das Kästchen eine Zahl so ein, dass
die Zahl 6 5 3 ☐ durch 5 teilbar ist;
die Zahl 6 5 3 ☐ durch 2 teilbar ist;
die Zahl 6 5 3 ☐ durch 4 teilbar ist.

3 Prüfe nach: Die Zahl 24 369 ist durch
3 teilbar. ja ☐ nein ☐ 9 teilbar. ja ☐ nein ☐

4 Gib alle zweistelligen Primzahlen mit der Zehnerziffer 3 an.

____

5 Welcher Bruchteil des Rechtecks ist gefärbt? ___________
Gib den Bruchteil durch einen vollständig
gekürzten Bruch an. __________

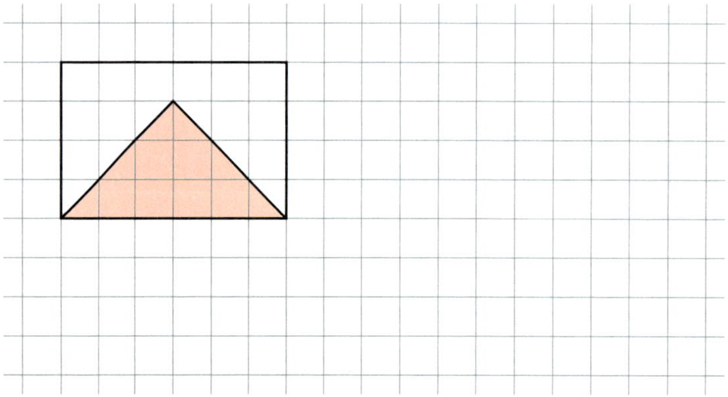

6 Zeichne im Quadratgitter oben ein passendes Rechteck und
färbe $\frac{11}{30}$ davon rot.

r f

7 Schreibe in der nächstgrößeren Einheit:

7 dm = ________ 750 kg = ________

Wandle in eine Größe mit natürlicher Maßzahl um:

$9\frac{1}{2}$ m = ______ $3\frac{3}{4}$ kg = ______

8 Trage am roten Teilstrich des Zahlenstrahls drei unterschiedliche Brüche ein. Suche besonders nach Brüchen mit kleinem Nenner.

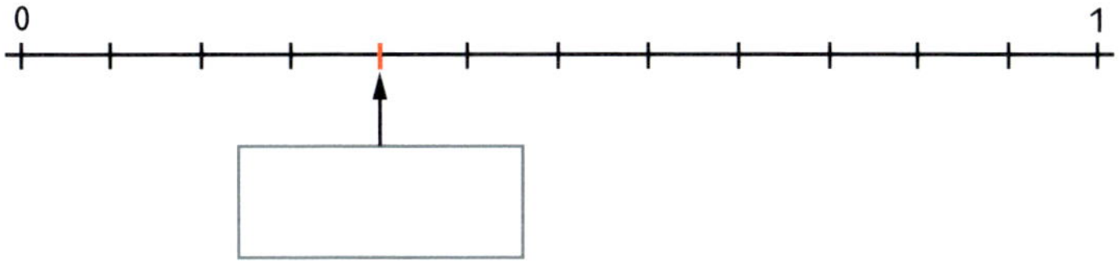

9 Trage die richtigen Zahlen ein.

$\frac{3}{4} = \frac{9}{}$ $\frac{8}{} = \frac{2}{3}$ $\frac{14}{18} = \frac{}{9}$ $\frac{21}{35} = \frac{3}{}$

10 Setze das richtige der Zeichen < oder > ein.

$\frac{2}{5}$ ☐ $\frac{3}{5}$ $\frac{3}{4}$ ☐ $\frac{5}{8}$ $\frac{10}{15}$ ☐ $\frac{9}{12}$

11 Schreibe als Hundertstel-Bruch und kürze, falls möglich.

2 % = ______ = ______ 7 % = ______ = ______

25 % = ______ = ______ 60 % = ______ = ______

12 Schreibe als Prozentzahl.

$\frac{9}{100}$ = ______ $\frac{20}{100}$ = ______ $\frac{1}{5}$ = ______ $\frac{3}{4}$ = ______

13 Auf 55 % der Fläche Deutschlands wird Landwirtschaft betrieben, auf 30 % steht Wald, Gebäude und Straßen bedecken 10 %. Der Rest wird anders oder gar nicht genutzt. Stelle die Nutzungsarten am Prozentkreis dar.

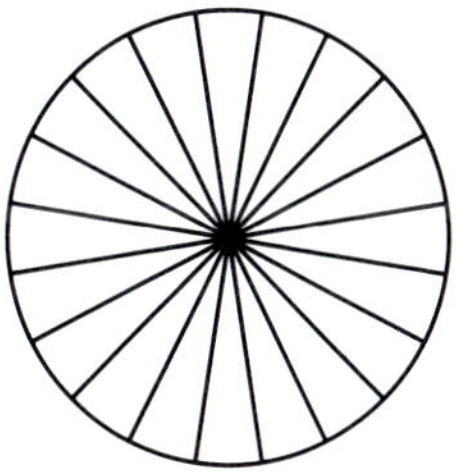

3 Rechnen mit Brüchen

1 Addieren und Subtrahieren gleichnamiger Brüche

Brüche mit gleichem Nenner heißen **gleichnamig**. Gleichnamige Brüche werden **addiert** oder **subtrahiert**, indem man ihre **Zähler addiert** oder **subtrahiert**.

$\frac{3}{5} + \frac{1}{5} = \frac{4}{5}$; $\frac{7}{10} + \frac{2}{10} = \frac{9}{10}$ $\quad$ $\frac{3}{5} - \frac{1}{5} = \frac{2}{5}$; $\frac{7}{10} - \frac{2}{10} = \frac{5}{10}$

$\frac{3}{4} + \frac{2}{4} = \frac{5}{4} = 1\frac{1}{4}$ $\quad$ $3\frac{2}{5} - 1\frac{4}{5} = \frac{17}{5} - \frac{9}{5} = \frac{8}{5} = 1\frac{3}{5}$

Aufgaben

1 „Rot + Blau“ oder „Rot – Blau“
Schreibe die passende Additionsaufgabe und die passende Subtraktionsaufgabe auf und löse sie.

a) 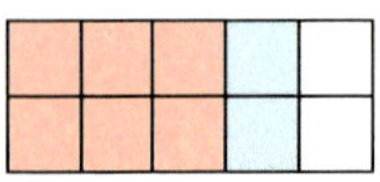

b) 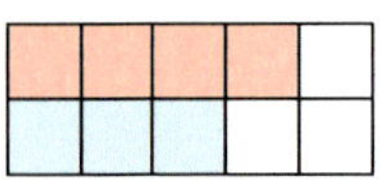

c) 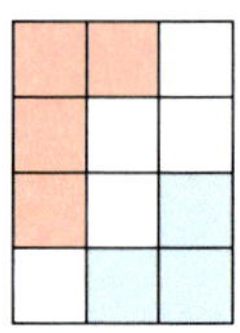

d) 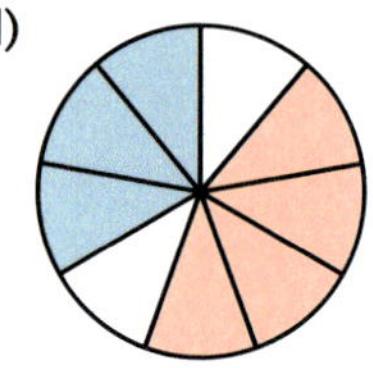

e) 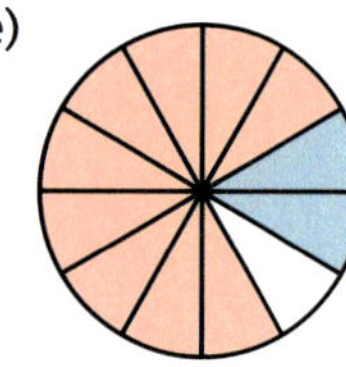

a) _______ + _______ = _______ $\qquad$ _______ – _______ = _______

b) _______ + _______ = _______ $\qquad$ _______ – _______ = _______

c) _______ + _______ = _______ $\qquad$ _______ – _______ = _______

d) _______ + _______ = _______ $\qquad$ _______ – _______ = _______

e) _______ + _______ = _______ $\qquad$ _______ – _______ = _______

2 Rechne im Kopf.

$\frac{1}{5} + \frac{3}{5} =$ _______ $\quad$ $\frac{3}{8} + \frac{4}{8} =$ _______ $\quad$ $\frac{5}{6} + \frac{5}{6} =$ _______ $\quad$ $\frac{3}{8} + \frac{4}{8} =$ _______

$\frac{5}{6} + \frac{3}{6} + \frac{2}{6} =$ _______ $\quad$ $\frac{5}{9} + \frac{8}{9} =$ _______ $\quad$ $\frac{1}{7} + \frac{3}{7} + \frac{5}{7} =$ _______ $\quad$ $\frac{11}{12} + \frac{5}{12} =$ _______

$\frac{1}{9} + \frac{5}{9} + \frac{4}{9} =$ _______ $\quad$ $\frac{7}{12} + \frac{5}{12} + \frac{1}{12} =$ _______ $\quad$ $\frac{5}{16} + \frac{8}{16} + \frac{2}{16} =$ _______ $\quad$ $\frac{1}{11} + \frac{4}{11} + \frac{5}{11} =$ _______

3 Rechne im Kopf.

$\frac{4}{5} - \frac{1}{5} =$ ______ $\frac{8}{10} - \frac{3}{10} =$ ______ $\frac{6}{7} - \frac{2}{7} - \frac{3}{7} =$ ______ $\frac{10}{13} - \frac{6}{13} =$ ______

$\frac{11}{12} - \frac{7}{12} - \frac{1}{12} =$ ______ $\frac{7}{9} - \frac{5}{9} + \frac{4}{9} =$ ______ $\frac{12}{5} - \frac{8}{5} =$ ______ $\frac{11}{6} + \frac{1}{6} - \frac{5}{6} =$ ______

4 Rechne im Kopf. Wandle die Summe in eine gemischte Zahl, falls sie größer als 1 ist.

$\frac{3}{5} + \frac{4}{5} =$ ______ $\frac{5}{9} + \frac{8}{9} =$ ______ $\frac{5}{7} + \frac{3}{7} + \frac{2}{7} =$ ______

$\frac{2}{11} + \frac{6}{11} =$ ______ $\frac{5}{8} + \frac{7}{8} + \frac{1}{8} =$ ______ $\frac{3}{4} + \frac{3}{4} + \frac{2}{4} + \frac{1}{4} =$ ______

$\frac{1}{7} + \frac{3}{7} + \frac{5}{7} =$ ______ $\frac{11}{12} + \frac{5}{12} =$ ______ $\frac{7}{12} + \frac{11}{12} + \frac{4}{12} =$ ______

5 Rechne im Kopf. Kürze das Ergebnis.

$\frac{3}{4} + \frac{3}{4} =$ ______ $\frac{5}{6} - \frac{2}{6} =$ ______ $\frac{1}{8} + \frac{5}{8} =$ ______

$\frac{3}{10} + \frac{12}{10} =$ ______ $\frac{7}{9} + \frac{5}{9} + \frac{1}{9} =$ ______ $\frac{1}{4} + \frac{2}{4} + \frac{3}{4} =$ ______

$\frac{5}{6} - \frac{2}{6} =$ ______ $\frac{7}{6} - \frac{5}{6} =$ ______ $\frac{11}{9} - \frac{3}{9} - \frac{5}{9} =$ ______

$\frac{11}{10} - \frac{7}{10} + \frac{2}{10} =$ ______ $\frac{7}{12} - \frac{4}{12} + \frac{5}{12} =$ ______ $\frac{1}{8} + \frac{13}{8} - \frac{3}{8} - \frac{5}{8} =$ ______

6 Kürze das Ergebnis. Schreibe es in gemischter Schreibweise, falls es größer als 1 ist.

$\frac{7}{4} + \frac{3}{4} =$ ______ $\frac{5}{6} + \frac{4}{6} =$ ______ $\frac{15}{8} - \frac{13}{8} =$ ______

$\frac{5}{6} + \frac{11}{6} =$ ______ $\frac{13}{10} + \frac{12}{10} =$ ______ $\frac{13}{8} - \frac{7}{8} =$ ______

$\frac{1}{6} + \frac{7}{6} + \frac{5}{6} =$ ______ $1\frac{1}{4} + 2\frac{2}{4} =$ ______

$2\frac{1}{10} + 3\frac{4}{10} =$ ______ $2\frac{3}{8} + 1\frac{7}{8} =$ ______

$3\frac{5}{6} - 1\frac{1}{6} =$ ______ $2\frac{1}{6} - 1\frac{5}{6} =$ ______

$2\frac{2}{5} + 1\frac{4}{5} =$ ______ $3\frac{1}{8} - 1\frac{5}{8} =$ ______

7 Von einem $3\frac{1}{2}$ m langen Balken wird $\frac{1}{4}$ m abgesägt. Der Rest ist ______ m lang.

Im Eimer sind $4\frac{1}{2}$ l Wasser. Es werden $1\frac{3}{4}$ l nachgefüllt. Im Eimer sind jetzt ______ l Wasser.

Ein Sandhaufen enthält $8\frac{2}{5}$ m^3. Es werden $4\frac{3}{5}$ m^3 abgetragen. Dann bleiben ______ m^3 übrig.

2 Addieren und Subtrahieren ungleichnamiger Brüche

Ungleichnamige Brüche werden gleichnamig gemacht, indem man sie auf einen gemeinsamen Nenner erweitert. Dann kann man sie **addieren** und **subtrahieren**.

Hier ist der größere Nenner 12 ein Vielfaches des kleineren Nenners 4. $\frac{7}{12} + \frac{1}{4} = \frac{7}{12} + \frac{3}{12} = \frac{10}{12} = \frac{5}{6}$

Hier ist keiner der Nenner 6 und 4 ein Vielfaches des anderen Nenners. $\frac{5}{6} - \frac{3}{4} = ?$

Das Produkt der zwei Nenner ist immer ein gemeinsamer Nenner. Oft gibt es aber auch einen kleineren gemeinsamen Nenner. $\frac{5}{6} - \frac{3}{4} = \frac{20}{24} - \frac{18}{24} = \frac{2}{24} = \frac{1}{12}$

Der kleinste gemeinsame Nenner heißt Hauptnenner. $\frac{5}{6} - \frac{3}{4} = \frac{10}{12} - \frac{9}{12} = \frac{1}{12}$

Aufgaben

1 Addiere und subtrahiere. Kürze, falls das möglich ist.

$\frac{3}{4} + \frac{1}{8}$ = ________ = ____ $\frac{1}{2} - \frac{3}{8}$ = ________ = ____

$\frac{1}{3} + \frac{1}{12}$ = ________ = ____ $\frac{2}{5} - \frac{3}{10}$ = ________ = ____

$\frac{3}{4} + \frac{1}{6}$ = ________ = ____ $\frac{1}{4} - \frac{1}{6}$ = ________ = ____

$\frac{1}{8} + \frac{1}{6}$ = ________ = ____ $\frac{3}{10} - \frac{1}{15}$ = ________ = ____

$\frac{1}{9} + \frac{5}{6}$ = ________ = ____ $\frac{11}{12} - \frac{3}{8}$ = ________ = ____

$\frac{1}{12} + \frac{1}{9}$ = ________ = ____ $\frac{7}{8} - \frac{1}{5}$ = ________ = ____

$\frac{1}{12} + \frac{5}{6}$ = ________ = ____ $\frac{9}{20} - \frac{3}{10}$ = ________ = ____

$\frac{1}{8} + \frac{3}{16}$ = ________ = ____ $\frac{11}{16} - \frac{1}{2}$ = ________ = ____

$\frac{4}{25} + \frac{3}{5}$ = ________ = ____ $\frac{4}{5} - \frac{3}{25}$ = ________ = ____

$\frac{3}{5} + \frac{3}{8}$ = ________ = ____ $\frac{3}{10} - \frac{1}{4}$ = ________ = ____

TIPP

So wirst du mit gemischten Zahlen fertig:

$2\frac{1}{2} + 1\frac{3}{4} = \frac{5}{2} + \frac{7}{4} = \frac{10}{4} + \frac{7}{4} = \frac{17}{4} = 4\frac{1}{4}$

$2\frac{1}{2} - 1\frac{3}{4} = \frac{5}{2} - \frac{7}{4} = \frac{10}{4} - \frac{7}{4} = \frac{3}{4}$

2 Addiere und subtrahiere. Kürze, falls das möglich ist. Ist das Ergebnis größer als 1, so wandle es in eine gemischte Zahl um. Rechne auf einem eigenen Blatt Papier.

$\frac{3}{4} + \frac{5}{8} =$ ___ $\frac{1}{2} + \frac{5}{8} =$ ___

$\frac{3}{2} + \frac{9}{4} =$ ___ $\frac{5}{4} - \frac{3}{8} =$ ___ $1\frac{1}{4} + \frac{5}{8} =$ ___ $1\frac{3}{4} + 1\frac{1}{8} =$ ___

$1\frac{3}{5} + \frac{9}{5} =$ ___ $1\frac{1}{2} + 6\frac{1}{2} =$ ___ $\frac{7}{10} + \frac{3}{5} =$ ___ $2\frac{1}{5} - 1\frac{2}{5} =$ ___

$1\frac{1}{6} + \frac{5}{12} =$ ___ $2\frac{1}{3} + \frac{1}{2} =$ ___ $1\frac{1}{2} + \frac{2}{3} =$ ___ $\frac{11}{6} - 1\frac{1}{4} =$ ___

$3\frac{1}{2} - \frac{7}{3} =$ ___ $\frac{1}{5} + 1\frac{5}{6} =$ ___ $\frac{7}{5} + \frac{1}{4} =$ ___ $\frac{8}{5} - 1\frac{1}{4} =$ ___

3 Addiere in der ersten Zeile, ergänze in der zweiten Zeile. Nimm ein eigenes Blatt Papier.

$\frac{1}{2} + \frac{1}{3} + \frac{1}{6} =$ ___ $\frac{1}{4} + \frac{1}{6} + \frac{7}{12} =$ ___ $\frac{1}{10} + \frac{5}{6} + \frac{1}{15} =$ ___

$\frac{4}{5} +$ ___ $+ \frac{1}{30} = 1$ $\frac{1}{2} + \frac{1}{9} +$ ___ $= 1$ $\frac{1}{6} + \frac{1}{7} +$ ___ $= 1$

4 Im linken Rechennetz sind die Summen längs der Linien immer 1. Im rechten Rechennetz sind die Summen längs der roten Linien 1 und längs der blauen Linien $\frac{3}{4}$. Trage die fehlenden Brüche ein. Nimm ein eigenes Blatt Papier.

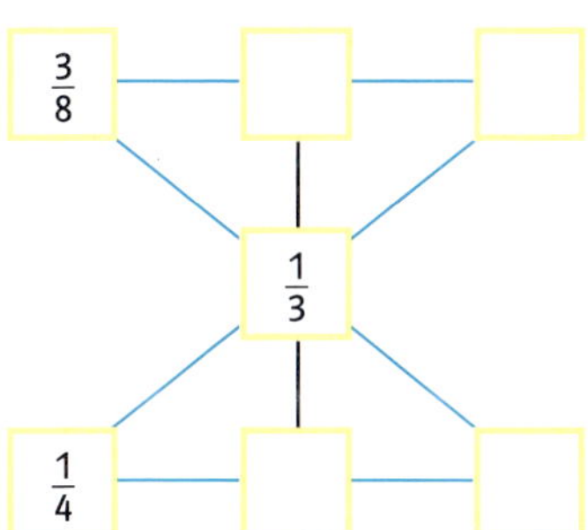

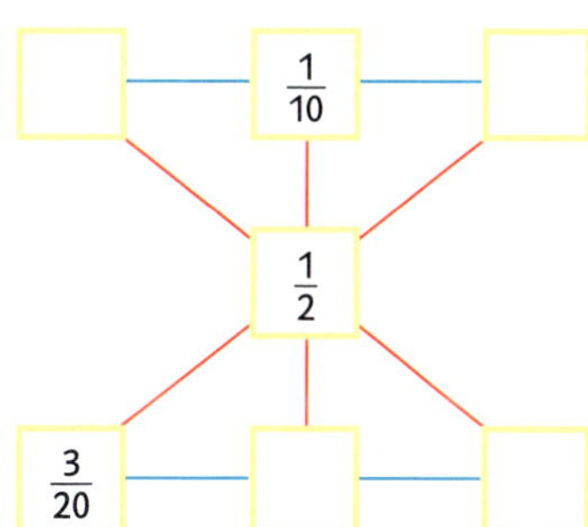

5 Ein Viertel der Schülerinnen und Schüler mag nach dem Unterricht am liebsten Fritten, ein Sechstel zieht Chips vor, drei Achtel sind ganz heiß auf Brezeln. Anne, Eva, Nasrin, Kai und Johannes mögen am liebsten Möhren. Wie viele Schülerinnen und Schüler sind in der Klasse?

In der Klasse sind ___ Schülerinnen und Schüler.

3 Vervielfachen von Brüchen

Summen aus gleichen Brüchen schreibt man kurz als **Vielfache**.
Vielfache eines Bruchs lassen sich so berechnen:
- Multipliziere den Zähler.
- Lass den Nenner unverändert.

Vielfache von Brüchen sind häufig größer als 1. Dann sind gemischte Zahlen günstig.
Kürze vor dem Multiplizieren, falls das möglich ist.

$$\frac{2}{3}+\frac{2}{3}+\frac{2}{3}+\frac{2}{3}=4\cdot\frac{2}{3}$$

$$4\cdot\frac{2}{3}=\frac{4\cdot 2}{3}=\frac{8}{3}=2\frac{2}{3}$$

$$6\cdot\frac{2}{15}=\frac{6\cdot 2}{15}=\frac{2\cdot 2}{5}=\frac{4}{5}$$

Aufgaben

1 Vervielfache. Schreibe das Ergebnis erst als Bruch. Falls es größer ist als 1, wandle es in eine gemischte Zahl um.

$3\cdot\frac{2}{5}=$ ______ = ______	$4\cdot\frac{2}{9}=$ ______ = ______	$4\cdot\frac{3}{8}=$ ______ = ______
$6\cdot\frac{7}{10}=$ ______ = ______	$9\cdot\frac{5}{12}=$ ______ = ______	$4\cdot\frac{4}{5}=$ ______ = ______
$6\cdot\frac{1}{15}=$ ______ = ______	$4\cdot\frac{5}{8}=$ ______ = ______	$7\cdot\frac{3}{14}=$ ______ = ______
$12\cdot\frac{5}{18}=$ ______ = ______	$9\cdot\frac{11}{12}=$ ______ = ______	$18\cdot\frac{7}{24}=$ ______ = ______

2 Bestimme das kleinste Vielfache von $\frac{2}{5}$, das größer als 3 ist. Der Zahlenstrahl hilft!

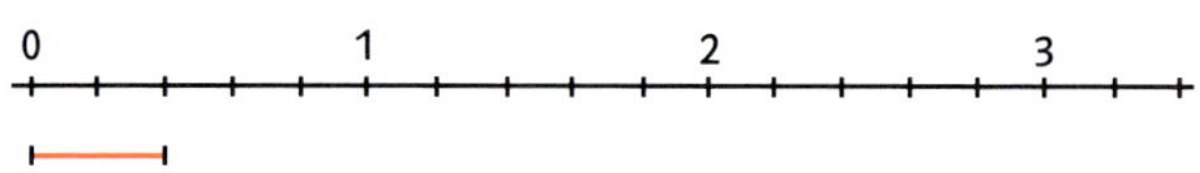

Das gesuchte Vielfache ist ____ $\cdot\frac{2}{5}=$ ______ .

Welches Vielfache von $\frac{1}{4}$ ist größer als $2\frac{1}{2}$ und kleiner als 3?

Das gesuchte Vielfache ist ____ $\cdot\frac{1}{4}=$ ______ .

3 Im Einkaufswagen sind fünf $1\frac{1}{2}$ l-Flaschen Saft, fünf $\frac{7}{10}$ l-Flaschen Wasser und vier $\frac{1}{3}$ l-Flaschen Limo. Rechne auf einem eigenen Blatt Papier.

Wie viel Flüssigkeit ist das insgesamt? ______________________________

Wie schwer ist der Einkauf mindestens? ______________________________

4 Teilen von Brüchen

Der Bruch $\frac{5}{6}$ soll in 2 gleiche Teile **auf(geteilt)** werden.
Man zerlegt das Ganze in 6 · 2 = 12 statt in 6 Teile nimmt 5 davon.

$\frac{5}{6}:2 = \frac{5}{6 \cdot 2} = \frac{5}{12}$

Zum Teilen eines Bruchs durch eine natürliche Zahl **multipliziert** man den **Nenner** mit dieser Zahl.

$\frac{6}{7}:3 = \frac{6}{7 \cdot 3} = \frac{6}{21} = \frac{2}{7}$

Falls aber der Zähler durch die natürliche Zahl teilbar ist, kann man stattdessen den **Zähler dividieren**. Das erspart das nachträgliche Kürzen.

$\frac{6}{7}:3 = \frac{6:3}{7} = \frac{2}{7}$

Aufgaben

1 Teile den Bruch durch die natürliche Zahl. Kürze, falls möglich.

	:2	:4	:6	:8
$\frac{2}{3}$				
$\frac{3}{4}$				
$\frac{5}{6}$				
$\frac{8}{9}$				
$\frac{16}{11}$				

	:3	:5	:9
$\frac{4}{5}$			
$\frac{5}{12}$			
$\frac{9}{10}$			
$\frac{45}{49}$			
$\frac{18}{5}$			

	:10	:12	:20
$\frac{8}{7}$			
$\frac{25}{4}$			
$\frac{20}{10}$			
$\frac{60}{5}$			
$\frac{40}{9}$			

2 Trage die richtige Zahl ein. Alle Brüche sind vollständig gekürzt.

$\frac{\;}{5}:2 = \frac{2}{5}$ $\quad$ $\frac{8}{\;}:4 = \frac{2}{9}$ $\quad$ $\frac{\;}{12}:\text{—} = \frac{5}{24}$ $\quad$ $\frac{15}{\;}:5 = \frac{3}{8}$ $\quad$ $\frac{16}{9}:\text{—} = \frac{4}{\;}$ $\quad$ $\frac{5}{\;}:8 = \frac{\;}{24}$ $\quad$ $\text{—}:4 = \frac{3}{14}$

3 In einem Rezept für vier Personen sind $1\frac{1}{2}$ l Milch, $\frac{1}{2}$ l Sahne und $\frac{1}{4}$ kg Butter vorgeschrieben. Wie viel Milch und Sahne nimmt Herr Frei, der für sich allein kocht?

Er braucht ________ Milch, ________ Sahne und ________ Butter.

4 Familie Weiß wandert $12\frac{1}{2}$ km in 4 h. Wie weit kommen sie nach 1 h, nach 2 h, nach 3 h, wenn sie die ganze Zeit über gleich schnell wandern?

Weg nach 1 h: _______ nach 2 h: _______ nach 3 h: _______.

5 Bruchteile beliebiger Größen

Nimmt man einen als Bruch gegebenen Anteil einer Größe, erhält man einen Bruchteil der Größe. Die Einheit wird dabei beibehalten.

Anteil: $\frac{1}{4}$ Größe: 8 m Bruchteil: $\frac{1}{4} \cdot 8\,\text{m} = 2\,\text{m}$.

Anteil: $\frac{3}{4}$ Größe: 2 m Bruchteil: $\frac{3}{4} \cdot 2\,\text{m} = \frac{3}{2}\,\text{m} = 1\frac{1}{2}\,\text{m}$

Durch Umwandeln in eine größere Einheit lassen sich Brüche als Maßzahlen oft vermeiden.

Anteil: $\frac{3}{8}$ Größe: 2 m Bruchteil: $\frac{3}{8} \cdot 2\,\text{m} = \frac{3}{8} \cdot 200\,\text{cm} = 75\,\text{cm}$

Das Pfeildiagramm erklärt noch einmal, wie man vom Anteil zum Bruchteil kommt.

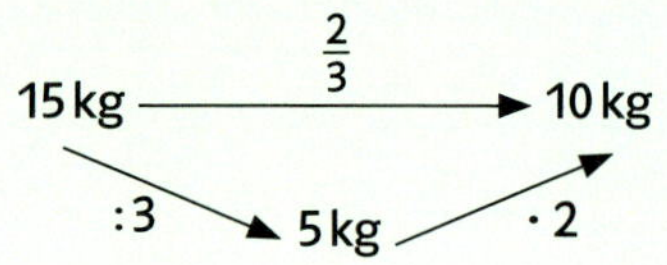

Aufgaben

1 Berechne den Bruchteil.

$\frac{1}{2}$ von 24 m: ______ $\frac{1}{4}$ von 12 cm: ______ $\frac{3}{4}$ von 12 m: ______ $\frac{1}{5}$ von 60 mm: ______

$\frac{1}{5}$ von 35 kg: ______ $\frac{2}{5}$ von 25 kg: ______ $\frac{1}{3}$ von 21 m: ______ $\frac{2}{3}$ von 120 m: ______

$\frac{1}{3}$ von 9 h: ______ $\frac{1}{6}$ von 24 t: ______ $\frac{5}{6}$ von 18 kg: ______ $\frac{5}{8}$ von 1000 m: ______

2 Berechne den Bruchteil. Wandle Brüche, die größer als 1 sind, in gemischte Zahlen um. Kürze, falls möglich.

	4 m	16 m	10 kg	30 cm	2 min	18 h	24 t	20 km	12 kg	200 g
$\frac{1}{2}$										
$\frac{1}{4}$										
$\frac{3}{4}$										
$\frac{3}{8}$										

3 Wandle so um, dass die Maßzahl des Bruchteils eine natürliche Zahl wird.

$\frac{1}{2}$ von 3 m: ______ $\frac{1}{4}$ von 3 m: ______ $\frac{1}{5}$ von 2 dm: ______ $\frac{1}{8}$ von 1 km: ______

$\frac{3}{8}$ von 2 kg: ______ $\frac{5}{8}$ von 2 m: ______ $\frac{3}{10}$ von 4 t: ______ $\frac{11}{100}$ von 1 m: ______

$\frac{1}{6}$ von 1 h: ______ $\frac{3}{4}$ von 2 h: ______ $\frac{1}{12}$ von 1 min: ______ $\frac{5}{6}$ von 1 min: ______

4 Gib den Anteil oder das Ganze an.

Bruchteil	3 m	5 kg	6 cm	$\frac{1}{2}$ m	$\frac{1}{4}$ kg	$\frac{3}{4}$ m	5 cm	4 km	$\frac{1}{4}$ h	$\frac{1}{2}$ t	$\frac{3}{4}$ m
Ganzes	12 m	20 kg	30 cm	5 m	3 kg	4 m					
Anteil							$\frac{1}{3}$	$\frac{2}{5}$	$\frac{1}{8}$	$\frac{1}{4}$	$\frac{1}{4}$

5 Lara gibt 62 € aus. Das ist $\frac{2}{3}$ des mitgenommenen Geldes. Sie hatte ______ dabei.

Das Konzert dauert $4\frac{1}{2}$ h. Nach $1\frac{1}{2}$ h ist ______ des Konzerts vorbei.

Nach $3\frac{1}{2}$ h ist $\frac{1}{4}$ der Fahrt geschafft. Die Fahrt dauert voraussichtlich ________ .

6 Jenny hat den Hund Karo 10 h lang ausgeführt, Miriam 8 h, Annika 16 h und Inge 6 h.
Am Ende des Monats teilen sie sich 100 €.
Anteile an der gesamten Arbeitszeit:

Jenny: ____ Miriam: ____ Annika: ____ Inge: ____

Jenny bekommt ______, Miriam ______, Annika ______ und Inge ______ .

Anteile in Hunderstelbrüchen heißen **Prozent**:

$1\,\% = \frac{1}{100}$ $5\,\% = \frac{5}{100}$ $75\,\% = \frac{75}{100}$

6 % von 200 kg ist $\frac{6}{100}$ von 200 kg, also 120 kg.

7 Berechne. Wandle, falls das sinnvoll ist, in eine kleinere Einheit um.

1 % von 200 €: ________ 10 % von 150 €: ________ 6 % von 400 g: ________

25 % von 2 km: ________ 20 % von 30 kg ________ 40 % von 600 g: ________

30 % von 25 m: ________ 80 % von 6 kg ________ 7 % von 50 € ________

6 Multiplizieren von Brüchen

Bruchteile von Bruchteilen berechnet man so:

$\frac{4}{5}$ von $\frac{2}{3}$ = $\frac{1}{5}$ von $4 \cdot \frac{2}{3}$ = $\frac{1}{5}$ von $\frac{8}{3}$ = $\frac{8}{15}$

Man rechnet also kurz: $\frac{4}{5}$ von $\frac{2}{3} = \frac{4 \cdot 2}{5 \cdot 3} = \frac{8}{15}$

Also: Bruchteil vom Bruchteil $= \frac{\text{Zähler} \cdot \text{Zähler}}{\text{Nenner} \cdot \text{Nenner}}$.

$\frac{5}{6} \cdot \frac{2}{3} = \frac{5 \cdot 2}{6 \cdot 3} = \frac{5 \cdot 1}{3 \cdot 3} = \frac{5}{9}$

Man sagt: die Brüche werden **multipliziert**.
Kürzen hält die Zahlen klein!

Aufgaben

1 Wie viel ist die Hälfte eines Drittels? _____

ein Drittel eines Drittels? _____ ein Viertel einer Hälfte? _____

$\frac{2}{3}$ von $\frac{1}{3}$? _____ $\frac{1}{3}$ von $\frac{2}{3}$? _____ $\frac{1}{4}$ von $\frac{1}{3}$? _____ $\frac{2}{3}$ von $\frac{1}{4}$? _____ $\frac{3}{4}$ von $\frac{1}{2}$? _____

2 Multipliziere. Vergiss nicht zu kürzen!

$\frac{1}{2} \cdot \frac{3}{4} =$ _____ $\frac{1}{4} \cdot \frac{1}{2} =$ _____ $\frac{3}{4} \cdot \frac{1}{4} =$ _____ $\frac{1}{5} \cdot \frac{2}{3} =$ _____ $\frac{1}{2} \cdot \frac{1}{2} =$ _____

$\frac{2}{3} \cdot \frac{4}{5} =$ _____ $\frac{3}{5} \cdot \frac{1}{2} =$ _____ $\frac{3}{4} \cdot \frac{5}{4} =$ _____ $\frac{3}{2} \cdot \frac{5}{7} =$ _____ $\frac{4}{9} \cdot \frac{2}{5} =$ _____

$\frac{3}{8} \cdot \frac{4}{5} =$ _____ $\frac{3}{10} \cdot \frac{2}{5} =$ _____ $\frac{3}{4} \cdot \frac{8}{9} =$ _____ $\frac{3}{10} \cdot \frac{5}{6} =$ _____ $\frac{8}{9} \cdot \frac{6}{7} =$ _____

$\frac{9}{10} \cdot \frac{5}{3} =$ _____ $\frac{3}{11} \cdot \frac{4}{3} =$ _____ $\frac{6}{5} \cdot \frac{10}{9} =$ _____ $\frac{5}{8} \cdot \frac{12}{25} =$ _____ $\frac{12}{11} \cdot \frac{33}{48} =$ _____

3 Ohne Kürzen werden hier die Zahlen ziemlich groß!

$\frac{11}{15} \cdot \frac{25}{44} =$ _____ $\frac{30}{7} \cdot \frac{14}{90} =$ _____ $\frac{16}{27} \cdot \frac{9}{8} =$ _____ $\frac{13}{15} \cdot \frac{25}{26} =$ _____ $\frac{18}{49} \cdot \frac{35}{24} =$ _____

4 Wie viel ist …

$\frac{1}{2}$ von $\frac{1}{2}$ kg? _____ $\frac{1}{2}$ von $\frac{1}{4}$ km? _____ $\frac{1}{3}$ von $\frac{2}{3}$ l? _____ $\frac{1}{3}$ von $\frac{1}{2}$ h? _____

$\frac{1}{5}$ von $\frac{1}{2}$ m? _____ $\frac{3}{4}$ von $\frac{1}{2}$ dm? _____ $\frac{3}{5}$ von $\frac{5}{8}$ l? _____ $\frac{2}{3}$ von $\frac{1}{4}$ m^2? _____

5 Fülle die Leerstellen aus. Suche dabei nach möglichst einfachen Brüchen. Ab der dritten Zeile solltest du an Kürzen denken.

$\frac{4}{5} \cdot \frac{}{} = \frac{8}{15}$ $\quad \frac{5}{6} \cdot \frac{}{} = \frac{35}{12}$ $\quad \frac{4}{7} \cdot \frac{}{} = \frac{8}{21}$ $\quad \frac{}{5} \cdot \frac{2}{} = \frac{8}{15}$ $\quad \frac{9}{} \cdot \frac{}{4} = \frac{27}{8}$

$\frac{}{6} \cdot \frac{1}{} = \frac{1}{24}$ $\quad \frac{}{5} \cdot \frac{}{} = \frac{3}{20}$ $\quad \frac{}{6} \cdot \frac{}{} = \frac{5}{12}$ $\quad \frac{}{7} \cdot \frac{}{11} = \frac{5}{}$ $\quad \frac{5}{16} \cdot \frac{}{} = \frac{15}{64}$

$\frac{}{6} \cdot \frac{}{4} = \frac{1}{15}$ $\quad \frac{12}{7} \cdot \frac{}{} = \frac{6}{11}$ $\quad \frac{5}{6} \cdot \frac{}{} = \frac{1}{6}$ $\quad \frac{9}{16} \cdot \frac{}{} = \frac{3}{4}$ $\quad \frac{4}{7} \cdot \frac{}{} = \frac{}{5}$

6 Umrunde die zwei Bruch-Kurse. Beim ersten machst du von selbst die Probe. Beim zweiten musst du wie in Aufgabe 5 ergänzen.

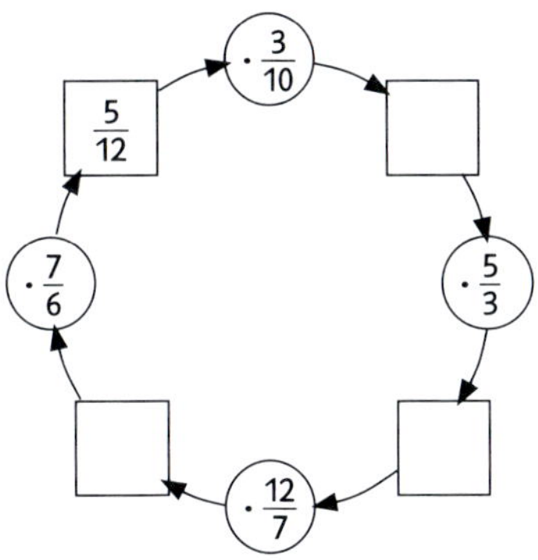

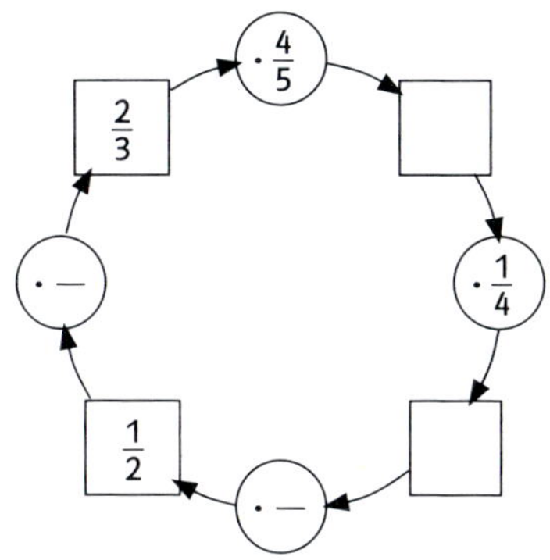

7 In früheren Zeiten wurden Äcker unter den Söhnen gleichmäßig verteilt. Bauer Hans hatte die Söhne Niklaus, Peter und Karl. Niklaus hatte vier Söhne, Peter fünf Söhne, Karl zwei Söhne.
Welche Anteile entfielen auf die Söhne der Söhne?
Heute erben natürlich Mädchen ebenso wie Jungen!
Anteile der Söhne von Niklaus: ______ von Peter: ______ von Karl ______

8 An der Schulsprecherwahl beteiligten sich $\frac{2}{3}$ der Schülerinnen und Schüler. Ines bekam $\frac{7}{10}$ der abgegebenen Stimmen. Welcher Anteil aller Schülerinnen und Schüler hat für Ines gestimmt?
War das mehr als die Hälfte aller Schülerinnen und Schüler?

Anteil der Stimmen für Ines: ______ Es waren mehr als die Hälfte. ja nein

9 An der Bürgermeisterwahl beteiligten sich 70 % der Wahlberechtigten. Frau Metzger erhielt 60 % der abgegebenen Stimmen.
Wie viel Prozent der Wahlberechtigten haben für sie gestimmt?
Mit etwas Überlegung kannst du die Antwort sogar durch Kopfrechnen finden.

TIPP $70\,\% = \frac{?}{?}$

Es waren ______ %.

7 Dividieren von Brüchen

Die Regel für die Division **„Bruch : Bruch"** kannst du dir am Beispiel $\frac{5}{4} : \frac{2}{3}$ zurechtlegen:

Am Bild siehst du:

$\frac{2}{3}$ passt $1\frac{1}{2}$-mal in die Strecke der Länge 1.

Also: $1 : \frac{2}{3} = 1\frac{1}{2} = \frac{3}{2}$

Die fünffache Strecke wird aufgeteilt: $5 : \frac{2}{3} = 5 \cdot \frac{3}{2} = \frac{15}{2}$.

Ein Viertel der fünffachen Strecke wird aufgeteilt: $\frac{5}{4} : \frac{2}{3} = \frac{1}{4} \cdot \frac{15}{2} = \frac{15}{8}$.

Man kann kurz so rechnen: $\frac{5}{4} : \frac{2}{3} = \frac{5}{4} \cdot \frac{3}{2} = \frac{15}{8}$.

So entsteht die Regel: Ein Bruch wird durch einen zweiten dividiert, indem man mit dem Kehrbruch des zweiten **multipliziert**.

Aufgaben

1 Wie oft passt …

$\frac{1}{2}$ in 1? ___ -mal	$\frac{1}{2}$ in 2? ___ -mal	$\frac{1}{2}$ in 4? ___ -mal	$\frac{1}{2}$ in 10? ___ -mal
$\frac{1}{3}$ in 1? ___ -mal	$\frac{1}{3}$ in 2? ___ -mal	$\frac{1}{3}$ in 3? ___ -mal	$\frac{1}{3}$ in 5? ___ -mal
$\frac{1}{2}$ in $1\frac{1}{2}$? ___ -mal	$\frac{1}{2}$ in $3\frac{1}{2}$? ___ -mal	$\frac{1}{3}$ in $2\frac{1}{3}$? ___ -mal	$\frac{1}{3}$ in $2\frac{2}{3}$? ___ -mal
$\frac{1}{4}$ in 2? ___ -mal	$\frac{1}{4}$ in $2\frac{1}{2}$? ___ -mal	$\frac{1}{4}$ in $3\frac{3}{4}$? ___ -mal	$\frac{1}{8}$ in $1\frac{3}{8}$? ___ -mal

2 Dividiere. Da es hier noch nichts zu kürzen gibt, kannst du sicher im Kopf rechnen.

$\frac{2}{3} : \frac{1}{4} =$ ___	$\frac{3}{5} : \frac{1}{2} =$ ___	$\frac{1}{6} : \frac{2}{5} =$ ___	$\frac{5}{8} : \frac{1}{3} =$ ___	$\frac{3}{4} : \frac{5}{3} =$ ___
$\frac{3}{2} : \frac{1}{3} =$ ___	$\frac{1}{6} : \frac{3}{5} =$ ___	$\frac{7}{6} : \frac{3}{5} =$ ___	$\frac{7}{4} : \frac{2}{3} =$ ___	$\frac{4}{9} : \frac{3}{5} =$ ___
$\frac{3}{7} : \frac{4}{5} =$ ___	$\frac{9}{10} : \frac{4}{3} =$ ___	$\frac{1}{12} : \frac{1}{5} =$ ___	$\frac{11}{12} : \frac{2}{9} =$ ___	$\frac{3}{25} : \frac{1}{8} =$ ___
$\frac{6}{11} : \frac{1}{2} =$ ___	$\frac{3}{4} : \frac{4}{3} =$ ___	$\frac{5}{12} : \frac{2}{5} =$ ___	$\frac{4}{13} : \frac{3}{5} =$ ___	$\frac{15}{27} : \frac{2}{5} =$ ___

3 Kürze vor dem Dividieren. Ab der dritten Zeile sollst du die Ergebnisse in gemischte Zahlen umwandeln. Rechne auf einem eigenen Blatt Papier.

$\frac{2}{3}:\frac{2}{5}=$ ____ $\frac{3}{5}:\frac{3}{2}=$ ____ $\frac{10}{4}:\frac{5}{3}=$ ____ $\frac{3}{5}:\frac{6}{5}=$ ____ $\frac{5}{8}:\frac{10}{4}=$ ____

$\frac{12}{5}:\frac{24}{15}=$ ____ $\frac{3}{22}:\frac{12}{11}=$ ____ $\frac{11}{12}:\frac{22}{60}=$ ____ $\frac{9}{10}:\frac{6}{25}=$ ____ $\frac{16}{27}:\frac{40}{9}=$ ____

$\frac{5}{7}:\frac{3}{7}=$ ____ = ____ $\frac{18}{35}:\frac{12}{49}=$ ____ = ____ $\frac{33}{2}:\frac{44}{3}=$ ____ = ____

$\frac{26}{21}:\frac{13}{14}=$ ____ = ____ $\frac{15}{14}:\frac{45}{56}=$ ____ = ____ $\frac{48}{9}:\frac{24}{5}=$ ____ = ____

$\frac{100}{21}:\frac{75}{42}=$ ____ = ____ $\frac{60}{25}:\frac{48}{35}=$ ____ = ____ $\frac{48}{150}:\frac{72}{200}=$ ____ = ____

4 Hier kommen besondere Ergebnisse heraus.

$\frac{4}{3}:\frac{1}{6}=$ ____ $\frac{3}{5}:\frac{3}{10}=$ ____ $\frac{66}{4}:\frac{33}{8}=$ ____

$\frac{1}{4}:\frac{1}{8}=$ ____ $\frac{14}{21}:\frac{7}{42}=$ ____ $\frac{99}{5}:\frac{33}{35}=$ ____

TIPP
Nur scheinbar ein Bruch:
$\frac{3}{3}=1;\ \frac{8}{4}=2$

5 Multiplikation, Division, natürliche Zahlen – das sollte dich nicht durcheinander bringen.

$\frac{7}{5}:\frac{3}{4}=$ ____ $\frac{7}{5}\cdot\frac{3}{4}=$ ____ $\frac{9}{4}:\frac{9}{4}=$ ____ $\frac{9}{4}\cdot\frac{4}{9}=$ ____ $\frac{9}{4}\cdot\frac{9}{4}=$ ____ $4\cdot\frac{3}{5}=$ ____

$4:\frac{3}{5}=$ ____ $6\cdot\frac{2}{3}=$ ____ $\frac{3}{8}:2=$ ____ $\frac{3}{8}\cdot2=$ ____ $\frac{5}{6}\cdot6=$ ____ $\frac{5}{6}:5=$ ____

6 Chris hat mühsam ausgerechnet: $\frac{57}{126}:\frac{95}{154}=\frac{11}{15}$. Danach löst er die Aufgabe $\frac{57}{95}:\frac{126}{154}$ fast ohne zu rechnen, und ebenso schnell findet er die Lösung der Aufgabe $\frac{126}{57}:\frac{154}{95}$.

Ergebnis der zweiten Aufgabe: ____ Ergebnis der dritten Aufgabe: ____

7 Steffen füllt $\frac{1}{4}$l-Gläser aus dem ersten $1\frac{1}{2}$l-Karton Apfelschorle. Da die Gläser ziemlich voll wurden, füllt er aus dem zweiten Karton nur $\frac{1}{5}$l in jedes Glas.

Der erste Karton gibt ____ Gläser, der zweite gibt ____ Gläser.

8 $\frac{3}{10}$l-Gläser werden aus $\frac{3}{4}$l-Flaschen gefüllt. In keiner Flasche bleibt etwas übrig.

Wie viele Flaschen wurden geleert? Gibt es nur eine mögliche Anzahl von Flaschen?

Es wurden ____ Flaschen geleert.

Andere mögliche Anzahlen von Flaschen sind ________________ .

8 Punkt vor Strich. Klammern

Ganz genau so wie beim Rechnen mit natürlichen Zahlen gilt beim Rechnen mit Brüchen:

1. Multiplizieren und Dividieren kommt vor Addieren und Subtrahieren. Kurz: **Punktrechnung vor Strichrechnung**
2. Was in **Klammern** steht, wird **zuerst** berechnet.

Beispiele zu Regel 1 $\frac{5}{8}+\frac{1}{8}:\frac{1}{2}=\frac{5}{8}+\frac{2}{8}=\frac{7}{8}$ $\frac{7}{5}-\frac{6}{5}\cdot\frac{1}{2}=\frac{7}{5}-\frac{3}{5}=\frac{4}{5}$

Beispiele zu Regel 2 $\left(\frac{5}{8}+\frac{1}{8}\right):\frac{1}{2}=\frac{6}{8}:\frac{1}{2}=\frac{3}{2}$ $\left(\frac{7}{5}-\frac{6}{5}\right)\cdot\frac{1}{2}=\frac{1}{5}\cdot\frac{1}{2}=\frac{1}{10}$

Aufgaben

1 Erst ohne Klammer, dann mit Klammer. Manchmal kannst du noch kürzen.

$\frac{1}{4}+\frac{1}{2}\cdot\frac{1}{2}=$ ______ $\left(\frac{1}{4}+\frac{1}{2}\right)\cdot\frac{1}{2}=$ ______ $\frac{1}{6}+\frac{1}{3}\cdot\frac{1}{2}=$ ______ $\left(\frac{1}{6}+\frac{1}{3}\right)\cdot\frac{1}{2}=$ ______

$\frac{3}{4}-\frac{1}{2}\cdot\frac{1}{2}=$ ______ $\left(\frac{3}{4}-\frac{1}{2}\right)\cdot\frac{1}{2}=$ ______ $\frac{5}{6}-\frac{1}{3}\cdot\frac{1}{2}=$ ______ $\left(\frac{5}{6}-\frac{1}{3}\right)\cdot\frac{1}{2}=$ ______

$\frac{3}{5}+\frac{1}{10}:\frac{1}{2}=$ ______ $\left(\frac{3}{5}+\frac{1}{10}\right):\frac{1}{2}=$ ______ $\frac{7}{6}-\frac{1}{3}:\frac{1}{2}=$ ______ $\left(\frac{7}{6}-\frac{1}{3}\right):\frac{1}{2}=$ ______

$\frac{5}{8}-\frac{1}{4}\cdot\frac{1}{4}=$ ______ $\left(\frac{5}{8}-\frac{1}{4}\right)\cdot\frac{1}{4}=$ ______ $\frac{2}{3}-\frac{1}{9}:\frac{1}{3}=$ ______ $\left(\frac{2}{3}-\frac{1}{9}\right):\frac{1}{3}=$ ______

2 Für manche dieser Aufgaben brauchst du eigenes Papier.

$\frac{1}{2}\cdot\left(\frac{9}{8}-\frac{5}{8}\right)=$ ______ $\frac{1}{3}\cdot\left(\frac{1}{5}+\frac{7}{10}\right)=$ ______ $\frac{2}{5}:\left(\frac{4}{5}-\frac{1}{5}\right)=$ ______ $\frac{2}{3}\cdot\frac{7}{8}-\frac{1}{6}=$ ______

$\left(\frac{4}{5}+\frac{2}{15}\right)\cdot\left(\frac{2}{3}-\frac{1}{6}\right)=$ ______ $\frac{1}{9}+\frac{3}{8}\cdot\frac{4}{9}+\frac{1}{6}=$ ______

$\left(\frac{4}{7}-\frac{5}{14}\right):\left(\frac{5}{14}-\frac{3}{14}\right)=$ ______ $\frac{1}{2}\cdot\left(\frac{9}{8}-\frac{7}{2}\cdot\frac{1}{4}\right)=$ ______

$\left(\frac{5}{12}-\frac{3}{4}\cdot\frac{1}{3}\right):\left(\frac{1}{12}+2\cdot\frac{5}{12}\right)=$ ______ $\frac{9}{20}-\frac{3}{4}\cdot\left(\frac{2}{3}-\frac{1}{4}:\frac{3}{4}\right)=$ ______

3 Berechne geschickt. Ausklammern und Ausmultiplizieren kannst du auf eigenem Papier.

$\frac{3}{4}\cdot\frac{1}{9}+\frac{3}{4}\cdot\frac{5}{9}=\frac{3}{4}\cdot\left(\frac{1}{9}+\frac{5}{9}\right)=$ ______ $\frac{3}{4}\cdot\frac{2}{9}+\frac{3}{4}\cdot\frac{4}{9}=$ ______

$\frac{2}{5}\cdot\frac{4}{7}+\frac{2}{5}\cdot\frac{6}{7}=$ ______ $\frac{2}{3}\cdot\left(\frac{3}{8}+\frac{9}{16}\right)=\frac{2}{3}\cdot\frac{3}{8}+\frac{2}{3}\cdot\frac{9}{16}=$ ______

$\frac{4}{7}\cdot\left(\frac{7}{8}+\frac{21}{16}\right)=$ ______ $\frac{5}{18}\cdot\left(\frac{18}{25}+\frac{9}{5}\right)=$ ______

Teste dich selbst

r f

Eine Aufgabe ist nur dann richtig gelöst, wenn alle Teilaufgaben richtig gelöst sind.

1 Addiere oder subtrahiere.

$\frac{3}{5} + \frac{1}{5} =$ ____ $\frac{9}{10} - \frac{1}{5} =$ ____ $\frac{2}{15} + \frac{3}{10} =$ ____ $\frac{5}{6} - \frac{4}{9} =$ ____

2 Addiere oder subtrahiere. Kürze, falls möglich.

$\frac{3}{10} + \frac{2}{10} =$ ____ $\frac{7}{8} - \frac{1}{4} =$ ____ $\frac{1}{6} + \frac{3}{4} =$ ____ $\frac{13}{20} - \frac{7}{30} =$ ____

3 Addiere oder subtrahiere. Kürze, falls möglich.

$1\frac{1}{2} + 1\frac{3}{4} =$ ____ $2\frac{3}{5} + 1\frac{1}{15} =$ ____ $3\frac{5}{6} - 1\frac{1}{6} =$ ____ $3\frac{1}{6} - 1\frac{5}{6} =$ ____

4 Vervielfache oder teile. Kürze, falls möglich. Falls der Bruch größer ist als 1, wandle ihn in eine gemischte Zahl um.

$2 \cdot \frac{3}{10} =$ ____ $\frac{8}{11} : 4 =$ ____ $6 \cdot \frac{5}{8} =$ ____ $\frac{9}{11} : 6 =$ ____

5 Multipliziere oder dividiere. Kürze, falls möglich.

$\frac{3}{8} \cdot \frac{4}{5} =$ ____ $\frac{3}{8} : \frac{4}{5} =$ ____ $\frac{5}{6} \cdot \frac{10}{9} =$ ____ $\frac{5}{6} : \frac{10}{9} =$ ____

6 Achte auf „Punkt vor Strich" und Klammern.

$\frac{2}{5} \cdot \left(\frac{1}{4} + \frac{1}{8}\right) =$ ____ $\frac{4}{5} \cdot \left(\frac{3}{4} - \frac{5}{8}\right) =$ ____ $\frac{1}{8} : \frac{1}{6} - \frac{2}{5} \cdot \frac{3}{8} =$ ____

7 Maja mischt ein Getränk aus vier $\frac{1}{3}$ l-Flaschen Bio-Limonade, einer $\frac{1}{3}$ l-Flasche Saftkonzentrat und zwei $\frac{7}{10}$ l-Flaschen Sprudel.

Erhält sie mehr als 3 l Getränk? ja ☐ nein ☐

8 Jan bekam bei der Schulsprecherwahl 45 % der abgegebenen Stimmen, aber nur 80 % der Schülerinnen und Schüler haben abgestimmt.
Gib Jans Stimmenanteil als Bruch und in Prozent an.

Für Jan hat der Anteil ____ der Wahlberechtigten gestimmt.

Das sind ______ %.

r f

9 Berechne den Bruchteil.

$\frac{1}{3}$ von 12 m: ________

$\frac{3}{4}$ von 16 cm: ________

$\frac{1}{5}$ von 35 kg: ________

10 Wandle in eine größere Einheit um, damit die Maßzahl des Bruchteils eine natürliche Zahl wird.

$\frac{1}{4}$ von 5 m: ________

$\frac{3}{4}$ von 5 m: ________

$\frac{1}{8}$ von 1 t: ________

11 Bei der Schulsprecherwahl haben 400 Schülerinnen und Schüler abgestimmt. Jens bekam 30 % der Stimmen, Tatjana bekam 35 %, Kirsten 25 %.

Jens bekam ______ Stimmen,

Tatjana ______ Stimmen,

Kirsten _____ Stimmen.

1 Dezimalschreibweise

Für Brüche mit einer Zehnerpotenz im Nenner (also 10, 100, 1000, …) ist die **Dezimalschreibweise** (Kommaschreibweise) vorteilhaft. Das gilt auch für Summen solcher Brüche.

Rechts vom Komma stehen der Reihe nach Zehntel, Hundertstel, Tausendstel … Diese **Nachkommaziffern** heißen auch **Dezimalen**.

$\frac{3}{10} = 0{,}3 \quad \frac{5}{100} = 0{,}05 \quad \frac{7}{1000} = 0{,}007$

$\frac{3}{10} + \frac{5}{100} + \frac{7}{1000} = 0{,}357$

Für jeden in der Abfolge ausgelassenen Bruch steht eine Null.

$\frac{3}{10} + \frac{7}{1000} = 0{,}307 \quad \frac{5}{100} + \frac{7}{1000} = 0{,}057$

Auch Brüche mit einer Zehnerpotenz im Nenner und einem mehrstelligen Zähler lassen sich in Dezimalbrüche umwandeln.

$\frac{357}{1000} = \frac{300}{1000} + \frac{50}{1000} + \frac{7}{1000}$

$= \frac{3}{10} + \frac{5}{100} + \frac{7}{1000} = 0{,}357$

Links vom Komma kann statt der Null auch eine natürliche Zahl stehen.

$48 + \frac{3}{10} + \frac{5}{100} + \frac{7}{1000} = 48{,}357$

Aufgaben

1 Schreibe als Dezimalbruch.

$\frac{3}{10} =$ ______ $\frac{2}{100} =$ ______ $\frac{9}{100} =$ ______ $\frac{8}{1000} =$ ______

$\frac{7}{10\,000} =$ ______ $\frac{6}{10} + \frac{5}{100} =$ ______ $\frac{4}{10} + \frac{8}{100} + \frac{5}{1000} =$ ______

$\frac{1}{10} + \frac{2}{100} + \frac{9}{1000} + \frac{7}{10\,000} =$ ______ $\frac{7}{10} + \frac{2}{1000} =$ ______

$\frac{8}{100} + \frac{7}{1000} =$ ______ $\frac{5}{100} + \frac{6}{1000} =$ ______ $\frac{4}{10} + \frac{3}{10\,000} =$ ______

$\frac{3}{100} + \frac{3}{10\,000} =$ ______ $\frac{4}{10} + \frac{2}{1000} + \frac{7}{10\,000} =$ ______ $\frac{15}{100} =$ ______

$\frac{99}{100} =$ ______ $\frac{871}{1000} =$ ______ $\frac{31}{1000} =$ ______

$\frac{27}{1000} =$ ______ $\frac{101}{1000} =$ ______ $\frac{1235}{10\,000} =$ ______

$\frac{101}{10\,000} =$ ______ $3 + \frac{7}{10} =$ ______ $29 + \frac{8}{10} + \frac{2}{100} =$ ______

$17 + \frac{4}{10} + \frac{6}{100} + \frac{2}{1000} =$ ______ $30 + \frac{2}{10} =$ ______

$65 + \frac{4}{100} =$ ______ $2 + \frac{5}{1000} =$ ______ $20 + \frac{2}{100} + \frac{2}{10\,000} =$ ______

2 Schreibe als Bruch.

0,7 = ______ 0,9 = ______ 0,06 = ______ 0,008 = ______ 0,0002 = ______

0,01 = ______ 0,004 = ______ 0,6 = ______ 0,009 = ______ 0,00008 = ______

3 Schreibe als Summe von Brüchen und als Bruch mit dem größten vorkommenden Nenner.

0,56 = ______________________ = ________

0,981 = ______________________ = ________

0,222 = ______________________ = ________

0,056 = ______________________ = ________

0,3825 = ______________________ = ________

0,105 = ______________________ = ________

0,014 = ______________________ = ________

0,5002 = ______________________ = ________

0,0706 = ______________________ = ________

0,0055 = ______________________ = ________

4 Schreibe als vollständig gekürzten Bruch.

0,8 = ______ 0,5 = ______ 0,25 = ______ 0,05 = ______ 0,02 = ______

0,15 = ______ 0,125 = ______ 0,44 = ______ 0,81 = ______ 0,025 = ______

5 Schreibe ohne Komma.

6,59 m = ______	3,7 m = ______	1,568 m = ______
2,736 km = ______	2,73 km = ______	2,7 km = ______
5,872 t = ______	1,234 g = ______	3,08 m = ______

6 Schreibe mit Komma zuerst in der zweitgrößten und dann in der größten Einheit.

3 m 4 dm 6 cm = ______ = ______

7 dm 9 cm 4 mm = ______ = ______

72 m^2 89 dm^2 15 cm^2 = ______ = ______

9 m^2 20 dm^2 68 cm^2 = ______ = ______

63 dm^2 4 cm^2 69 mm^2 = ______ = ______

7 Eine Schicht Blattgold ist etwa $\frac{1}{10\,000}$ mm dick. Das sind 0, ______ mm.
Ein Samenkorn einer bestimmten Orchidee wiegt 0,000 008 g. Das sind $\frac{8}{\_\_\_\_\_\_}$ g.

2 Vergleichen und Ordnen von Dezimalbrüchen

Um zwei Dezimalbrüche der **Größe** nach zu **vergleichen**, geht man die Ziffern mit gleichem Stellenwert von links nach rechts durch. Der Dezimalbruch, der als erster eine kleinere Ziffer hat, ist der kleinere von beiden.

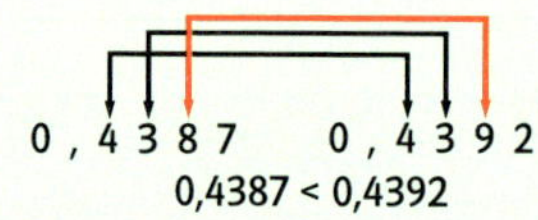

Die folgenden Beispiele zeigen auch, wie man Dezimalbrüche mit unterschiedlich vielen Dezimalen vergleicht. Man kann sich angehängte Nullen vorstellen. Stehen unterschiedliche Zahlen vor dem Komma, entscheiden diese über die Größe.

0,7862 > 0,7861 2,560 < 2,584 0,6822 > 0,6800 4,999 < 5,001 11,32 > 05,89

Dezimalbrüche kann man an einem passenden Teilstück des Zahlenstrahls eintragen. Der kleinere Dezimalbruch steht links vom größeren.

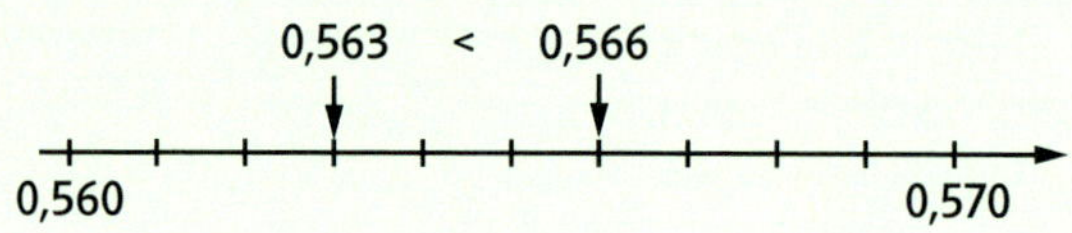

Aufgaben

1 Setze das Zeichen < oder das Zeichen > richtig ein.

0,87 ☐ 0,89 0,281 ☐ 0,279 5,13 ☐ 5,214 0,9421 ☐ 0,9409 0,00512 ☐ 0,0105

0,27 ☐ 0,2699 1,012 ☐ 2,973 3,44 ☐ 3,4444 0,099 ☐ 0,1 0,0001 ☐ 0,00001

2 Welche Dezimalbrüche sind markiert? Schreibe sie an die Pfeile.

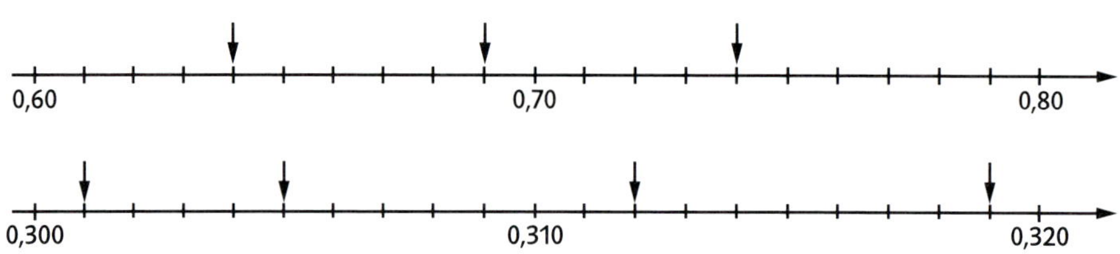

3 Trage am ersten Zahlenstrahl die Dezimalbrüche 0,40; 0,45; 0,47; 0,53; 0,55; 0,59; 0,60 ein. Trage am zweiten Zahlenstrahl 0,730; 0,731; 0,735; 0,741; 0,745; 0,748; 0,750 ein.

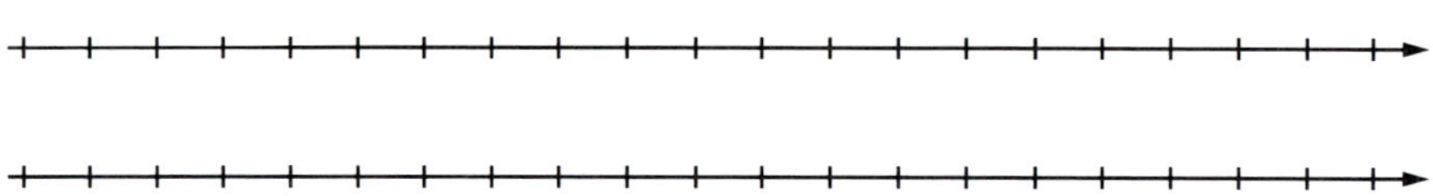

4 Ordne die Dezimalbrüche in einer fortlaufenden Kette … < … < …

0,875; 0,786; 0,856: ____________________

1,766; 1,779; 1,905; 1,745: ____________________

0,989; 0,988; 0,998; 0,889: ____________________

5 Trage die Dezimalbrüche 0,87; 1,41; 0,94; 0,98; 0,92; 0,84; 0,99; 1,38; 1,27 so in das Netz ein, dass die Zahlen nach rechts und nach unten immer größer werden. Es gibt mehrere Möglichkeiten. Für zwei Dezimalbrüche gibt es nur je einen Platz, nämlich

für ______ und ______ .

☐	<	☐	<	☐
∧		∧		∧
☐	<	☐	<	☐
∧		∧		∧
☐	<	☐	<	☐

Die Ziffer an der **Rundungsstelle** eines Dezimalbruchs bleibt unverändert, falls eine der Ziffern 0; 1; 2; 3; 4, auf sie folgt. — $4{,}316 \approx 4{,}3$

Sie wird um 1 erhöht, falls eine der Ziffern 5; 6; 7; 8; 9 auf sie folgt. — $4{,}37 \approx 4{,}4$

Die Ziffer 9 führt dabei zu einem Übertrag. — $6{,}9712 \approx 7{,}0$

6 Runde die Dezimalbrüche. Die rot gedruckte Ziffer zeigt die Rundungsstelle an.

3,852 ≈ ______	0,264 ≈ ______	0,7651 ≈ ______	3,65 ≈ ______
1,4814 ≈ ______	24,529 ≈ ______	0,1509 ≈ ______	0,0688 ≈ ______
52,397 ≈ ______	25,981 ≈ ______	0,99764 ≈ ______	0,997 ≈ ______

7 Runde an der roten Stelle und schreibe das Ergebnis in der kleineren Einheit.

0,79 m ≈ ______ m = ____ dm — 1,462 m ≈ ______ m = ______ cm

0,9208 m ≈ ______ m = _____ mm — 0,259 kg ≈ ______ kg = ____ g

4,712 kg ≈ ______ kg = ______ g — 1,27 t ≈ ______ t = ______ kg

8 Welche Ziffern kannst du einsetzen?

7,4☐ ≈ 7,5: ____________ 32,9☐ ≈ 32,9: ____________ 0,47☐ ≈ 0,48: ____________

0,8☐☐ ≈ 0,9: kleinstes Ziffernpaar: ____ größtes Ziffernpaar: _____

3 Umwandeln von Brüchen in Dezimalbrüche

Brüche mit Nenner 10, 100, 1000, … lassen sich ohne Rechnung in **Dezimalbrüche umwandeln**.

$\frac{9}{10} = 0{,}9 \quad \frac{15}{100} = 0{,}15$

Manche Brüche lassen sich nach Erweitern oder Kürzen auf den Nenner 10, 1000, 1000,… bringen und dann in die Dezimalschreibweise bringen.

$\frac{4}{5} = \frac{8}{10} = 0{,}8 \quad \frac{220}{200} = \frac{110}{100} = 1{,}1$

Aufgaben

1 Schreibe dezimal. Kürzen musst du erst ab der vierten Zeile.

$\frac{3}{10}$ = ______ $\frac{25}{100}$ = ______ $\frac{3}{5}$ = ______ $\frac{1}{2}$ = ______ $\frac{3}{20}$ = ______

$\frac{11}{20}$ = ______ $\frac{3}{25}$ = ______ $\frac{8}{25}$ = ______ $\frac{3}{50}$ = ______ $\frac{12}{50}$ = ______

$\frac{7}{1000}$ = ______ $\frac{1}{250}$ = ______ $\frac{3}{4}$ = ______ $\frac{49}{50}$ = ______ $\frac{9}{200}$ = ______

$\frac{9}{30}$ = ______ $\frac{18}{60}$ = ______ $\frac{21}{14}$ = ______ $\frac{44}{110}$ = ______ $\frac{72}{90}$ = ______

$\frac{6}{15}$ = ______ $\frac{24}{32}$ = ______ $\frac{18}{120}$ = ______ $\frac{9}{150}$ = ______ $\frac{27}{15}$ = ______

$3\frac{3}{4}$ = ______ $\frac{9}{500}$ = ______ $\frac{6}{250}$ = ______ $8\frac{3}{25}$ = ______ $\frac{6}{125}$ = ______

2 Schreibe dezimal.

$1\frac{3}{4}$ kg = ______ $7\frac{1}{2}$ m = ______ $\frac{9}{10}$ m = ______ $1\frac{2}{5}$ t = ______ $\frac{3}{8}$ l = ______

$3\frac{1}{4}$ km = ______ $1\frac{9}{10}$ m = ______ $4\frac{1}{8}$ kg = ______ $\frac{1}{20}$ t = ______ $\frac{6}{8}$ g = ______

3 Fülle die Tabelle aus. Die erste Spalte zeigt dir, was du tun sollst.

Bruch	$\frac{3}{4}$	$\frac{1}{4}$			$\frac{4}{5}$			$\frac{9}{15}$		
Dezimalbruch	0,75		0,20			0,33			0,01	
Prozentzahl	75%			27%			70%			7%

4 Periodische Dezimalbrüche

Brüche lassen sich in Dezimalbrüche umwandeln, wenn die Division des Zählers durch den Nenner mit Rest 0 endet. An den Zähler werden dabei ein Komma und Nullen angehängt.

$\frac{3}{4} = 3{,}00 : 4 = 0{,}75$

$$\begin{array}{r} -0 \\ \hline 30 \\ -28 \\ \hline 20 \\ -20 \\ \hline 0 \end{array}$$

Endet die Division Zähler : Nenner nicht, wiederholen sich die Reste und damit auch die Dezimalen in einer bestimmten Abfolge. Damit entsteht ein **periodischer Dezimalbruch.**

$\frac{3}{11} = 3 : 11 = 0{,}272\ldots = 0{,}\overline{27}$

$$\begin{array}{r} -0 \\ \hline 30 \\ -22 \\ \hline 80 \\ -77 \\ \hline 30 \\ \ldots \end{array}$$

Lies:
null Komma
Periode
zwei sieben

Aufgaben

1 Wandle in einen periodischen Dezimalbruch um.

$\frac{1}{3}$ = ________ $\frac{2}{3}$ = ________ $\frac{5}{9}$ = ________ $\frac{7}{9}$ = ________

$\frac{1}{9}$ = ________ $\frac{2}{11}$ = ________ $\frac{7}{11}$ = ________ $\frac{10}{11}$ = ________

2 Wandle um. Hier gibt es auch Ziffern vor dem Komma.

$\frac{4}{3}$ = ________ $\frac{8}{3}$ = ________ $\frac{10}{9}$ = ________ $\frac{13}{9}$ = ________

$\frac{25}{3}$ = ________ $\frac{15}{11}$ = ________ $\frac{12}{11}$ = ________ $\frac{100}{11}$ = ________

3 Bei den folgenden Umwandlungen beginnt die Periode erst nach einem „Anlauf".

$\frac{1}{6}$ = ________ $\frac{4}{15}$ = ________ $\frac{8}{15}$ = ________ $\frac{5}{12}$ = ________

$\frac{11}{12}$ = ________ $\frac{3}{22}$ = ________ $\frac{15}{22}$ = ________ $\frac{7}{30}$ = ________

4 Runde auf eine Ziffer nach dem Komma. Die zweite Ziffer entscheidet!

$0{,}\overline{53}$ = ________ $0{,}\overline{61}$ = ________ $2{,}\overline{78}$ = ________ $5{,}\overline{09}$ = ________

Teste dich selbst

r f

Eine Aufgabe ist nur dann richtig gelöst, wenn alle Teilaufgaben richtig gelöst sind.

1 Schreibe als Dezimalbruch.

$\frac{8}{10}$ = ______ $\frac{27}{100}$ = ______ $\frac{3}{100}$ = ______ $\frac{27}{1000}$ = ______

$\frac{1}{10} + \frac{8}{100}$ = ______ $\frac{3}{10} + \frac{8}{100} + \frac{1}{1000}$ = ______

$5 + \frac{3}{100} + \frac{6}{1000}$ = ______

2 Schreibe als vollständig gekürzten Bruch.

0,6 = ______ 0,25 = ______ 0,11 = ______ 0,125 = ______

3 Schreibe mit Komma in der größten vorkommenden Einheit.

5 dm 3 cm 2 mm = ______ 9 m^2 31 dm^2 = ______

7 m^2 5 dm^2 = ______

4 Markiere die Dezimalbrüche 0,57; 0,63 und 0,69 durch rote Pfeile.
Auf welche Dezimalbrüche zeigen die blauen Pfeile?

a) ______ b) ______

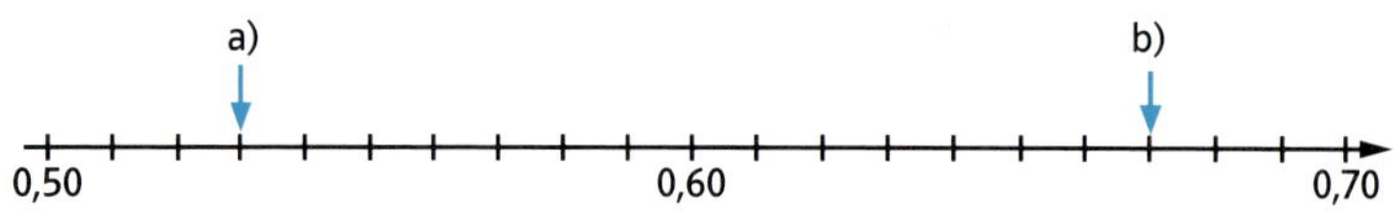

5 Ordne die Dezimalbrüche nach Größe in einer fortlaufenden Kette.

0,671; 0,68; 0,67: ______

0,76; 0,67; 0,66; 0,77: ______

6 Runde an der rot markierten Stelle.

0,68 ≈ ______ 0,734 ≈ ______ 0,94 ≈ ______ 2,999 ≈ ______

7 Wandle in eine Prozentzahl um. r f

0,25 = ______ 0,40 = ______ $\frac{12}{100}$ = ______ $\frac{1}{5}$ = ______

8 Wandle die Größe in Dezimalschreibweise um.

$1\frac{1}{4}$ kg = ______ $7\frac{1}{2}$ m = ______ $\frac{1}{8}$ l = ______

9 Schreibe als periodischen Dezimalbruch.

$\frac{1}{3}$ = ______ $\frac{4}{9}$ = ______ $\frac{7}{11}$ = ______ $\frac{1}{6}$ = ______

5 Rechnen mit Dezimalbrüchen

1 Addieren und Subtrahieren

Dezimalzahlen werden nach zwei Regeln **addiert** und **subtrahiert**:
1. Schreibe Komma unter Komma.
2. Addiere oder subtrahiere von rechts nach links.

	H	E	z	h	t
	6	5,	8	3	2
+	2	7,	4	2	5
	1	1			
	9	3,	2	5	7

	H	E	z	h	t
	6	5,	8	3	2
–	2	7,	4	2	5
	1			1	
	3	8,	4	0	7

Aufgaben

1 Addiere oder subtrahiere im Kopf.

2,4 + 1,5 = ______ 4,2 + 5,1 = ______ 8,7 – 3,5 = ______ 6,5 + 2,7 = ______

5,4 – 2,5 = ______ 7,2 – 3,6 = ______ 5,5 + 7,2 = ______ 9,4 + 3,8 = ______

1,25 + 2,35 = ______ 7,38 + 1,11 = ______ 5,79 – 3,52 = ______

5,42 + 3,26 = ______ 11,55 – 6,44 = ______ 1,23 + 9,77 = ______

2 Berechne die Summe.

	4,	7	2	1
+	3,	1	6	7

	6,	1	7	8
+	2,	5	6	1

	1,	8	7	5
+	3,	3	1	6

	6,	0	7	2
+	3,	9	0	9

	7,	3	8	0
+	8,	2	6	7

	0,	8	3	6	8
+	2,	0	8	7	3

	7	3,	2	7	9
+	2	6,	5	2	8

3 Berechne die Differenz.

		7,	4	6	3
−		1,	2	4	2

		8,	9	6	3
−		3,	4	6	2

		9,	3	5	7
−		3,	8	7	6

		7,	6	5	9
−		6,	9	1	9

	1	2,	5	7	4
−		9,	3	6	5

	4,	5	6	0	3
−	3,	8	6	0	2

	4	1,	7	2	4
−	3	0,	7	1	3

4 Berechne auf einem eigenen Blatt Papier.

3,87 + 2,61 = ____________ 14,96 − 11,64 = ____________

9,80 + 7,08 = ____________ 6,99 + 0,61 = ____________

56,11 − 32,4 = ____________ 86,7 + 21,45 = ____________

0,821 + 6,478 = ____________ 0,42 + 0,67 = ____________

0,7 − 0,56 = ____________ 0,8 − 0,79 = ____________ 0,528 + 1,472 = ____________

TIPP
Du vermeidest Fehler, wenn du fehlende Nullen anhängst:
6,7 + 3,92 = 6,70 + 3,92
4,87 − 2,1 = 4,87 − 2,10

5 Bevor du das genaue Ergebnis berechnest, überschlage es mit den auf Ganze gerundeten Zahlen. Rechts ist Platz für diese Rechnung.

	6,	7	8	
+	2,	4	7	
+	1,	3	1	

	4,	8	2	
+	2,	9	3	
+	3,	7	8	

	9,	5	7	
−	1,	2	3	
−	4,	1	3	

	7,	9	0	4
+	0,	4		
+	2,	8	2	

	8,	0	3	
−	0,	7	9	
−	7,	2		

	4	2		
−		9,	4	
−		0,	8	6

2 Multiplizieren und Dividieren mit Zehnerpotenzen

Dezimalbrüche und Zehnerpotenzen mit 1, 2, 3, … Nullen (also 10, 100, 1000, …) werden

- **multipliziert**, indem man das **Komma** um 1, 2, 3, … Stellen **nach rechts verschiebt**;
  0,57 · 10 = 5,7 2,987 · 100 = 298,7
  4,32 · 100 = 432 6,9 · 100 = 690
- **dividiert**, indem man das **Komma** um 1, 2, 3, … Stellen **nach links verschiebt**.
  26,54 : 10 = 2,654 3,76 : 10 = 0,376
  9,31 : 100 = 0,0931 0,5 : 100 = 0,005

Reicht die Anzahl der Ziffern nicht, werden Nullen angehängt oder vorangesetzt.

Aufgaben

1 Multipliziere.

0,76 · 10 = ______	3,66 · 10 = ______	5,91 · 100 = ______
12,78 · 10 = ______	1,872 · 100 = ______	0,588 · 100 = ______
0,93 · 100 = ______	67,9 · 10 = ______	9,674 · 1000 = ______
8,06 · 10 = ______	6,906 · 100 = ______	7,16 · 100 = ______
0,15 · 100 = ______	0,51 · 1000 = ______	0,08 · 100 = ______
0,067 · 1000 = ______	5,6 · 1000 = ______	90,01 · 10 = ______
0,08 · 1000 = ______	0,01 · 100 = ______	0,005 · 100 = ______
23,6 · 1000 = ______	0,007 · 100 = ______	1,23456 · 10 000 = ______

2 Dividiere.

38,6 : 10 = ______	57,8 : 10 = ______	71,2 : 100 = ______	124,7 : 100 = ______
2,87 : 100 = ______	1,56 : 100 = ______	0,75 : 10 = ______	23,1 : 100 = ______
0,34 : 10 = ______	0,86 : 10 = ______	1,4 : 100 = ______	9,63 : 100 = ______
0,1 : 100 = ______	13,51 : 100 = ______	0,8 : 100 = ______	0,6 : 1000 = ______
1,11 : 10 = ______	1,11 : 100 = ______	11,1 : 1000 = ______	111,1 : 1000 = ______
12,07 : 10 = ______	785,9 : 10 = ______	0,03 : 10 = ______	0,3 : 100 = ______

3 Ergänze die fehlende Zehnerpotenz.

5,872 · ________ = 58,72	6,213 · ________ = 621,3	0,5678 · ________ = 56,78
0,0768 · ________ = 76,8	2,35 · ________ = 235	0,46 · ________ = 460
0,349 · ________ = 34,9	0,04 · ________ = 40	1,234 · ________ = 12 340

4 Durch welche Zehnerpotenz wurde hier dividiert?

4,86 : ________ = 0,486	23,9 : ________ = 0,239	50,09 : ________ = 5,009
0,57 : ________ = 0,057	0,82 : ________ = 0,0082	100,8 : ________ = 1,008
0,07 : ________ = 0,0007	236 : ________ = 2,36	913 : ________ = 0,913

5 Hier fehlen Rechenzeichen und Zehnerpotenz. Ergänze.

0,786 ☐ ________ = 78,6	0,0057 ☐ ________ = 5,7	34,1 ☐ ________ = 0,341
0,006 ☐ ________ = 60	36,5 ☐ ________ = 0,0365	100 ☐ ________ = 0,01

6 Berechne in der gegebenen Einheit und wandle danach so in eine kleinere Einheit um, dass in der Maßzahl kein Komma mehr steht.

48,5 m : 10 = ________ = ________	13,8 m : 100 = ________ = ________
3,75 kg : 10 = ________ = ________	450 kg : 1000 = ________ = ________
50,6 t : 100 = ________ = ________	28,5 g : 10 = ________ = ________
7,9 m^2 : 10 = ________ = ________	95 dm^2 : 100 = ________ = ________
125 dm^2 : 10 = ________ = ________	768,9 m^2 : 1000 = ________ = ________

7 Auf einem Stadtplan im Maßstab 1:10 000 ist der Weg vom Bahnhof zum Rathaus 5,9 cm lang.
In der Wirklichkeit ist der Weg ____________ lang.

Auf einer Umgebungskarte im Maßstab 1:100 000 ist der Weg von Talhausen nach Hohenheim 16,5 cm lang.
In der Wirklichkeit ist der Weg ____________ lang.

3 Multiplizieren

Dezimalbrüche werden zunächst so **multipliziert**, als ob keine Kommas stünden. Dann wird das Komma nach folgender Regel gesetzt:
Das Ergebnis muss so viele Dezimalen haben wie die zwei Faktoren zusammen.
Die blauen Zahlen unter den Beispielen zeigen, wie man die Anzahl der Dezimalen bestimmt. Stehen nach dem Komma nur Nullen, kann man sie weglassen. Das Ergebnis ist dann eine natürliche Zahl.

1,4 · 16	1,4 · 1,6	0,14 · 1,6	0,14 · 0,16	1,5 · 6
14	14	14	14	9,0
84	84	84	84	9,0 = 9
22,4	2,24	0,224	0,0224	1 + 0 = 1
				Die Null nach dem
1 + 0 = 1	1 + 1 = 2	2 + 1 = 3	2 + 2 = 4	Komma weglassen!

Aufgaben

1 Rechne im Kopf.

1,2 · 6 = ______	2,5 · 3 = ______	3,2 · 3 = ______	4,5 · 2 = ______
1,2 · 1,2 = ______	1,2 · 1,5 = ______	0,8 · 4 = ______	0,5 · 0,5 = ______
0,6 · 1,5 = ______	0,4 · 1,5 = ______	1,5 · 0,8 = ______	2,5 · 4 = ______
1,4 · 2 = ______	1,4 · 0,2 = ______	0,14 · 0,2 = ______	0,14 · 0,02 = ______
2,5 · 0,4 = ______	0,25 · 4 = ______	25 · 0,04 = ______	0,25 · 0,4 = ______
3,1 · 3 = ______	0,33 · 0,3 = ______	0,18 · 0,2 = ______	1,6 · 1,6 = ______

2 Das Zahlenrechnen ist hier leicht – auf die Anzahl der Dezimalen kommt es an!

0,04 · 0,2 = ________	0,05 · 0,05 = ________	0,001 · 0,7 = ________
0,02 · 0,03 = ________	0,024 · 0,2 = ________	0,017 · 0,02 = ________
0,06 · 0,09 = ________	0,05 · 0,004 = ________	0,08 · 0,05 = ________

3 Berechne die Produkte.

2,9 · 3,1, = ______	0,23 · 1,6 = ______	8,4 · 7,1 = ______
3,6 · 0,09 = ______	22,5 · 0,4 = ______	3,33 · 2,9 = ______
1,3 · 0,032 = ______	6,4 · 12 = ______	9,7 · 0,22 = ______
43,1 · 2,3 = ______	0,07 · 0,042 = ______	0,336 · 0,31 = ______
7,5 · 0,34 = ______	0,111 · 0,22 = ______	72 · 0,84 = ______

4 Berechne möglichst im Kopf.

1400 · 0,02 = ______	3100 · 0,04 = ______
37000 · 0,003 = ______	0,006 · 25000 = ______
0,005 · 200 = ______	5000 · 0,002 = ______

TIPP
Ein Faktor durch 10, der andere mal 10
700 · 0,05 = 70 · 0,5 = 7 · 5 = …

5 Berechne den Flächeninhalt..

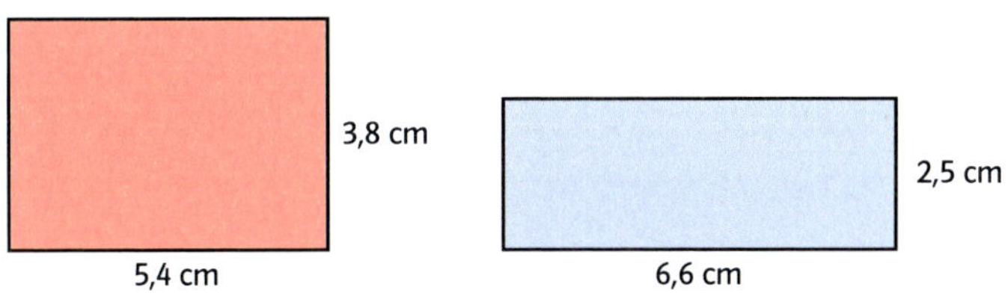

rotes Rechteck: ________

blaues Rechteck: ________

6 Berechne das Volumen.

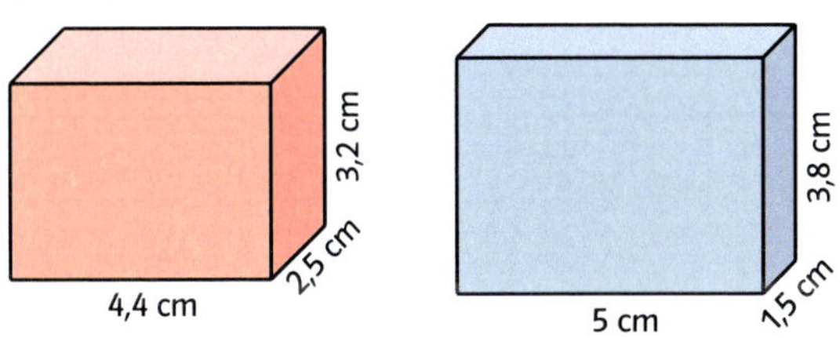

	Volumen	Oberfläche
roter Quader		
blauer Quader		

7 Familie Berger möchte zwei Zimmer parkettieren. Parkett in Buche kostet etwa 40,00 € pro m^2, Parkett in Eiche etwa 60,00 € pro m^2.
Für Buchenparkett ist zu rechnen: ________ €,

für Eichenparkett: ________ €.
Herr Berger merkt sich nur die auf 100 € gerundeten

Beträge: Buche ________ Eiche ________

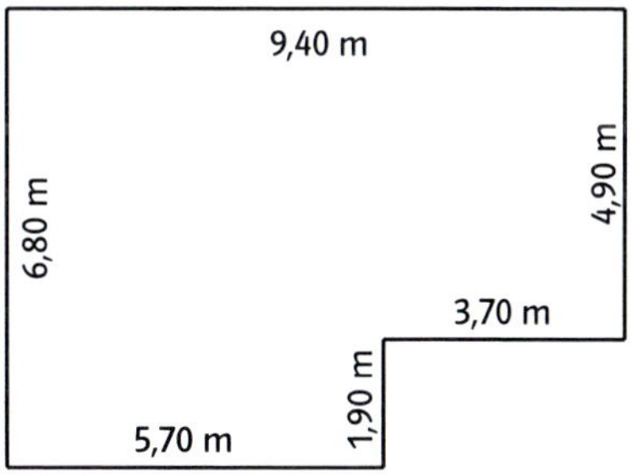

4 Dividieren

Beim **Dividieren mit Dezimalbrüchen** gibt es drei Möglichkeiten.

1. Dezimalbruch : natürliche Zahl

96,3 : 3 = 32,1

Sobald im Dividend das Komma überschritten wird, wird im Quotient ein Komma gesetzt.

2. Natürliche Zahl : Dezimalbruch

963 : 0,3 = 9630 : 3 = 3210

Der Divisor wird durch Kommaverschiebung zur natürlichen Zahl gemacht. An den Dividend werden entsprechend viele Nullen angehängt.

3. Dezimalbruch : Dezimalbruch

9,63 : 0,3 = 96,3 : 3 = 32,1

96,3 : 0,03 = 9630 : 3 = 3210

Der Divisor wird durch Kommaverschiebung zur natürlichen Zahl gemacht. Das Komma im Dividend wird ebenso weit verschoben. Reichen dabei die Stellen nicht, werden Nullen angehängt.

Aufgaben

1 Rechne im Kopf.

9,6 : 3 = ______	3,5 : 5 = ______	3,5 : 7 = ______	8,4 : 2 = ______
6 : 0,3 = ______	8 : 0,4 = ______	40 : 0,5 = ______	22 : 0,11 = ______
0,6 : 0,3 = ______	0,8 : 0,4 = ______	7,5 : 0,5 = ______	4,8 : 0,6 = ______
6 : 0,15 = ______	10,5 : 3,5 = ______	6,93 : 0,03 = ______	5 : 0,05 = ______
80 : 0,4 = ______	0,72 : 0,36 = ______	6,6 : 30 = ______	8,8 : 0,44 = ______

2 Berechne im Kopf oder sicherheitshalber schriftlich.

0,824 : 4 = ______	0,55 : 11 = ______	2,79 : 0,03 = ______	0,05 : 0,25 = ______
123 : 0,03 = ______	0,65 : 13 = ______	4,5 : 0,09 = ______	390 : 0,13 = ______
0,07 : 7 = ______	38,4 : 0,02 = ______	0,64 : 16 = ______	2,16 : 0,6 = ______

3 Berechne schriftlich.

0,315 : 0,7 = ______	50,52 : 0,6 = ______	1,116 : 0,9 = ______
214,2 : 0,6 = ______	0,525 : 1,4 = ______	0,504 : 0,12 = ______
1,664 : 0,32 = ______	0,253 : 2,2 = ______	18,15 : 0,33 = ______
308,5 : 25 = ______	56,25 : 7,5 = ______	56,25 : 0,075 = ______
126,5 : 0,55 = ______	616,05 : 1,11 = ______	196,8 : 0,008 = ______
21,21 : 0,303 = ______	55,5 : 0,05 = ______	

TIPP
689,4 : 21 = 3,2,4,
Die Ziffern stimmen, aber wohin gehört das Komma? Runde großzügig: 700 : 20 = 35

4 In der blau gedruckten Zahl fehlt das Komma. Setze es so, dass die Divisionsaufgabe stimmt. Überflüssige Nullen streichst du weg.

22,649 : 7,1 = 0 3 1 9 0	984, 4 : 23 = 0 4 2 8 0	
46,592 : 0,512 = 9 1	0,8125 : 6,5 = 0 1 2 5 0	22,357 : 0,87 = 0 2 5 7 0
0,0939 : 0,89 = 0 1 1 0	0 1 7 5 0 : 2,5 = 7	0 7 0 4 0 : 11 = 0,64
0 6 0 0 : 0,2 = 3	0 2 2 8 0 : 0,24 = 0,95	56 : 0 7 0 = 80
4 : 0 0 0 5 0 = 800	0,184 : 0 0 8 0 = 0,23	0,002 : 0 0 0 2 0 = 0,01

5 Am Ende des Viereckkurses muss wieder die Startzahl herauskommen. Aber Achtung: Einmal wird multipliziert! Im dritten Viereckkurs sollst du die Zahlen herausfinden, die an die Rechenzeichen gehören. Das ist nicht ganz einfach.

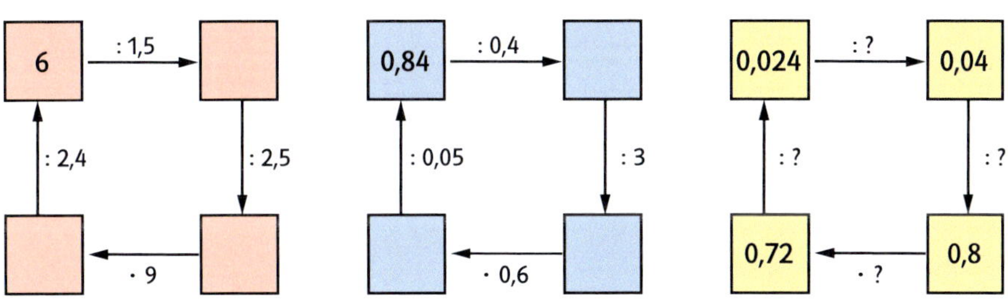

6 In einem Glasballon sind 16,8 l Apfelsaft. Wie viele 0,7-l-Flaschen lassen sich damit füllen?

Es sind ________ Flaschen.

In einem Holzfass sind 53 l Traubensaft. Wie viele 0,7-l-Flaschen lassen sich damit füllen?

Es sind ________ Flaschen.

5 Verbindung der Rechenarten

Rechenausdrücke, in denen entweder nur Strichrechnung (+ und −) oder nur Punktrechnung (· und :) vorkommt, werden Schritt für Schritt von links nach rechts gerechnet.
Kommen aber **Strich- und Punktrechnung zugleich** und noch **Klammern** vor, sind zwei Regeln zu beachten:

1. Punktrechnung kommt vor Strichrechnung. $2{,}3 + 1{,}5 \cdot 0{,}4 = 2{,}3 + 0{,}6 = 2{,}9$
2. Was in Klammern steht, wird zuerst berechnet. $7{,}6 - (0{,}8 + 1{,}4) = 7{,}6 - 2{,}2 = 5{,}4$; $1{,}2 \cdot (2{,}5 - 2{,}1) = 1{,}2 \cdot 0{,}4 = 0{,}48$

Aufgaben

1 Hier kannst du im Kopf rechnen.

$4{,}5 + 3{,}5 - 2{,}3 =$ ____	$6{,}8 - 3{,}5 + 2{,}2 - 1{,}4 =$ ____	$6{,}1 + 2{,}7 - 3{,}5 - 4{,}3 =$ ____
$3{,}0 - 2{,}8 + 1{,}8 =$ ____	$10{,}5 - 8{,}4 + 4{,}5 - 1{,}1 =$ ____	$7{,}2 + 2{,}7 - 9{,}8 =$ ____
$2 \cdot 4{,}4 + 1{,}1 =$ ____	$3{,}3 \cdot 3 - 1{,}5 =$ ____	$8{,}7 - 4 \cdot 1{,}3 =$ ____
$2{,}4 \cdot 3 + 2{,}8 =$ ____	$8{,}6 : 2 + 5{,}1 =$ ____	$2{,}7 + 6{,}6 : 3 - 2{,}5 =$ ____

2 Berechne schriftlich. Viele Zwischenergebnisse kannst du im Kopf ausrechnen.

$2{,}8 + 4{,}9 - 1{,}7 + 10{,}6 - 3{,}9 =$ ____	$3{,}31 + 6{,}28 - 5{,}16 - 2{,}01 =$ ____
$3{,}4 \cdot 3 - 9{,}8 : 2 =$ ____	$5{,}6 : 0{,}7 - 1{,}8 \cdot 2{,}2 =$ ____
$4{,}4 + 3{,}8 : 1{,}9 - 6{,}3 =$ ____	$1{,}8 \cdot 1{,}5 + 1{,}8 : 1{,}5 =$ ____
$8{,}4 : 7 + 1{,}5 \cdot 6 =$ ____	$10{,}5 : 3{,}5 - 2{,}9 + 5{,}2 =$ ____

3 Du weißt ja: Klammern zuerst!

$11{,}9 - (4{,}5 + 3{,}2) =$ ____	$8{,}2 - (4{,}8 - 3{,}2) =$ ____	$9{,}3 - (11{,}7 - 3{,}8) =$ ____
$4{,}6 + 2 \cdot (5{,}6 - 2{,}5) =$ ____	$1 - 0{,}4 \cdot (2{,}5 - 1{,}3) =$ ____	$(15{,}9 - 12{,}3) : 3 =$ ____
$12 - (17{,}2 + 2{,}8) : 10 =$ ____	$4 \cdot 0{,}2 - 7{,}5 \cdot 0{,}1 =$ ____	$(2{,}52 + 7{,}93) \cdot 0{,}4 =$ ____
$9{,}9 - (2{,}7 + 7{,}2) : 1 =$ ____	$36{,}9 : 9 - 3{,}2 : 4 =$ ____	$(5{,}43 - 2{,}55) : 1{,}2 =$ ____

4 Mehr Klammern – versuche trotzdem, im Kopf zu rechnen. Innere Klammern vor äußeren!

(2,1 + 1,2) · (4,3 – 4,1) = ______

(4,4 – 3,2) · (6,5 – 5,3) = ______

7,4 – (4,1 + (3,2 – 2,1)) = ______

(8 + 17) : (2,5 – 2) = ______

(6,8 – (4,8 : 6)) · 1,5 = ______

2 · (7,9 – (4,2 : 0,6)) = ______

5 Was Klammern ausmachen können!

9,6 – 8,2 – (3,7 – 2,7) = ______

9,6 – (8,2 – 3,7) – 2,7 = ______

9,6 – (8,2 – (3,7 – 2,7)) = ______

10,5 – 6,3 : 2,1 – 0,7 = ______

(10,5 – 6,3) : 2,1 – 0,7 = ______

10,5 – 6,3 : (2,1 – 0,7) = ______

(10,5 – 6,3) : (2,1 – 0,7) = ______

10,5 – (6,3 : 2,1 – 0,7) = ______

6 Schreibe die Rechenausdrücke auf und berechne sie.

a) Subtrahiere von 9,6 das Doppelte der Summe von 1,5 und 2,5.
b) Dividiere 2,8 durch 0,4 und addiere das Produkt aus 3,2 und 1,5.
c) Dividiere 0,74 durch die Differenz von 6,2 und 2,5
d) Addiere zum Quotienten aus 6,5 und 2,6 den Quotienten aus 2,6 und 6,5.
e) Dividiere die Summe aus 3,8 und 10,5 durch die Differenz aus 12,6 und 11,3.
f) Subtrahiere das Produkt von 240 und 0,03 vom Quotienten aus 3,56 und 0,4.

a) ____________________ = ______ b) ____________________ = ______

c) ____________________ = ______ d) ____________________ = ______

e) ____________________ = ______ f) ____________________ = ______

7 Angelika bepflanzt ihren Blumenkasten mit je sechs Stiefmütterchen, Elfenblumen und Alpenveilchen. Einzeln kosten die Pflanzen 1,55 €; 1,67 €; 2,15 €.
Angelika rechnet den Kassenzettel nach:

6 · 1,55 € + 6 · 1,67 € + 6 · 2,15 € = ____________________ = ______

Lena rechnet schneller. Sie multipliziert nur einmal.

____________________ = ____________________ = ______

8 Familie Bauer kauft für ein Familienfest zweieinhalb Kästen Limonade und zweieinhalb Kästen Apfelsaft. Ein Kasten Limonade kostet 7,30 €, ein Kasten Apfelsaft 12,60 €.
Wie viel muss Herr Bauer zahlen?

____

Teste dich selbst

r f

Eine Aufgabe ist nur dann richtig gelöst, wenn alle Teilaufgaben richtig gelöst sind.

1 Addiere oder subtrahiere.

4,6 + 5,2 = ______ 6,8 − 3,5 = ______

0,63 + 0,26 = ______ 9 − 1,7 = ______

2 Berechne die Summe oder die Differenz.

	5,	3	5	8
+	4,	5	6	9

	7,	4	8	1
−	3,	6	0	3

3 Multipliziere oder dividiere mit der Zehnerpotenz.

$1{,}78 \cdot 10 =$ ______ $0{,}085 \cdot 1000 =$ ______

$12{,}5 : 10 =$ ______ $1{,}98 : 100 =$ ______

4 Auf einer Karte im Maßstab 1:10 000 ist eine Strecke 12,7 cm lang.

In der Wirklichkeit ist die Strecke __________ km lang.

5 Multipliziere im Kopf oder schriftlich.

$1{,}8 \cdot 1{,}5 =$ ______ $0{,}8 \cdot 0{,}25 =$ ______ $0{,}04 \cdot 0{,}03 =$ ______

$9{,}5 \cdot 7{,}1 =$ ______ $0{,}06 \cdot 6 =$ ______ $3000 \cdot 0{,}002 =$ ______

6 Berechne das Volumen und die Oberfläche des Quaders.

Volumen: __________

Oberfläche: __________

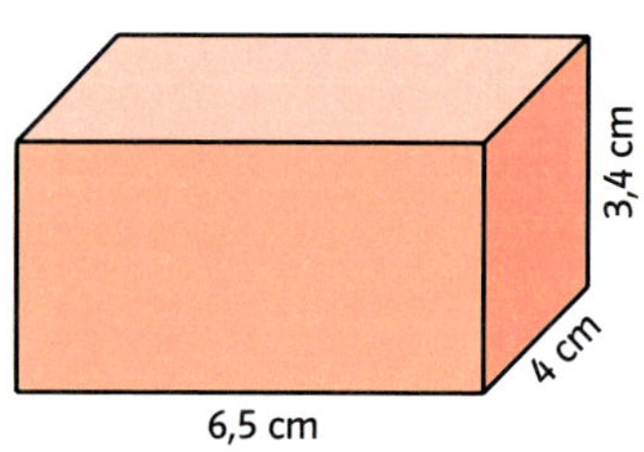

7 Dividiere. r f

7,2 : 4 = ______ 4,8 : 0,6 = ______

36,4 : 0,8 = ______ 0,338 : 0,26 = ______

8 Berechne die Rechenausdrücke.

9,6 − 1,2 − 3,1 = ______ 12,8 − (5,7 − 2,5) = ______

(4,71 + 2,19) · 0,4 = ______

3,9 : 0,13 − (4,8 − 2,5) · 10 = ______

6 Flächeninhalt und Rauminhalt

1 Flächen vergleichen

Zwei Flächen, die aus denselben Flächenstücken bestehen, haben gleichen **Flächeninhalt**.

Flächen im Quadratgitter lassen sich oft durch Zählen von ganzen und halben Kästchen vergleichen. Die linke Figur enthält 24 ganze und 6 halbe Kästchen, die rechte Figur 24 ganze und 8 halbe. Sie hat also den größeren Flächeninhalt.

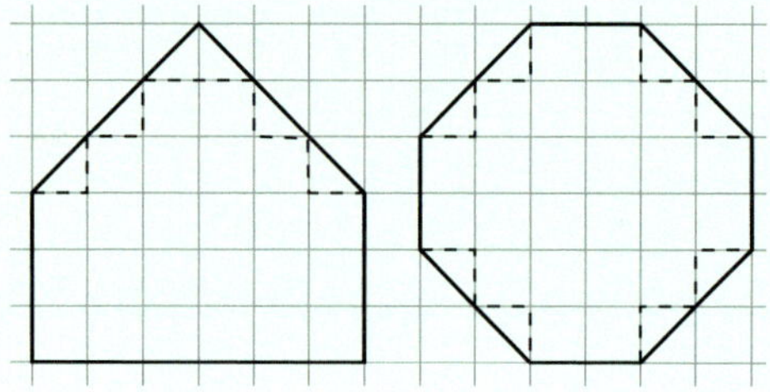

Aufgaben

1 Trage den Flächeninhalt, gemessen in Kästchen, in die Figuren ein. Du weißt: Zwei halbe Kästchen geben zusammen ein ganzes.

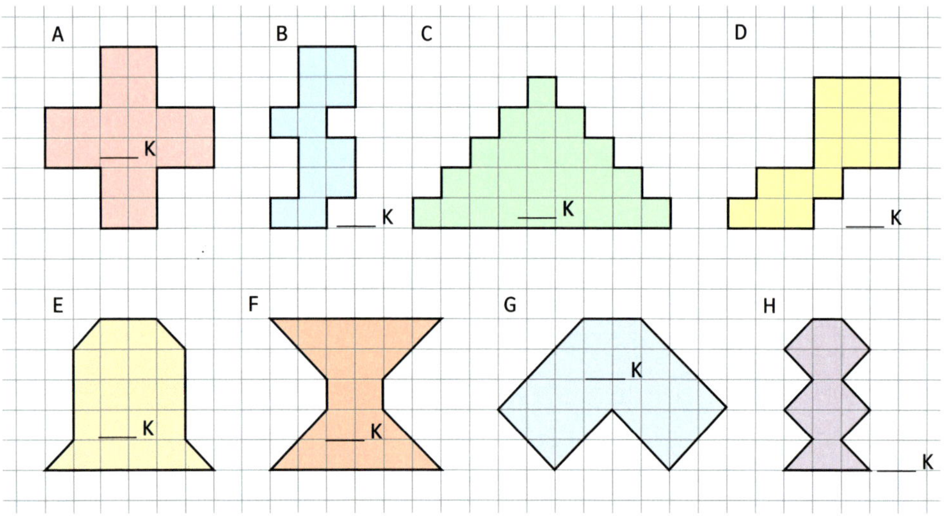

Figur ____ hat den größten Flächeninhalt. Figur ____ hat den kleinsten Flächeninhalt.

Die Figuren _____ und _____ haben denselben Flächeninhalt.

2 Flächeneinheiten

Ein Quadrat mit 1 m Seitenlänge hat den Flächeninhalt 1 Quadratmeter, kurz $1\,m^2$. Teilt man die Seiten in 10 Teile von je 1 dm Länge, wird dieses Quadrat in 100 Quadrate mit dem Flächeninhalt $1\,dm^2$ geteilt. Ganz ebenso werden auch die übrigen Flächeneinheiten gebildet.

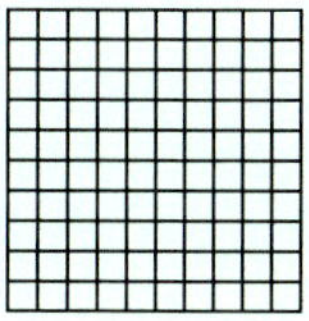

Flächeneinheiten, Abkürzungen, Umrechnungen

Quadratmillimeter	Quadratzentimeter	Quadratdezimeter	Quadratmeter	Ar (Quadrat mit 10 m Seitenlänge)	Hektar (Quadrat mit 100 m Seitenlänge)	Quadratkilometer
$1\,mm^2$	$1\,cm^2$ $= 100\,mm^2$	$1\,dm^2$ $= 100\,cm^2$	$1\,m^2$ $= 100\,dm^2$	1 a $= 100\,m^2$	1 ha = 100 a	$1\,km^2$ = 100 ha

Kommaschreibweise, gemischte Schreibweise, Schreibweise in einer einzigen Einheit

km^2		ha		a		m^2		dm^2		cm^2		mm^2		
10	1	10	1	10	1	10	1	10	1	10	1	10	1	
						6	5	,8	3					$65{,}83\,m^2 = 65\,m^2\ 83\,dm^2 = 6583\,dm^2$
									4	,0	7			$4{,}07\,dm^2 = 4\,dm^2\ 7\,cm^2 = 407\,cm^2$
	3	,6												$3{,}6\,km^2 = 3\,km^2$ 60 ha = 360 ha

Aufgaben

1 Wandle in die angegebene kleinere oder größere Einheit um.

$7\,m^2$ = ______ dm^2	$18\,cm^2$ = ______ mm^2	$15\,dm^2$ = ______ cm^2	7 a = ______ m^2
$8\,km^2$ = ______ ha	2 ha = ______ a	300 a = ______ ha	$400\,m^2$ = ______ a
$200\,mm^2$ = ____ cm^2	$27\,m^2$ = _____ dm^2	$5500\,dm^2$ = ______ m^2	30 ha = ______ a
$18\,km^2$ = ______ ha	$2200\,cm^2$ = ____ dm^2	67 ha = ______ a	$47\,m^2$ = _____ dm^2
2000 a = ______ ha	$500\,mm^2$ = ____ cm^2	$120\,000\,m^2$ = ______ a	$1000\,m^2$ = _____ a

2 Schreibe mit Komma in der größeren der zwei Einheiten.

$4\,m^2\ 87\,dm^2$ = __________	$27\,m^2\ 12\,dm^2$ = __________	$99\,cm^2\ 35\,mm^2$ = __________
$76\,a\ 25\,m^2$ = ____________	$7\,km^2$ 51 ha = ___________	$5\,km^2$ 9 ha = _____________
$30\,m^2\ 40\,dm^2$ = __________	$20\,cm^2\ 7\,mm^2$ = __________	10 ha 1 a = _______________

3 Wandle links in gemischte Einheiten um, rechts in die nächstkleinere Einheit.

$72{,}47\,dm^2$ = ______ dm^2 ______ cm^2 $41{,}62\,cm^2$ = ______________ mm^2

$19{,}82\,m^2$ = ______________ $28{,}66\,dm^2$ = ______________

$8{,}69\,cm^2$ = ______________ $63{,}52\,a$ = ______________

$32{,}06\,km^2$ = ______________ $70{,}20\,km^2$ = ______________

$22{,}09\,a$ = ______________ $10{,}50\,ha$ = ______________

4 Berechne auf einem eigenen Blatt Papier. Wandle, falls nötig, in eine kleinere Einheit um.

$34\,m^2 + 41\,m^2$ = ________ $34{,}5\,m^2 + 41{,}5\,m^2$ = ________ $51\,m^2 + 17\,dm^2$ = ________

$20\,a + 5{,}7\,ha$ = ________ $6{,}25\,a + 23\,m^2$ = ________ $57{,}56\,a - 12\,m^2$ = ________

$62{,}27\,km^2 - 340\,ha$ = ______________ $27{,}5\,m^2 - 2750\,dm^2$ = ______________

$12\,m^2 \cdot 7$ = ________ $45\,cm^2 \cdot 11$ = ________ $37\,ha \cdot 3$ = ________

$4{,}75\,cm^2 \cdot 4$ = ________ $20{,}2\,km^2 \cdot 5$ = ________ $2{,}8\,dm^2 \cdot 16$ = ________

$135\,cm^2 : 5$ = ________ $1{,}68\,m^2 : 12$ = ________ $42{,}4\,ha : 80$ = ________

$45\,m^2 : 9\,m^2$ = ________ $864\,cm^2 : 9\,cm^2$ = ________ $33{,}08\,ha : 4\,a$ = ________

$50\,m^2 : 50\,dm^2$ = ________ $320\,dm^2 : 80\,cm^2$ = ________ $5{,}6\,km^2 : 8\,ha$ = ________

5 Von einem 1690 a großen Grundstück wird ein 428 a großer Teil abgetrennt. Der Rest wird in zwei gleich große Grundstücke geteilt. Welchen Flächeninhalt hat ein solcher Teil?
Der Flächeninhalt beträgt ______________ .

6 Eine Baumschule richtet ein neues 40,5 a großes Gelände ein. Jedes der drei Gewächshäuser hat eine Grundfläche von $280\,m^2$. Die Wege verbrauchen $200\,m^2$ Fläche. Für wie viele Beete von je $150\,m^2$ ist noch Platz?

Der Platz reicht für _______ Beete.

3 Berechnungen am Rechteck

Umfang und Flächeninhalt des Rechtecks

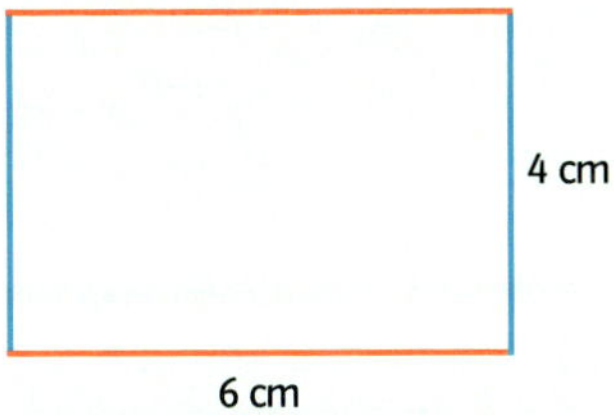

Die Seitenlängen haben die gleiche Maßeinheit.

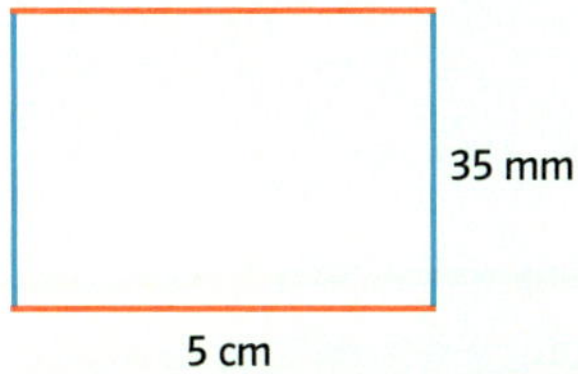

Die Seitenlängen müssen auf die gleiche Maßeinheit gebracht werden.
Länge: 5 cm = 50 mm; Breite: 35 mm

Umfang: Doppelte Länge und doppelte Breite addieren

2 · 6 cm + 2 · 4 cm = 20 cm

2 · 50 mm + 2 · 35 mm = 170 mm

Flächeninhalt: Maßzahlen multiplizieren

6 · 4 = 24

50 · 35 = 1750

die zur Längeneinheit gehörende Flächenmaßeinheit anhängen

24 cm^2

1750 mm^2

Beachte: Die Länge des Rechtecks kann auch kleiner sein als die Breite.
Die längere Seite eines Rechtecks muss nicht horizontal liegen.

Aufgaben

1 Berechne Umfang und Flächeninhalt des Rechtecks im Kopf oder auf einem eigenen Blatt Papier.

Länge	6 cm	9 cm	14 m	7 dm	20 mm	17 m	40 m
Breite	5 cm	2 cm	4 m	6 dm	12 mm	5 m	16 m
Umfang							
Flächeninhalt							

2 Hier musst du umwandeln. Rechne im Kopf oder auf einem eigenen Blatt Papier.

Länge	8 cm	6 m	7 dm	5 mm	4 m	84 dm	32 mm
Breite	6 mm	2 dm	9 m	5 cm	9 cm	4 m	9 cm
Umfang							
Flächeninhalt							

3 Rechne auf einem eigenen Blatt Papier.
Manche Ergebnisse kannst du günstig in einer größeren Einheit schreiben.

Länge	5,5 m	4,5 cm	3,2 dm	11 dm	4,6 m	84 mm	10 m
Breite	4 m	7 cm	2,7 cm	5,9 dm	20,7 m	4,5 cm	1 cm
Umfang							
Flächeninhalt							

TIPP
Wie geht man mit Maßeinheiten in Kommazahlen um?
Länge 4,5 m, Breite 3 m: umwandeln zu 45 dm und 30 dm
Länge 7 dm, Breite 3,8 cm: umwandeln zu 700 mm und 38 mm

4 Bestimme die Länge der zweiten Seite des Rechtecks. Hier kannst du im Kopf rechnen. Manche Ergebnisse kannst du noch in eine größere Einheit ohne Komma umwandeln.

Flächeninhalt	50 cm²	24 m²	54 mm²	4 m²	64 dm²	60 dm²
Länge der ersten Seite	10 cm	8 m	6 mm	50 dm	32 cm	15 cm
Länge der zweiten Seite						

5 Berechne im Kopf den Flächeninhalt und den Umfang des Quadrats mit der angegebenen Seitenlänge.

Seitenlänge	5 cm	20 cm	3 dm	12 m	6 mm	30 m
Flächeninhalt						
Umfang						

6 Familie Maier kauft ein rechteckiges Gartengrundstück. Der vorige Besitzer hat dort nur Rasen wachsen lassen. Fürs Erste graben die Maiers zwei Randstreifen um, die sie mit Sträuchern bepflanzen wollen. Alle Maße findest du im Bild.
Rechne auf einem eigenen Blatt Papier.

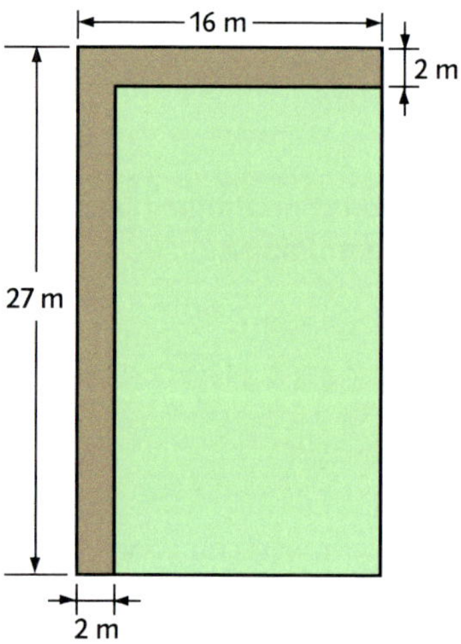

Der Flächeninhalt des Grundstücks beträgt ________ .

Für den Rasen bleibt eine Fläche von ________ .

Die Fläche für die Sträucher misst ________ .

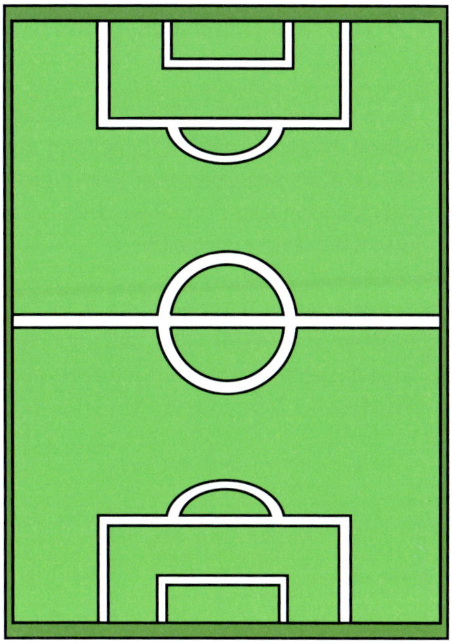

7 Für Fußballplätze sind bestimmte Maße vorgeschrieben.

- Die erlaubte Länge geht von 90 bis 120 m, die erlaubte Breite von 45 m bis 90 m.
- Als so genannte Regelgröße sind 105 m Länge und 68 m Breite festgelegt.
- Ein Fußballplatz muss nach außen eine Sicherheitszone haben. An den langen Seiten ist sie 1 m breit, an den kurzen Seiten 2 m. Im Bild ist die Sicherheitszone dunkelgrün gefärbt.
- Der Rasen von Fußballplätzen wird stark strapaziert. Zur Erneuerung wird oft Rollrasen verwendet. Dem 1. FV Rehbach wird 1 m^2 für 2,10 € angeboten.

Hier gibt es ziemlich viel zu rechnen. Nimm ein eigenes Blatt Papier.

Flächeninhalt mit den Mindestmaßen: ________ m^2 = ________ a

Flächeninhalt mit den Höchstmaßen: ________ m^2 = ________ a

Flächeninhalt mit den Regelmaßen: ________ m^2 = ________ a

Flächeninhalt mit den Regelmaßen einschließlich Sicherheitszone:

________ m^2 = ________ a

Flächeninhalt der Sicherheitszone mit den Regelmaßen: ________ m^2 = ________ a

Der 1. FV Rehbach zahlt für Rollrasen (Regelmaße, einschließlich Sicherheitszone)

____

Umfang eines Platzes mit den Regelmaßen: ________________

8 Für Fußball-Kleinfelder gibt es je nach Altersklasse der Spielerinnen und Spieler unterschiedliche Vorgaben. Oft nimmt man als Kleinfeld das längs der Mittellinie halbierte Großfeld (Regelgröße).

Der Flächeninhalt des Kleinfelds beträgt ________ .

Der Umfang des Kleinfelds beträgt ________ .

Was fällt dir im Vergleich mit dem Umfang des Großfelds auf?

____

____

4 Rauminhalte vergleichen

Zwei Körper, die aus denselben Teilkörpern bestehen, haben gleichen **Rauminhalt**. Statt Rauminhalt sagt man auch **Volumen**.
Die einfachsten Teilkörper sind gleich große Würfel. Man kann den Rauminhalt dann durch Abzählen vergleichen.

Der Würfel im Bild besteht aus 27 Teilwürfeln, der Quader aus 28 Teilwürfeln. Er hat also ein größeres Volumen als der Würfel.

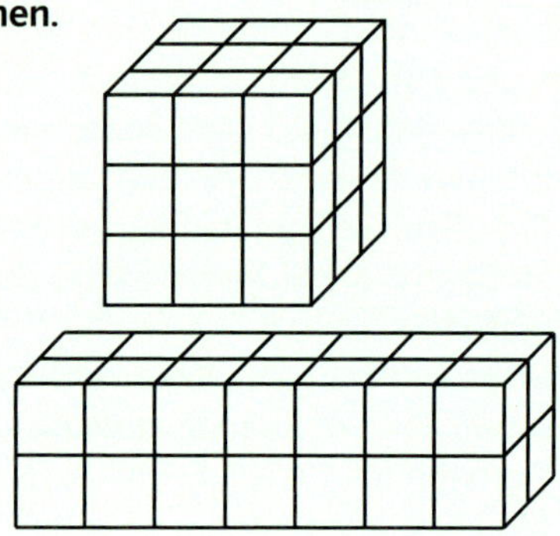

Aufgaben

1 Zähle die Teilwürfel und vergleiche so das Volumen der vier Quader.
Anzahl der Teilwürfel:

A: ________ B: ________

C: ________ D: ________

Quader mit größtem Volumen: ____

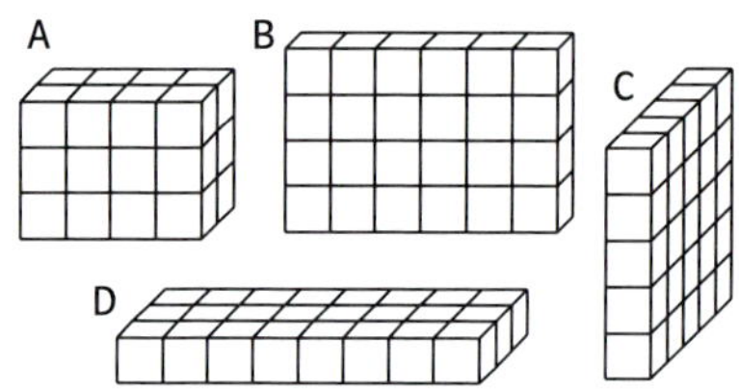

2 Diese drei Quader bestehen aus vielen Würfeln. Du kannst durcheinander kommen, wenn du versuchst, sie einzeln zu zählen. Schreibe auf, was du herausgefunden hast.

____

____

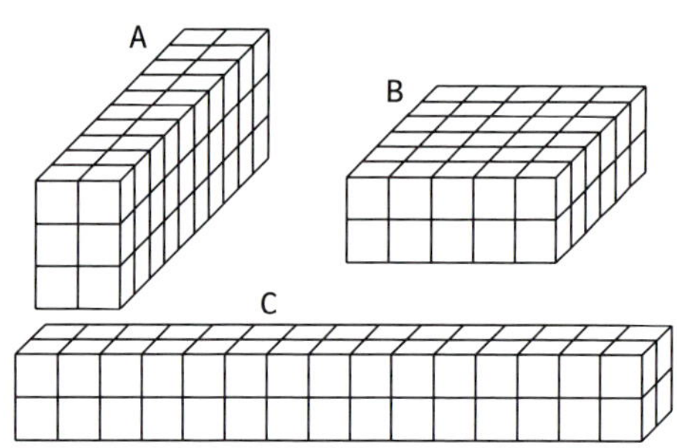

3 Gib den Rauminhalt der Würfelkörper an. Überlege dazu, wie sich die Anzahl der Teilwürfel geschickt bestimmen lässt.

Anzahl der Teilwürfel:

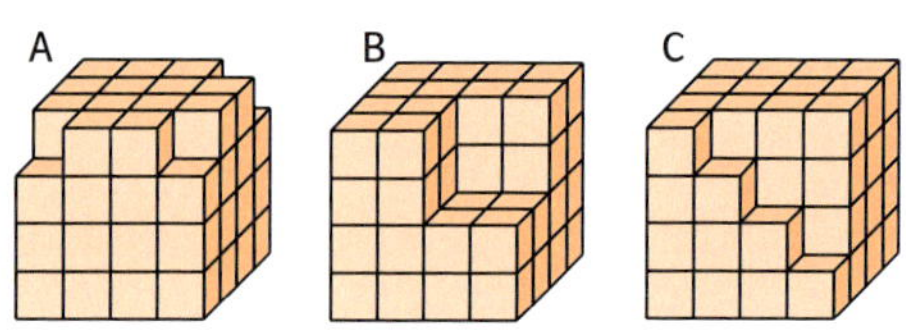

A ______________ = ______ B ____________________ C ____________________

5 Raumeinheiten

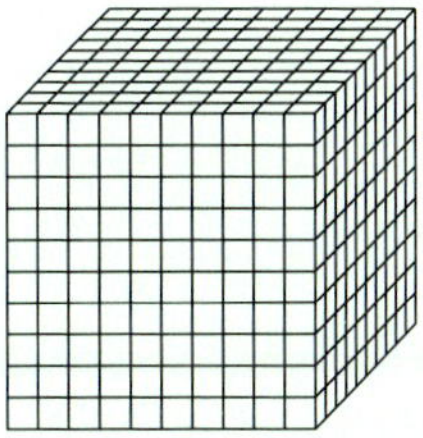

Ein Würfel mit der Kantenlänge 1 m hat einen **Rauminhalt** (ein **Volumen**) von **1 Kubikmeter** (kurz 1 m^3). Teilt man die Kanten in 10 Teile von je 1 dm Länge, wird der Würfel in 1000 Teilwürfel mit dem Rauminhalt 1 dm^3 geteilt. Ganz ebenso werden die übrigen Raumeinheiten gebildet.

Flächeneinheiten, Abkürzungen, Umrechnungen

Kubikmillimeter	Kubikzentimeter	Kubikdezimeter	Kubikmeter
1 mm^3	1 cm^3 = 1000 mm^3	1 dm^3 = 1000 cm^3	1 m^3 = 1000 dm^3

Flüssigkeitsmengen werden oft in Liter (l) und Milliliter (ml) gemessen.
1 l = 1 dm^3; 1 ml = 1 cm^3; 1 l = 1000 ml

Kommaschreibweise, gemischte Schreibweise, Schreibweise in einer einzigen Einheit

m^3			dm^3			cm^3			mm^3			
100	10	1	100	10	1	100	10	1	100	10	1	
		7	,5	2	4							7,524 m^3 = 7 m^3 524 dm^3 = 7524 dm^3
				8	9	,2	3					89,23 dm^3 = 89 dm^3 230 cm^3 = 89 230 cm^3
							2	9	,0	7		29,07 cm^3 = 29 cm^3 70 mm^3 = 29 070 mm^3
				7	2	,0	0	6				72,006 dm^3 = 72 dm^3 6 cm^3 = 72 006 cm^3

Aufgaben

1 Wandle in die angegebene kleinere oder größere Einheit um.

9 m^3 = ________ dm^3 2 cm^3 = ________ mm^3 5 dm^3 = ________ cm^3

8000 dm^3 = ________ m^3 14 m^3 = ________ dm^3 357 dm^3 = ________ cm^3

4000 mm^3 = ________ cm^3 27 m^3 = ________ dm^3 25 000 dm^3 = ________ m^3

2 Schreibe mit Komma in der größeren der zwei Einheiten.

7 m^3 862 dm^3 = ________ 19 m^3 216 dm^3 = ________ 52 m^3 34 dm^3 = ________

825 m^3 15 dm^3 = ________ 7 cm^3 431 mm^3 = ________ 50 m^3 20 dm^3 = ________

300 m^3 300 dm^3 = ________ 25 l 769 ml = ________ 600 cm^3 9 mm^3 = ________

52 cm^3 17 mm^3 = ________ 12 l 54 ml = ________ 1 m^3 1 dm^3 = ________

3 Wandle links in gemischte Einheiten um, rechts in die nächstkleinere Einheit.

$6{,}472\,dm^3$ = ________ dm^3 __________ cm^3	$2{,}319\,m^3$ = ______________________ dm^3
$74{,}462\,cm^3$ = ________________________	$60{,}834\,m^3$ = ________________________
$9{,}45\,m^3$ = ________________________	$27{,}65\,m^3$ = ________________________
$9{,}5\,m^3$ = ________________________	$7{,}8\,m^3$ = ________________________
9,476 l = ________________________	3,5 l = ________________________
$200{,}1\,cm^3$ = ________________________	$740{,}3\,cm^3$ = ________________________

4 Berechne im Kopf oder auf einem eigenen Blatt Papier. Wandle um, falls nötig.

$6\,m^3 + 19\,m^3$ = _______	$4\,m^3 + 279\,dm^3$ = _______	$2\,dm^3 + 7{,}5\,dm^3$ = _______
$12\,cm^3 + 25\,mm^3$ = _______	$7{,}8\,m^3 - 4{,}5\,m^3$ = _______	$8\,m^3 - 691\,dm^3$ = _______
350 l + 420 l = _______	$10{,}5\,cm^3 - 4{,}32\,cm^3$ = _______	5,7 l − 300 ml = _______
$6{,}4\,m^3 + 52{,}1\,m^3$ = _______	$766\,cm^3 + 234\,cm^3$ = _______	$7{,}9\,m^3 - 350\,dm^3$ = _______
$27\,m^3 \cdot 8$ = _______	$75\,dm^3 : 15$ = _______	$4{,}575\,cm^3 : 15$ = _______
$5{,}5\,m^3 : 5$ = _______	$7{,}8\,cm^3 \cdot 2$ = _______	$72\,m^3 \cdot 8$ = _______
$1{,}52\,dm^3 \cdot 5$ = _______	$52\,m^3 : 13\,m^3$ = _______	$375\,dm^3 : 25\,dm^3$ = _______
$4{,}8\,m^3 : 12\,dm^3$ = _______	$5{,}7\,cm^3 : 10$ = _______	$6{,}9\,dm^3 : 10\,cm^3$ = _______

5 In Familie Kleins Regentonne sind nur noch 55 l Wasser. In drei Regennächten füllt sie sich um 70 l, 95 l und 150 l. Mit der 10 l-Gießkanne kann man 8 l Wasser schöpfen, so lange noch mindestens 70 l Wasser in der Tonne sind. Wie viele Gießkannen zu 8 l kann Familie Klein füllen?
Rechne auf einem Blatt Papier.

Familie Klein kann ______ Gießkannen füllen.

6 Ein Lkw fährt $8{,}5\,m^3$ Beton zur Baustelle. $1\,m^3$ Beton wiegt etwa 2,2 t.
Rechne auf einem Blatt Papier.

Die Ladung wiegt __________ kg = __________ t.

6 Berechnungen am Quader

Oberfläche und Volumen des Quaders

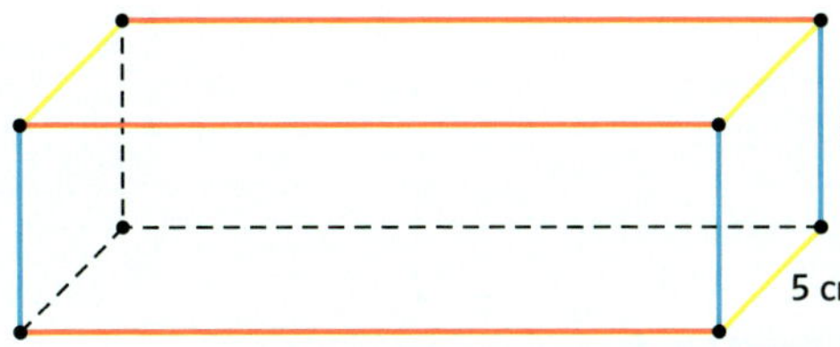

Falls nötig:
- Kommazahlen umwandeln
- alle Kantenlängen auf die gleiche Maßeinheit bringen

Länge: 1,2 dm = 12 cm = 120 mm
Breite: 5 cm = 50 mm
Höhe: 3,5 cm = 35 mm

Oberfläche
- die doppelten Flächeninhalte der unteren, der vorderen und einer seitlichen Fläche addieren

$2 \cdot 120 \cdot 50\,mm^2 + 2 \cdot 120 \cdot 35\,mm^2 + 2 \cdot 50 \cdot 35\,mm^2$
$= 12\,000\,mm^2 + 8400\,mm^2 + 3500\,mm^2$
$= 23\,900\,mm^2$
$= 239\,cm^2$

Volumen
- die Maßzahlen der Kantenlängen multiplizieren — $120 \cdot 50 \cdot 35 = 210\,000$
- die zur Längeneinheit gehörende Volumeneinheit anhängen — $210\,000\,mm^3$
- in eine günstige Volumeneinheit umwandeln — $= 210\,cm^3$

Aufgaben

1 Berechne die Oberfläche und das Volumen des Quaders. Rechne auf einem eigenen Blatt Papier.

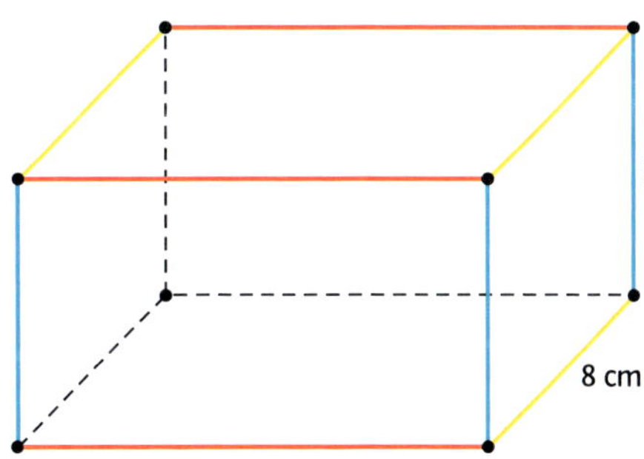

Oberfläche:

__________ cm^2 + __________ cm^2

+ ____________ cm^2

= ______________

Volumen:

Produkt der Maßzahlen: ______________ = ______________

Volumeneinheit anhängen: ____________

2 Berechne die Oberfläche und das Volumen der drei Quader auf einem eigenen Blatt Papier. Schreibe hier nur die Ergebnisse auf.

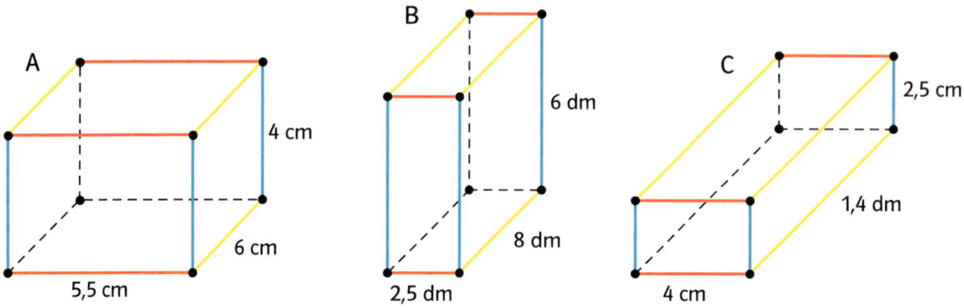

	Quader A	Quader B	Quader C
untere Fläche			
vordere Fläche			
seitliche Fläche			
Oberfläche			
Volumen			

3 Berechne auf einem eigenen Blatt Papier die Oberfläche und das Volumen des Quaders.

	Quader A	Quader B	Quader C	Quader D	Quader E
Länge	9 mm	15 dm	6 cm	10 cm	2 m
Breite	7 mm	8 dm	1,4 dm	1,6 cm	8 dm
Höhe	12 mm	4 dm	5 cm	5 cm	5,5 dm
Oberfläche					
Volumen					

4 Ein Quader ist 1 m lang, 1 dm breit und 1 cm hoch. Berechne sein Volumen.

Länge: 1 m = ____________ Breite: 1 dm = ____________ Höhe: 1 cm

Produkt der Maßzahlen ______________ Maßeinheit anhängen ______________

In eine günstige Volumeneinheit umwandeln: ________________________

5 Der Würfel ist ein besonderer Quader. Für einfache Kantenlängen kannst du die Oberfläche und das Volumen im Kopf berechnen.

Kantenlänge: 4 cm Oberfläche: ____________ Volumen: ____________

Kantenlänge: 5 cm Oberfläche: ____________ Volumen: ____________

Kantenlänge: 9 cm Oberfläche: ____________ Volumen: ____________

6 Ergänze die fehlenden Kantenlängen. Rechne im Kopf oder auf einem eigenen Blatt Papier.

	Quader A	Quader B	Quader C	Quader D	Quader E
Länge	6 cm	8 dm		7 mm	
Breite	5 cm		12 m		8 dm
Höhe		9 dm	5 m	7 mm	8 dm
Volumen	120 cm^3	720 dm^3	900 m^3	980 mm^3	512 m^3

7

Packset Größe S	Packset Größe M	Karton Größe 3	Karton Größe 7
25 cm	45 cm	35,5 cm	60 cm
17,5 cm	35 cm	30 cm	39,5 cm
10 cm	20 cm	15 cm	30 cm

Hier musst du ziemlich viel auf eigenem Papier rechnen.
Postfirmen bieten Faltkartons in vielen Größen an. In der Tabelle stehen Länge, Breite und Höhe. Schreibe das Volumen in die letzte Zeile der Tabelle.
Angenommen, im Karton Größe 7 wäre Sand. Tina behauptet, man könnte mit diesem Sand 16 Packsets Größe S füllen.

Tina hat recht ☐. hat nicht recht ☐.

Könnte man sogar 17 Packsets füllen? Ja ☐ nein ☐

TIPP
Es geht ohne Division!

Begründe, dass man 12 Packsets Größe S in den Karton Größe 7 hineinpacken kann.

____

____

Teste dich selbst

r f

Eine Aufgabe ist nur dann richtig gelöst, wenn alle Teilaufgaben richtig gelöst sind.

1 Wandle in die angegebene Flächen- oder Raumeinheit um.

$18\,dm^2$ = ________ cm^2 7 ha = ________ a

$600\,cm^2$ = ________ dm^2 $5\,m^3$ = ________ dm^3

$75\,000\,dm^3$ = ________ m^3 $200\,cm^3$ = ________ mm^3

2 Schreibe mit Komma in der größeren der zwei Einheiten.

$6\,dm^2\ 19\,cm^2$ = ________ $12\,m^2\ 8\,dm^2$ = ________

30 ha 15 a = ________ $8\,m^3\ 471\,cm^3$ = ________

$12\,dm^3\ 85\,cm^2$ = ________ $3\,cm^3\ 1\,mm^3$ = ________

3 Schreibe erst ohne Komma in gemischten Einheiten und anschließend ohne Komma in der kleineren Einheit.

$15{,}84\,m^2$ = ______ = ______ $3{,}07\,cm^2$ = ______ = ______

$3{,}592\,m^3$ = ______ = ______ $2{,}05\,cm^3$ = ______ = ______

4 Berechne.

$34\,m^2 + 5{,}7\,m^2$ = ____________________

$8{,}752\,dm^3 - 231\,cm^3$ = ____________________

$54\,dm^2 : 9\,dm^2$ = ____________________

$6\,m^3 : 60\,dm^3$ = ____________________

5 Berechne den Umfang und den Flächeninhalt des Rechtecks

Länge	5 cm	8 mm	5,5 m
Breite	3 cm	12 mm	2 m
Umfang			
Flächeninhalt			

r f

6 Berechne die Oberfläche und den Rauminhalt des Quaders.

Länge	5 m	4 dm
Breite	4 m	1,5 dm
Höhe	2 m	3 dm
Oberfläche		
Rauminhalt		

7 Ein Würfel hat eine Kantenlänge von 5 dm.

Er hat die Oberfläche __________ und das Volumen __________ .

8 Ein Quadrat hat den Flächeninhalt 36 dm^2.

Seine Seitenlänge beträgt _______ .

7 Körper

1 Prisma

Das **Prisma** wird begrenzt von der Grundfläche, der Deckfläche und dem Mantel.

Grundfläche und Deckfläche sind gleich.
Der Mantel besteht aus Rechtecken.

Das Bild links oben zeigt ein Dreiecksprisma.
Seine Grundfläche ist ein Dreieck.
Außerdem siehst du ein Vierecksprisma und ein Fünfecksprisma.
Ein Prisma bleibt ein Prisma, auch wenn es auf einem Mantelrechteck liegt.

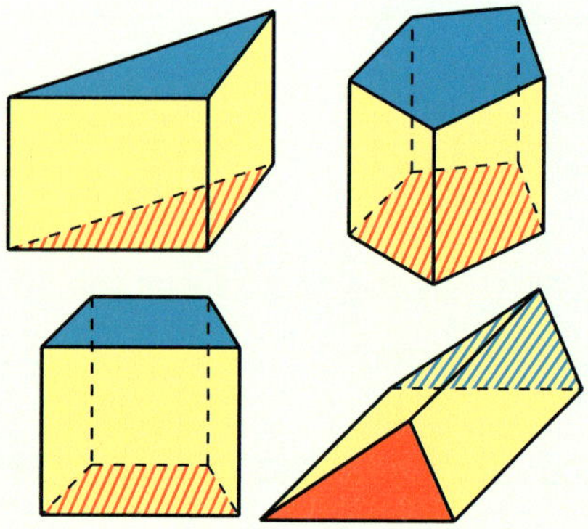

Aufgaben

1 Welche Körper sind Prismen? Kreuze sie an.

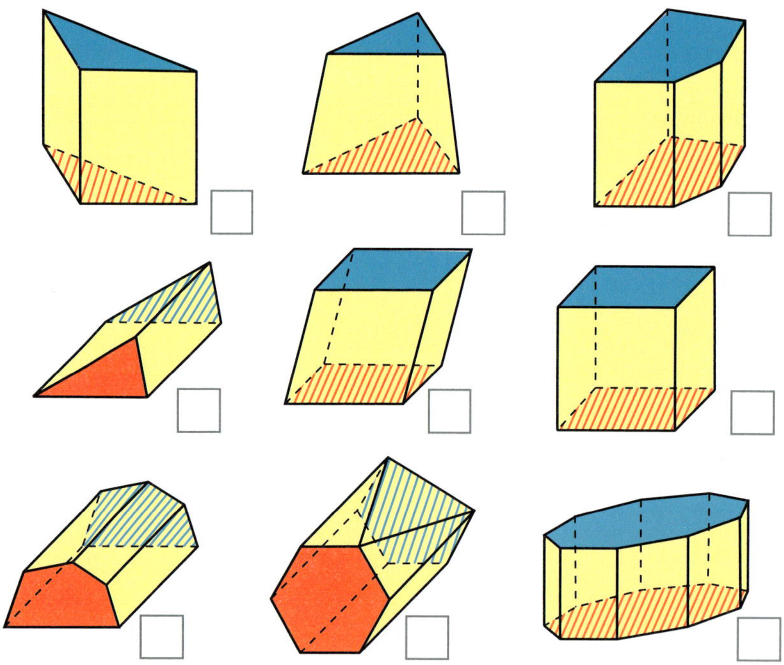

2 Beim Falten eines Prismennetzes fallen manche Punkte in einem Eckpunkt zusammen. Schreibe in den gelben Kästchen die zusammengehörigen Punkte auf. Manche bleiben aber auch allein in ihrem Kästchen!

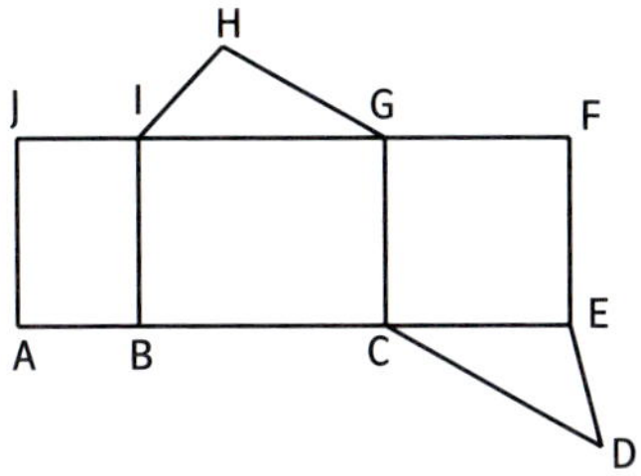

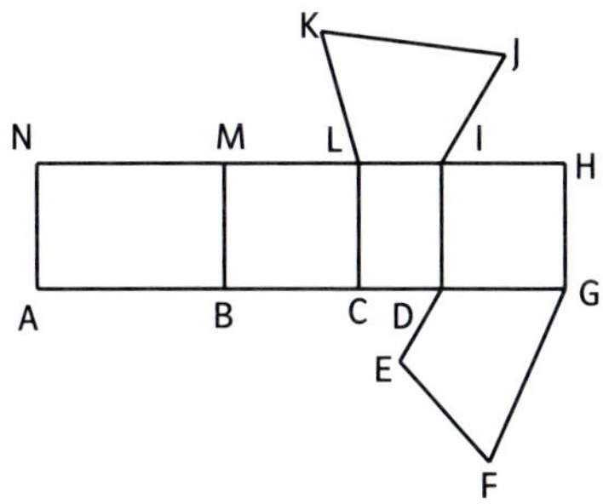

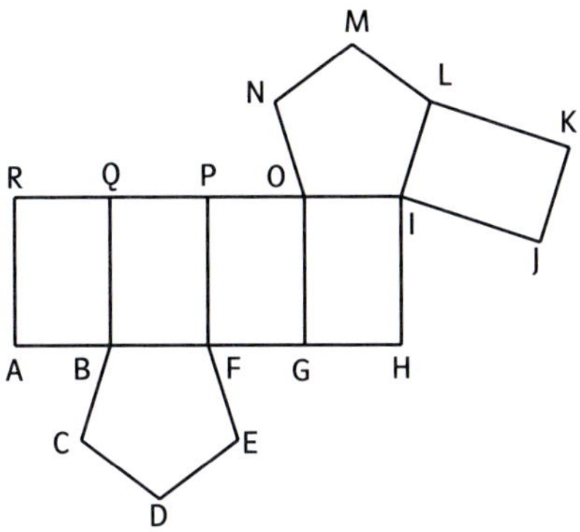

3 Zeichne auf eigenem Papier ein Netz eines 4 cm hohen Prismas mit der abgebildeten Grundfläche.

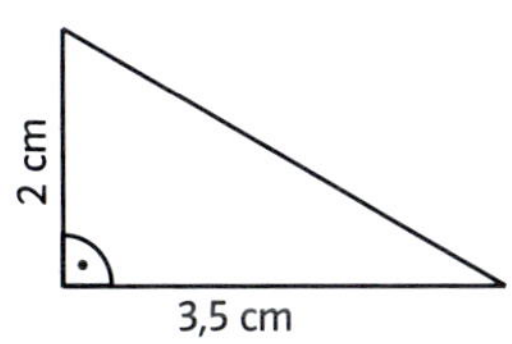

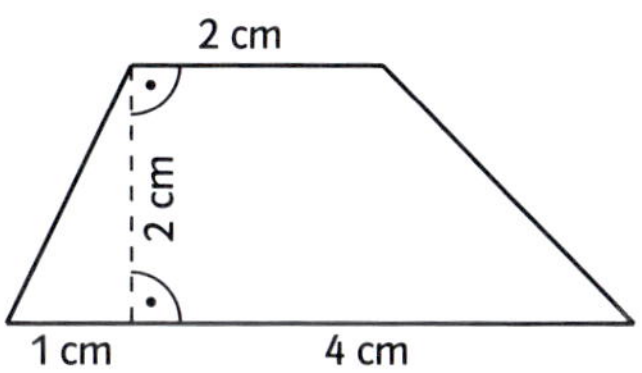

4 Auf der vorigen Seite sind viele Prismen abgebildet. Damit kannst du drei Spalten der Tabelle leicht ausfüllen. Für das Sechseckprisma musst du etwas nachdenken. Die letzte Spalte ist für das Prisma mit der höchsten Anzahl von Ecken gedacht, das du auf der vorigen Seite finden kannst.

Grundfläche	Dreieck	Viereck	Fünfeck	Sechseck	_______eck
Anzahl der Ecken					
Anzahl der Kanten					
Anzahl der Flächen					

2 Pyramide

Die Pyramide wird von der Grundfläche und vom Mantel begrenzt.
Die Grundfläche kann drei, vier oder mehr Eckpunkte haben.
Der Mantel besteht aus Dreiecken.
Sie kommen in der Spitze zusammen.
Im Bild siehst du eine Dreieckspyramide, eine Viereckspyramide und eine Fünfeckspyramide.

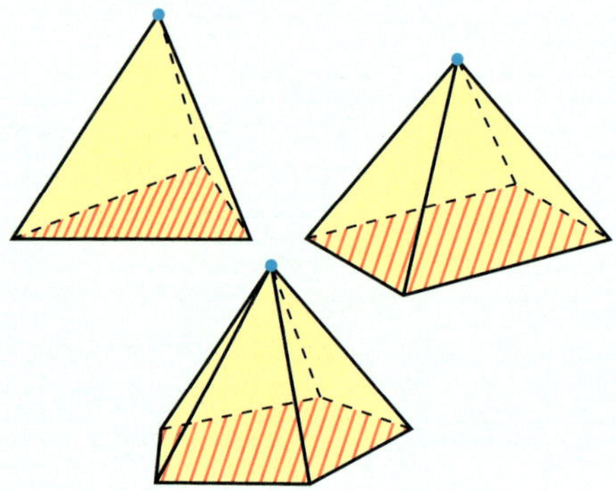

Aufgaben

1 Welche Körper sind Pyramiden? Kreuze sie an.

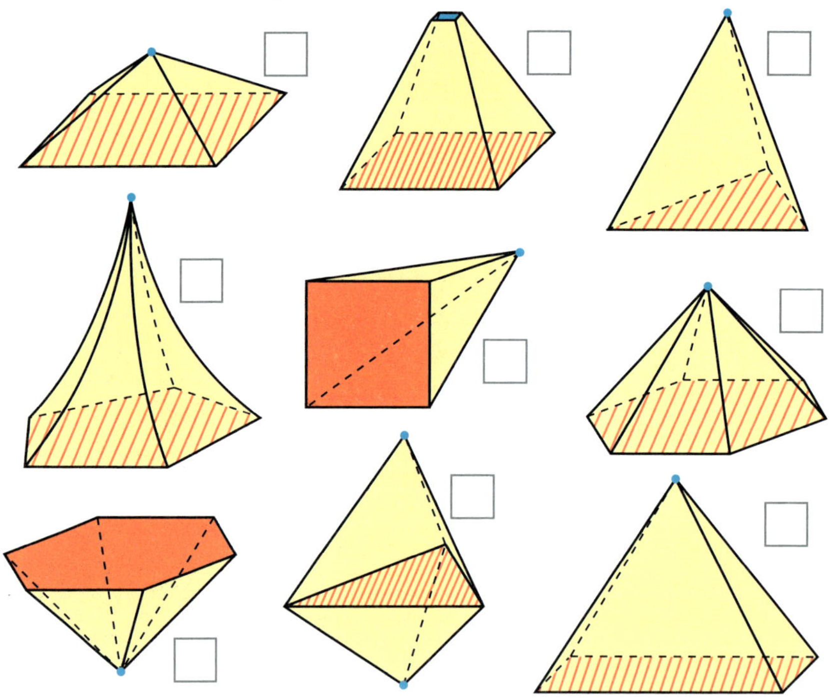

2 Welche der Figuren sind Pyramidennetze? Kreuze sie an.

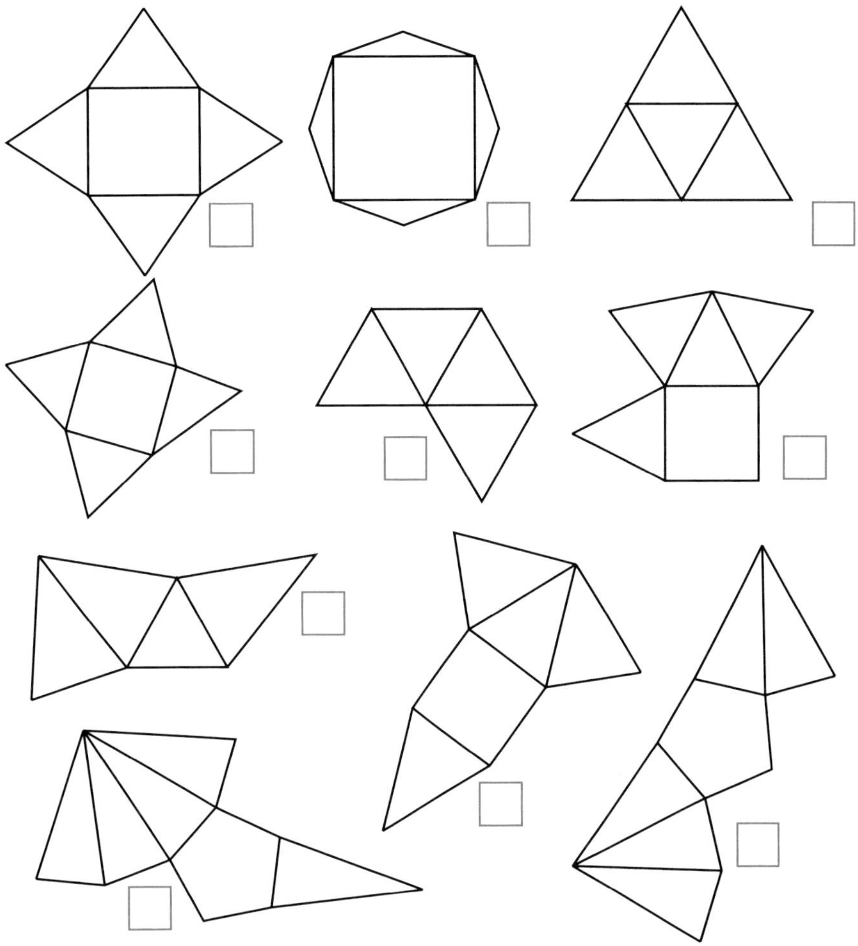

3 In der Zeichnung sind die Pyramidennetze teilweise gezeichnet. Zeichne sie auf eigenem Papier vollständig. Beachte: Das Quadratgitter ist verkleinert.

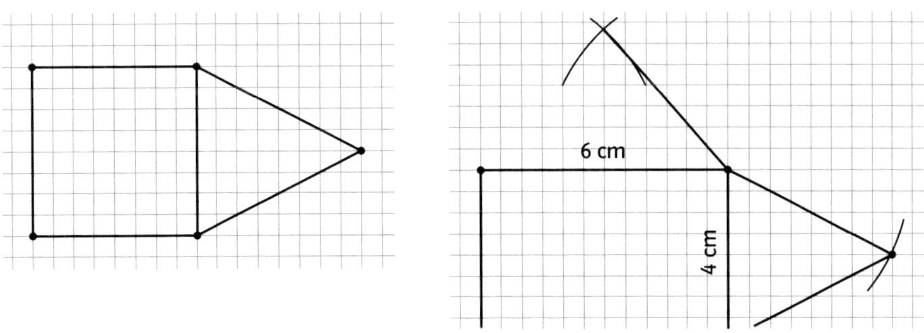

3 Schrägbilder

So zeichnest du **Schrägbilder** von Körpern:

- Kanten, die in der Zeichenebene oder parallel zu ihr liegen, werden in voller Länge gezeichnet.
- Kanten, die senkrecht zur Zeichenebene laufen, werden schräg unter einem 45°-Winkel und in halber Länge gezeichnet.

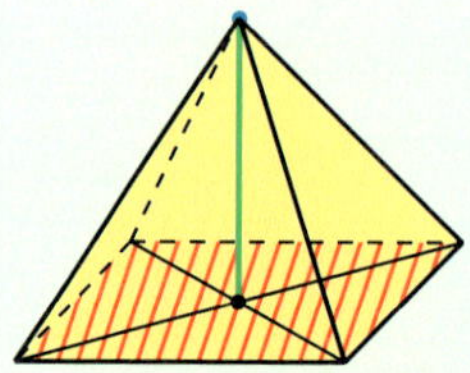

Die **Quadratpyramide** im oberen Bild steht auf ihrer Grundfläche. Diese ist im Schrägbild ein Parallelogramm. Die Höhe der Pyramide bleibt unverändert. Die Spitze liegt senkrecht über dem Mittelpunkt des Parallelogramms.

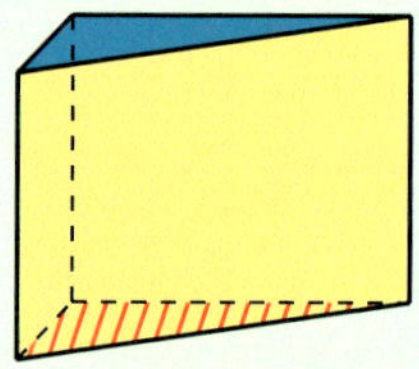

Im mittleren Bild steht ein **Dreiecksprisma** auf seiner Grundfläche. Darunter siehst du dasselbe Prisma über die hintere untere Kante gekippt. Es liegt auf einem Mantelrechteck.

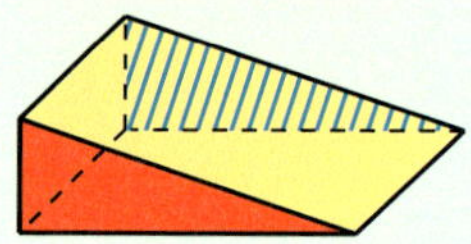

Aufgaben

1 Die grün gestrichelten Quadrate sind die Grundflächen von Pyramiden. Zeichne die Pyramiden im Schrägbild.

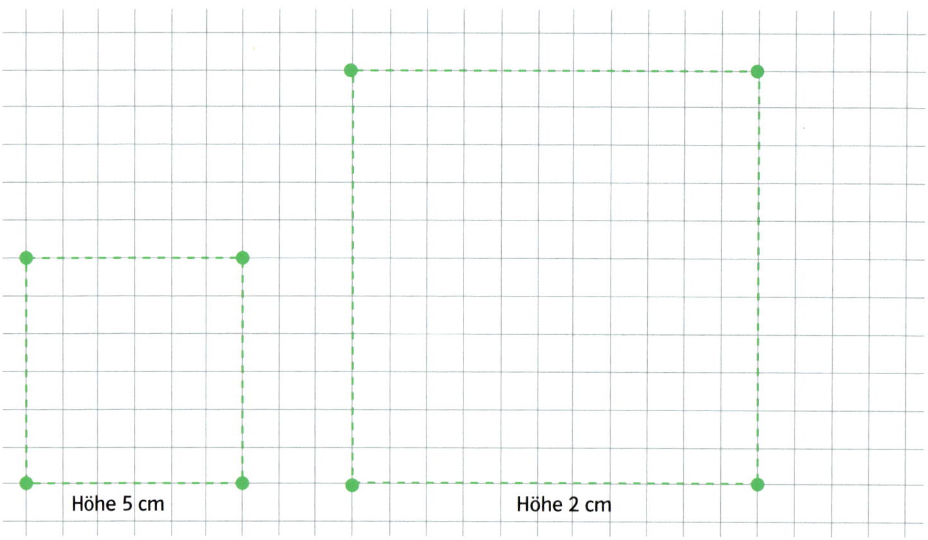

2 Zeichne das Dreiecksprisma auf auf einem Mantelrechteck liegend und der Grundfläche stehend. Sieh im Wissenskasten nach!

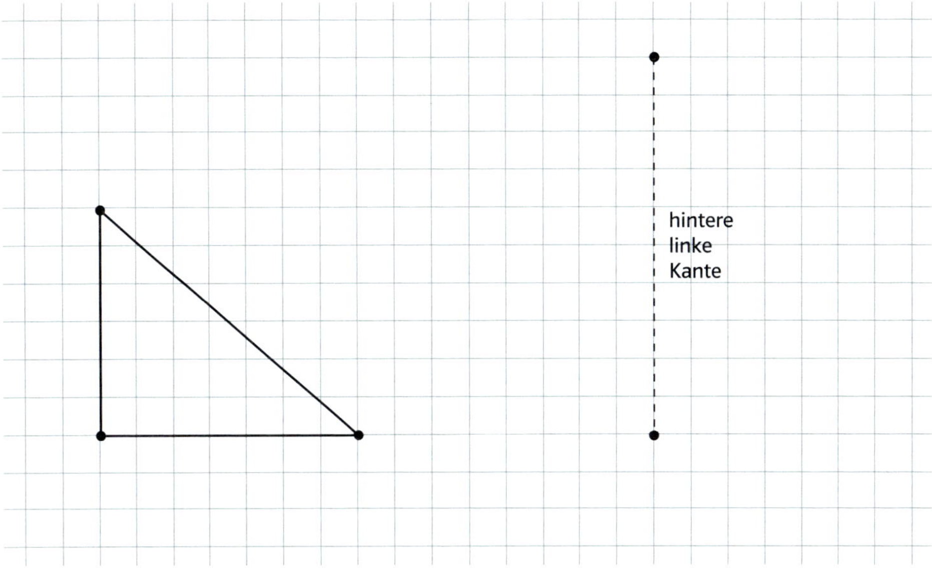

3 Zeichne auf eigenem Papier eine 6 cm hohe Pyramide, deren Grundfläche ein Rechteck mit der Länge 7 cm und der Breite 5 cm ist.

4 Zeichne auf eigenem Papier ein Prisma in zwei Lagen.
Die Grundfläche siehst du in der Zeichnung.
Die Mantelkanten sollen 10 cm lang sein.
Für das Schrägbild der Grundfläche musst du herausfinden, wohin die zwei rot markierten Punkte zu liegen kommen. Die Maße helfen dir dabei.

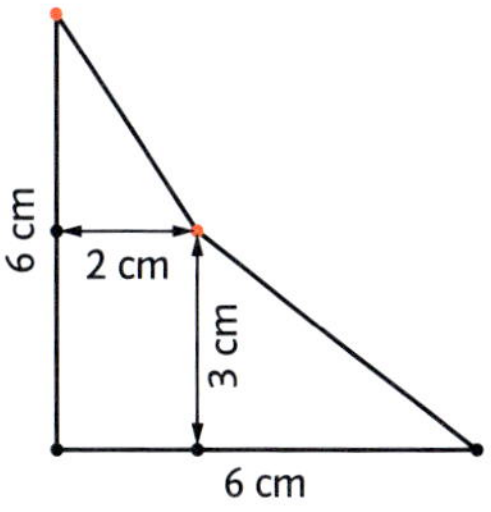

5 Zeichne auf einem eigenen Blatt Papier den abgebildeten Quader dreimal.
Trage drei Pyramiden folgendermaßen in je ein Schrägbild ein:
Die Grundfläche der ersten Pyramide ist die Grundfläche des Quaders.
Die Grundfläche der zweiten Pyramide ist die linke Seitenfläche des Quaders.
Die Grundfläche der dritten Pyramide ist die hintere Seitenfläche des Quaders.
Die Spitze der drei Pyramiden soll jeweils der Mittelpunkt der gegenüberliegenden Quaderfläche sein.

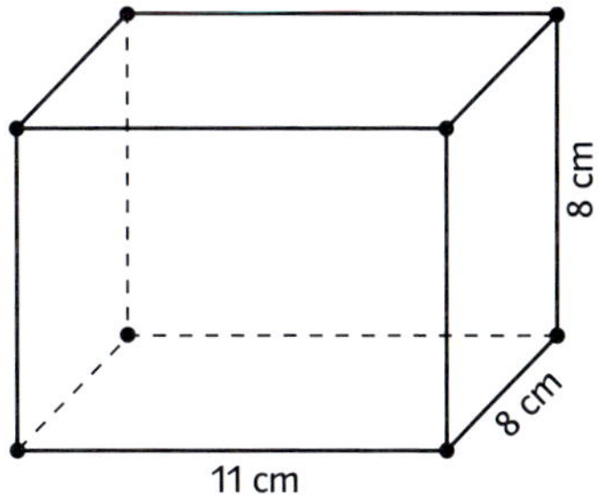

4 Zylinder. Kegel. Kugel

Der **Zylinder** besteht aus dem Grundkreis, dem Deckkreis und dem Mantel.
Der Mantel kann aus einem Rechteck aufgerollt werden.

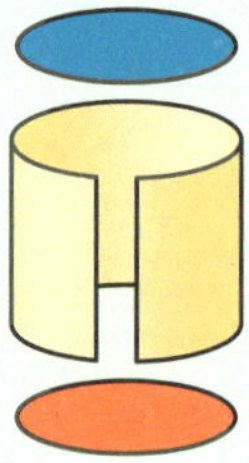

Der **Kegel** besteht aus dem Grundkreis und dem Mantel.
Der Mantel kann aus einem Kreisausschnitt aufgerollt werden.

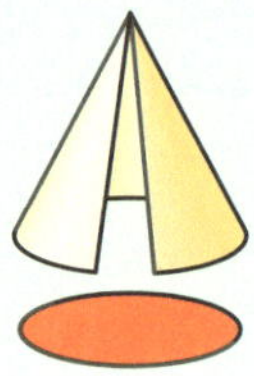

Die **Kugel** lässt sich **nicht** durch Aufrollen ebener Flächenstücke herstellen.

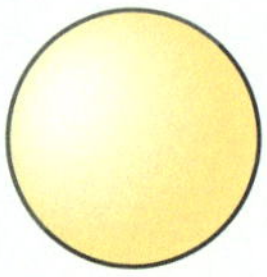

Aufgaben

1 Stell dir vor, du drehst das Flächenstück schnell um die rote Achse. Dabei entsteht scheinbar ein Körper. Schreibe auf, aus welchen und wie vielen Teilen jeder Art er zusammengesetzt ist.

Anzahl	a)	b)	c)	d)	e)	f)	g)
Zylinder							
Kegel							
Kugel							

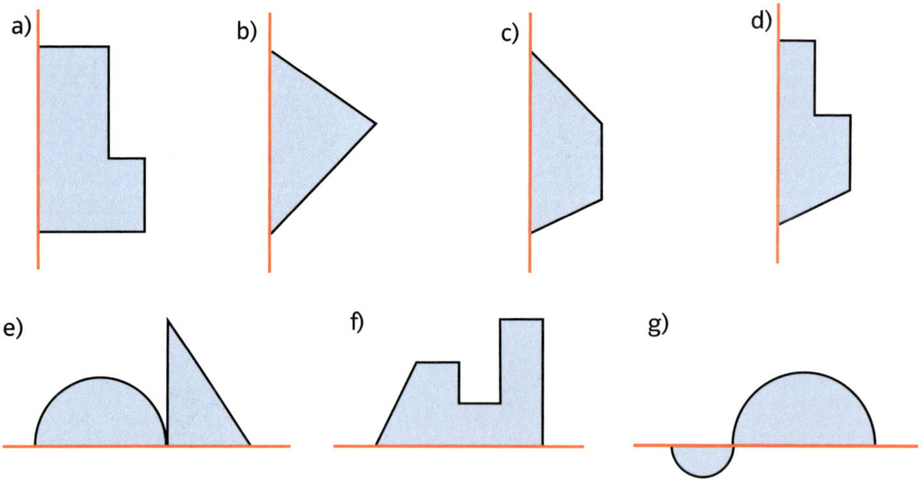

2 Welche Figuren lassen sich ohne Überlappungen zu Zylindermänteln oder Kegelmänteln aufrollen? Kreuze sie an.

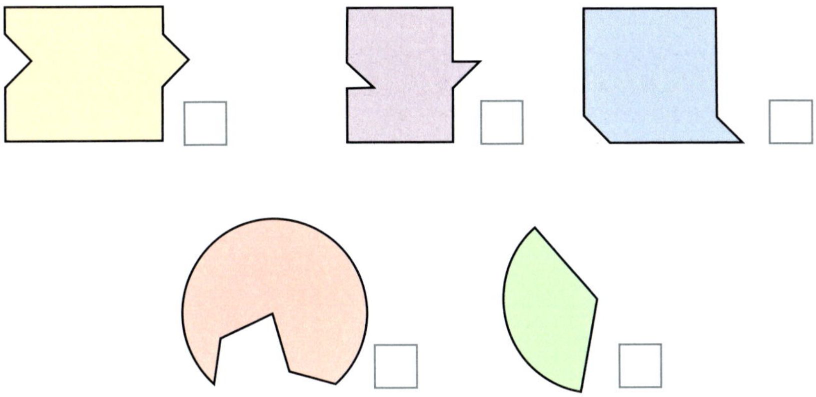

Teste dich selbst

r f

Eine Aufgabe ist nur dann richtig gelöst, wenn alle Teilaufgaben richtig gelöst sind.

1 Kreuze die Prismen und die Pyramiden an.

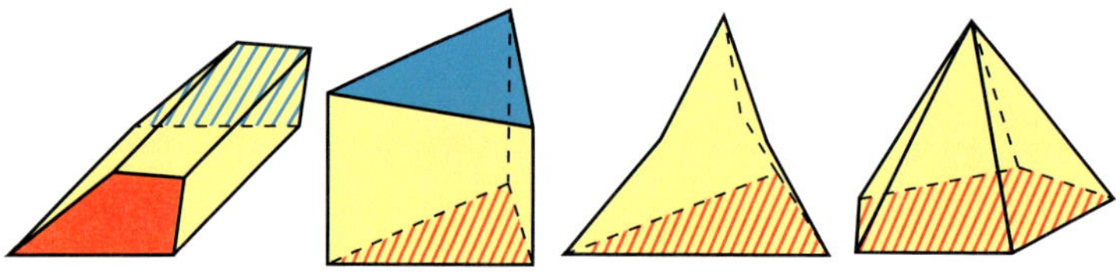

☐ ☐ ☐ ☐

2 Aus dem Prismennetz wird ein Prisma gefaltet. Welche Punkte fallen mit dem angegebenen Punkt zusammen?

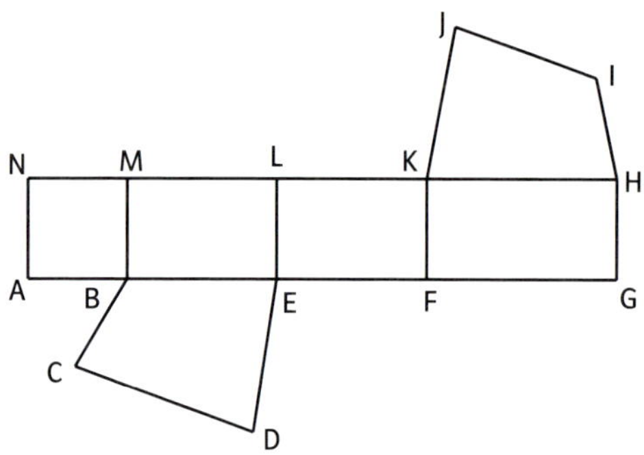

D: ____________

L: ____________

M: ____________

H: ____________

A: ____________

3 Zeichne auf eigenem Papier das Netz eines 5 cm hohen Prismas mit der angegebenen Grundfläche.

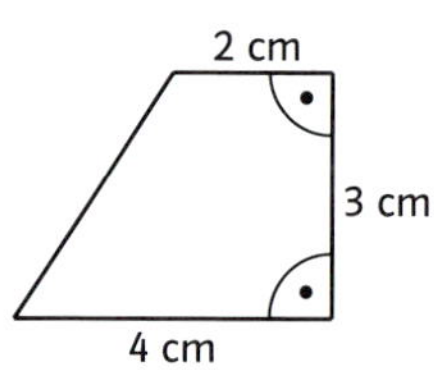

4 Zeichne das Prisma mit der in Aufgabe 3 gegebenen Grundfläche im Schrägbild. Es soll auf einer Mantelfläche liegen.

r f

5 Vervollständige das Pyramidennetz.
Nimm dazu eigenes Papier.

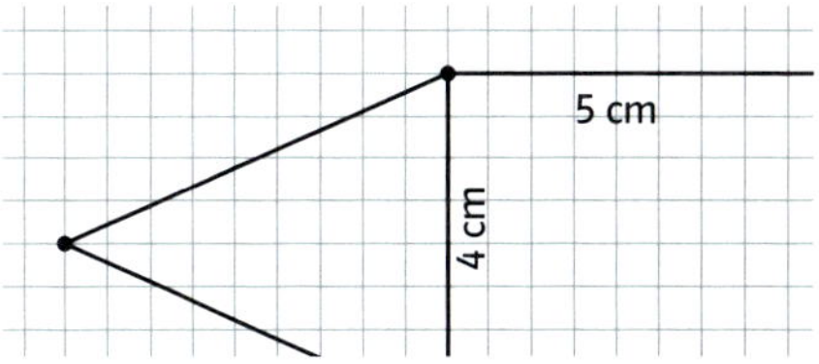

6 Zeichne im Schrägbild eine 6 cm hohe Pyramide. Die Grundfläche soll ein 5 cm langes und 4 cm breites Rechteck sein.

7 Kreuze die Figuren an, die sich ohne Überlappungen zum Mantel eines Zylinders oder eines Kegels aufrollen lassen.

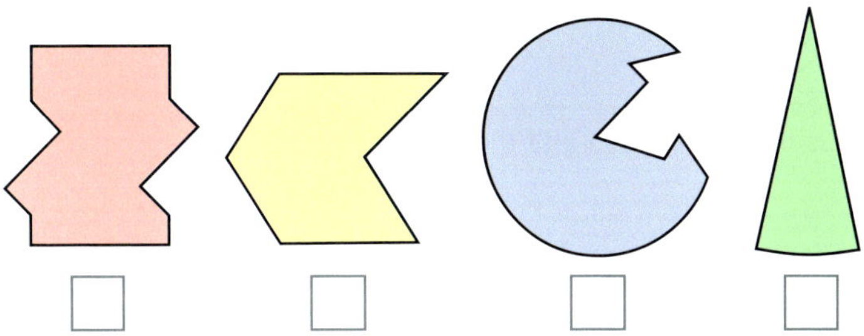

8 Terme. Variablen. Gleichungen

1 Terme mit Variablen

Eine **Variable** ist ein Zeichen, das für eine Zahl oder eine Größe steht. Als Zeichen nimmt man meistens Buchstaben.	x; a; b
Ein **Term** ist ein Rechenausdruck, in dem Zahlen, Größen, Variablen, Rechenzeichen und Klammern vorkommen können.	$3 \cdot x + 4$; $a + b$ $5 - (x + 1)$; $a \cdot x^2$
Auch einzelne Zahlen, Größen und Variablen sind Terme.	5; $\frac{1}{2}$; x

Aufgaben

1 Schreibe einen Term aus den Zeichen. Es gibt mehrere Möglichkeiten.

a | b | − ________________

6 | 7 | x | + | · ________________

2 | 3 | x | y | + ________________

3 | a | b | + | · | (|) ________________

24 | x | y | + | − ________________

5 | 7 | x | y | − | : | · ________________

2 | a | x | − | : | (|) ________________

2 | 8 | 3 | x | · | − | − | (|) ________________

2 Ordne die Terme den Beschreibungen in Worten zu.

$a + 20$	1	A	An der Kasse einen 20 €-Schein hingeben
$20 - p$	2	B	Flächeninhalt eines Rechtecks
$\frac{a + b}{2}$	3	C	Umfang eines Quadrats
$z - 20$	4	D	Eine um 20 cm vergrößerte Länge
$4 \cdot (x - 2)$	5	E	Das Vierfache des um 2 Jahre verminderten Alters
$4 \cdot y + 20$	6	F	20 Minuten vor Beginn
$4 \cdot x$	7	G	20 kg mehr als das Vierfache des Gewichts
$a \cdot b$	8	H	Die Mitte zwischen zwei Werten

?

3 Bilde aus den Kärtchen Terme.

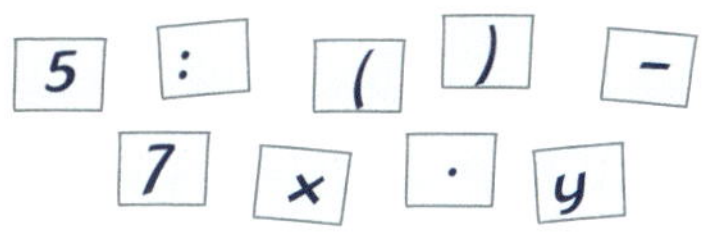

drei Kärtchen: ______ ______ ______

______ ______ ______

fünf Kärtchen: ______ ______ ______

______ ______ ______

sieben Kärtchen: ______ ______ ______

______ ______ ______

neun Kärtchen: ______ ______ ______

______ ______ ______

2 Berechnen von Termwerten

Die Variablen in einem Term kann man durch Zahlen ersetzen.
Damit bekommt der Term einen Wert.
Diesen **Termwert** kann man berechnen.

$3 \cdot x + 2$ für $x = 5$
$3 \cdot 5 + 2 = 17$

$a^2 - 4 \cdot a$ für $a = 6$
$6^2 - 4 \cdot 6 = 36 - 24 = 12$

Aufgaben

1 Setze für x die Zahl 6 in den Term ein und berechne seinen Wert.

$5 \cdot x =$ ________ = ____ $3 \cdot x + 6 =$ ________ = ____ $19 - x =$ ________ = ____

$9 + 2 \cdot x =$ ________ = ____ $12 \cdot x + 20 =$ ________ = ____ $9 \cdot x - 3 \cdot x =$ ________ = ____

$4 + x - x =$ ________ = ____ $60 : x - 2 =$ ________ = ____ $x : 3 + 1 =$ ________ = ____

2 Fülle die Wertetabelle aus.

x	1	2	3	4	5	6
$4 \cdot x + 10$						

x	3	4	5	6	7	8	9
$36 - 4 \cdot x$							

y	2	4	6	8	10	12
$3 \cdot (y + 2)$						

a	1	2	3	4	5	6	7	8
$a^2 + 1$								

3 Setze für x die Zahl 8 und für y die Zahl 3 ein. Gib den Termwert an.

$x + y =$ ______ $2 \cdot x + 3 \cdot y =$ ______ $10 \cdot x + y =$ ______ $10 \cdot y + x =$ ______

$3 \cdot x - 2 \cdot y =$ ______ $4 \cdot (x + y) =$ ______ $\frac{1}{2} \cdot x + y =$ ______ $\frac{1}{4} \cdot x + \frac{1}{3} \cdot y =$ ______

4 Suche denjenigen Wert des Terms $5 \cdot x + 7$, der der Zahl 45 am nächsten kommt. Lege dazu eine Wertetabelle an. Es genügt, wenn du bis $x = 10$ rechnest.

Der gesuchte Termwert ist ____________

5 Sieh die Tabelle an und finde heraus, was hier berechnet wird. Lege die Wertetabelle vollständig an und suche in der vorletzten und der letzten Spalte den kleinsten Termwert.
Kleinste Termwerte: ______; ______

x	y	x^2	y^2	$x^2 + y^2$	$2 \cdot x^2 + y^2$
0	10	0	100	100	200
1	9				
…	…				
9	1	81	1		
10	0				

3 Aufstellen von Termen

Terme mit Variablen helfen, Rechenwege übersichtlich aufzuschreiben. Für die Variablen kann man dann verschiedene Werte einsetzen.
Um einen Term **aufzustellen**, muss man
- Variablen bezeichnen,
- Variable, gegebene Größen und Zahlen durch Rechenzeichen verbinden.

Zwischenschritte können oft helfen.

Jeden Fernseher zum halben Preis und noch einmal 50 € Nachlass!
Alter Preis: p
Hälfte des alten Preises: p : 2
Neuer Preis: p : 2 – 50 €

Aufgaben

1 Schreibe einen Term. Benenne die Variable mit x, y oder z.

Das um 5 vermehrte Dreifache einer Zahl ________________

Das Dreifache einer um 5 vermehrten Zahl ________________

Das um 3 vermehrte Viertel einer Zahl ________________

Das Doppelte der Summe aus einer Zahl und 5 ________________

Die Summe aus 5 und dem Doppelten einer Zahl ________________

2 Schreibe einen Term.

Der um 20 € verminderte Preis ____________

Die Hälfte des um 10 € erhöhten Preises ____________

Die Hälfte des um 10 kg verminderten Gewichts ____________

Die Summe aus 5 cm und der halben Länge ____________

Die Differenz aus 30 cm und der halbierten Länge ____________

Das Doppelte der Summe aus dem jetzigen Alter und 20 Jahren ____________

Das um 50 cm^2 vermehrte Quadrat der Seitenlänge ____________

Die Differenz aus dem Doppelten der Seitenlänge
und der Hälfte der Seitenlänge ____________

3 Stelle einen Term für die Gesamtlänge aller Strecken auf. Gleich gefärbte Teilstrecken sind gleich lang. Alle Teilstrecken gehen von Punkt zu Punkt.

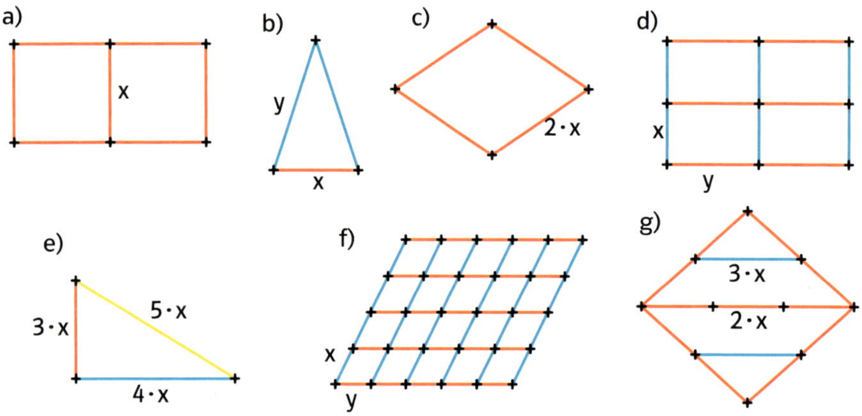

4 Stelle die Terme auf.

Addiere zum Dreifachen einer ersten Zahl das Doppelte einer zweiten Zahl und addiere 10.

____

Multipliziere eine erste Zahl mit 15 und subtrahiere die Hälfte einer zweiten Zahl.

____

Multipliziere eine um 8 vermehrte erste Zahl mit 5 und addiere eine mit 12 multiplizierte zweite Zahl.

____

Dividiere eine um 5 vermehrte erste Zahl durch 3 und addiere eine durch 7 dividierte zweite Zahl.

____

5 Die frühere Ausgabe einer Spiels wird zum Drittel des ursprünglichen Preises verkauft. Außerdem bekommt man einen Gutschein zu 20 €.

Der neue Preis ausgedrückt durch den alten Preis ist also ____________________

Der Preis einer Spielkonsole wird um 25 € reduziert. Im Ausverkauf wird dieser verringerte Preis noch halbiert.

Der neue Preis ausgedrückt durch den alten Preis ist ____________________

Evis Mutter ist dreimal so alt, wie Evi vor 4 Jahren war.

Das Alter von Evis Mutter ausgedrückt durch Evis Alter ist ____________________

4 Einfache Gleichungen

Zwei Terme mit einem Gleichheitszeichen dazwischen bilden eine **Gleichung**. Du hast eine Gleichung **gelöst**, wenn du eine Zahl gefunden hast, für die beide Terme denselben Wert haben.
Gleichungen kannst du im Kopf oder durch systematisches Probieren lösen.

Einfach im Kopf!

$x + 5 = 13$

Lösung $x = 8$

Variable nur links

$2 \cdot x + 17 = 25$

x	2 · x + 17		25
1	19	≠	25
2	21	≠	25
3	23	≠	25
4	25	=	25

Lösung: $x = 4$

Variable links und rechts

$2 \cdot x + 15 = 4 \cdot x + 5$

x	2 · x + 15		4 · x + 5
1	17	≠	9
2	19	≠	13
3	21	≠	17
4	23	≠	21
5	25	=	25

Lösung: $x = 5$

Aufgaben

1 Löse im Kopf.

$x + 10 = 16$ x = ____

$x + 8 = 20$ x = ____

$x - 9 = 15$ x = ____

$x - 5 = 20$ x = ____

$2 \cdot x = 14$ x = ____

$x - 12 = 12$ x = ____

$2 \cdot x + 11 = 21$ x = ____

$2 \cdot x + 15 = 25$ x = ____

$x : 3 = 5$ x = ____

$25 = x + 11$ x = ____

$31 = 2x - 1$ x = ____

$15 = 17 - 2 \cdot x$ x = ____

2 Löse die Gleichung im Kopf oder durch systematisches Probieren in einer Tabelle.

$3 \cdot x + 18 = 33$ x = ____

$5 \cdot x + 11 = 46$ x = ____

$29 - 4 \cdot x = 17$ x = ____

$59 = 35 + 6 \cdot x$ x = ____

$x : 2 + 23 = 27$ x = ____

$14 + x : 3 = 17$ x = ____

$x + 15 = 2 \cdot x + 12$ x = ____

$3 \cdot x + 11 = 17 + x$ x = ____

$2 \cdot x + 7 = 34 - x$ x = ____

$6 \cdot x + 34 = 5 \cdot x + 38$ x = ____

$9 \cdot x = 90 - x$ x = ____

3 Wie heißt die Zahl?

Eine Zahl ist um 20 größer als 17. $x =$ ______

Subtrahiert man 15 von einer Zahl, erhält man 11. $x =$ ______

Eine Zahl ist um 19 kleiner als 59. $x =$ ______

Eine Zahl ist doppelt so groß wie die um 14 vermehrte gleiche Zahl. $x =$ ______

Addiert man zu einer Zahl ein Viertel der gleichen Zahl, erhält man 5. $x =$ ______

Multipliziert man eine Zahl mit 4, erhält man die Summe aus dieser Zahl und 9. $x =$ ______

4 In den Termen kann die Variable auch mehrmals vorkommen. Löse die Gleichung.

$5 \cdot x + x + 3 = 15$	$3 \cdot x - x = x + 9$	$8 \cdot x = x + 5 \cdot x + 18$	$3 \cdot x + 7 + x = 27 - x$
$x =$ ____	$x =$ ____	$x =$ ____	$x =$ ____

5 Der Umfang des Rechtecks ist 48 cm. Berechne die Seitenlängen und trage sie ins Rechteck ein.

a)

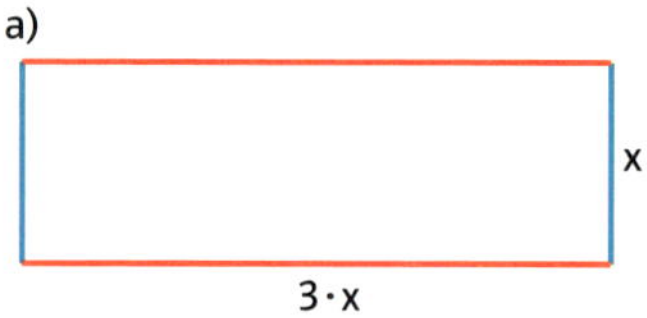

b)

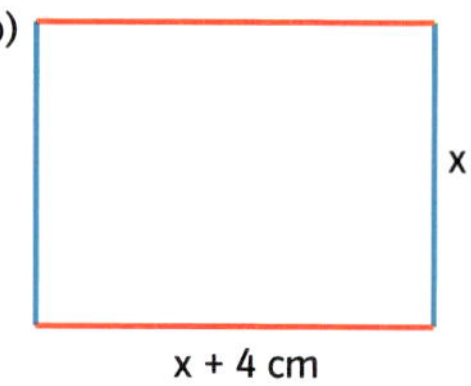

6 Die Gesamtlänge aller Quaderkanten ist 88 cm. Bestimme die Kantenlängen.

Länge ______ Breite ______ Höhe ______

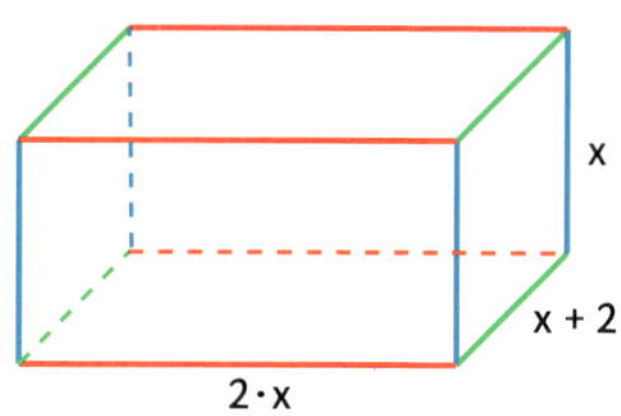

7 In Klasse 6a sind fünf Jungen mehr als Mädchen. Zusammen sind es 23 Schülerinnen und Schüler.
In Klasse 6b sind doppelt so viele Mädchen wie Jungen. Es sind sieben Mädchen mehr als Jungen.
In Klasse 6c sind die meisten Schülerinnen und Schüler 12 Jahre alt. Sechs sind ein Jahr jünger, vier sind ein Jahr älter. Das gesamte Alter beträgt 298 Jahre.

In Klasse 6a sind ____ Jungen und ____ Mädchen.

In Klasse 6b sind ____ Mädchen und ____ Jungen.

In Klasse 6c sind ________ Schülerinnen und Schüler.

Teste dich selbst

r f

Eine Aufgabe ist nur dann richtig gelöst, wenn alle Teilaufgaben richtig gelöst sind.

1 Bilde aus jeweils allen sieben Kärtchen drei Terme.

_______________ _______________

_______________ _______________

8 (4 − ·) x

2 Zu welchen Beschreibungen in Worten passt der Term $2 \cdot (a + 15)$?

Das Doppelte einer um 15 vermehrten Zahl ja ☐ nein ☐

Das Doppelte einer Zahl vermehrt um 15 ja ☐ nein ☐

3 Berechne die Termwerte.

x	4	12	20
$3 \cdot x + 9$			
$4 \cdot (x - 3)$			

4 Berechne den Wert des Terms $4 \cdot (x + 5) - y : 4$ für $x = 3$ und $y = 12$.

Termwert: __________

5 Benenne die Variable und schreibe den Term.

Das um 7 vermehrte Doppelte einer Zahl _______________

Die halbe Summe aus dem Dreifachen einer ersten Zahl und dem Fünffachen einer zweiten Zahl _______________

Der um 20 € verringerte halbe Preis _______________

6 Löse die Gleichung im Kopf oder mit einer Tabelle.

$x - 7 = 11$ $x + 3 = 18$ $4 \cdot x + 15 = 27$ $64 - 5 \cdot x = 34 + x$

$x =$ ________ $x =$ ________ $x =$ ________ $x =$ ________

7 Der Umfang des Rechtecks ist 44 cm. Berechne die Länge und die Breite.

Länge _______________

Breite _______________

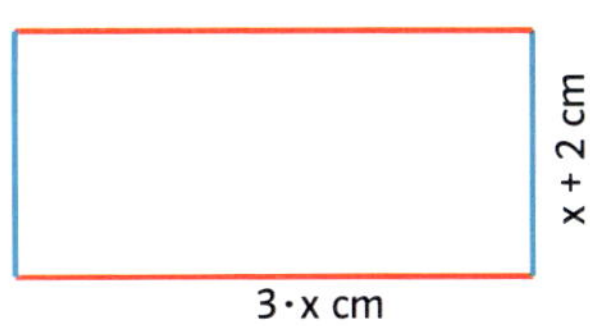

9 Proportionale Zuordnungen

1 Zuordnungen und Schaubilder

Im **Schaubild** siehst du, wie die Radtour der Klasse 6b verlaufen ist. Beispielsweise ist zu sehen, wann die Gruppe gerastet hat.
Jedem Zeitpunkt als **Eingabegröße** ist die Fahrstrecke als **Ausgabegröße zugeordnet**.

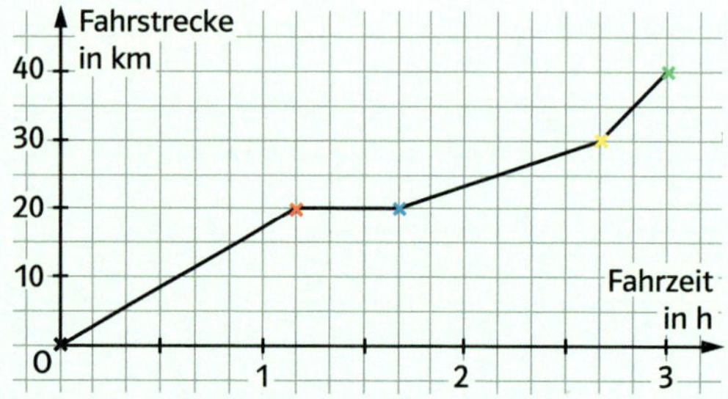

Zuordnungen stellen einen Zusammenhang zwischen zwei **Größenbereichen** her.
Die Größenbereiche Länge, Gewicht, Zeit und Geld kennst du schon.

Aufgaben

1 Du kannst nun Fragen zum Schaubild im Wissenskasten beantworten. Schreibe dazu an die Punkte mit Kreuzchen × von links nach rechts S (für Start); A; B; C; Z (für Ziel).

Vom Punkt ___ bis zum Punkt ______ fuhr die Gruppe langsam, von ____ bis ____ fuhr sie schnell, von ____ bis ____ fuhr sie mit mittlerer Geschwindigkeit.

Von S bis A waren es ________ km. Dafür brauchte die Gruppe ________ min = _______ h _______ min.

Die Rast dauerte _________min = _______ h lang.

Auf der Teilstrecke $\overline{BC}$ fuhr die Gruppe langsamer als auf $\overline{CZ}$. ja ☐ nein ☐

Begründe deine Antwort.

____

Hat die Gruppe nach der halben Zeit die halbe Strecke zurückgelegt? ja ☐ nein ☐

Die Gruppe hat nach einem Drittel der Zeit

☐ genau ein Drittel ☐ weniger als ein Drittel ☐ mehr als ein Drittel

der Strecke zurückgelegt. Kreuze die richtige Aussage an.

TIPP
Sechs Teilstriche geben eine Stunde. Pro Teilstrich sind es also … Minuten.

2 Radtouren vom Start S zum Ziel Z können verschieden verlaufen. Sie werden durch Streckenzüge dargestellt, die nur in den markierten Punkten A; B; C; D abknicken dürfen. Aber nicht jeder Streckenzug muss durch alle diese Punkte gehen!

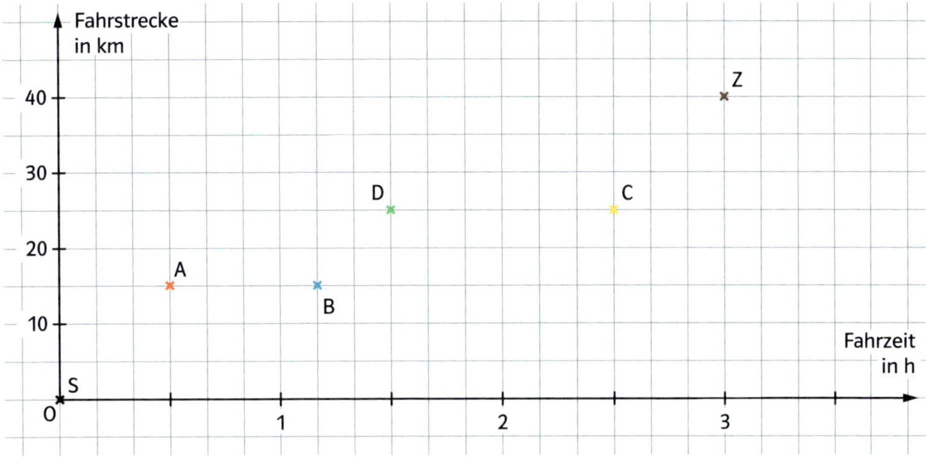

Trage ein:
rot: Fahrt mit zweimaligem Rasten
blau: Fahrt mit einer einzigen Rast, die lang dauert
gelb: Fahrt, die erst schnell, dann langsam und dann wieder schnell geht
grün: Fahrt, die erst langsam, dann schnell und dann wieder langsam geht
schwarz: Fahrt mit gleichmäßiger Geschwindigkeit
Die Linien liegen zum Teil übereinander. Du kannst sie etwas nebeneinander liegend zeichnen.

3 Der 10 l-Eimer einer Wandfarbe kostet rund 30 €, der 2,5 l-Eimer rund 10 €.
Kleinere Mengen werden nicht verkauft.
Im Schaubild sind die Kosten bis zu einer Menge von 15 l dargestellt. Zeichne selbst ein Schaubild, das bis zu einer Menge von 60 l reicht.
Familie Wagner braucht 45 l Farbe, Familie Schott 50 l, Familie Scheuer 51 l, Frau Larmann 37 l.
Lies an deinem Schaubild ab, was diese Mengen kosten.

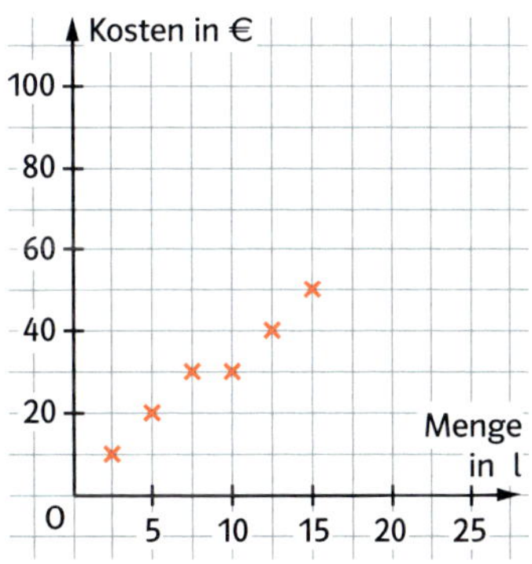

Wagner: ________ Scheuer: ________

Schott: ________ Larmann: ________

Frau Larmann kommt ins Nachdenken. Warum wohl?

____

2 Proportionale Zuordnungen

Für viele Zuordnungen gilt eine einfache Regel:
Zum Zweifachen, Dreifachen, … der Eingabegröße gehört das Zweifache, Dreifache, … der Ausgabegröße. Solche Zuordnungen heißen **proportional**.

·3 ·2

1 l-Packungen Milch	1	2	3	4	5
Preis in €	0,70	1,40	2,10	2,80	3,50

·3 ·2

Aufgaben

1 Trage die fehlenden Werte der proportionalen Zuordnung ein.

0,7 l-Flaschen Saft	1	2	3	4	5	6	7	8
Preis in €	1,20							

Beutel Äpfel	1	2	3	4	5	10
Preis in €	2,30					

Becher Jogurt	1	2	3	4	5
Preis in €	0,35				

Stück Butter	1	2	3	4	5	8
Preis in €	1,10					

TIPP
Addieren von Spalte zu Spalte kann vorteilhaft sein!

2 Hier sind einige Werte der Eingabegröße übersprungen. Überlege, durch welche Multiplikationen man von der ersten Spalte aus weiter kommt. Addieren von Spalte zu Spalte kann auch helfen.

Packungen Dübel	1	4	10	6	8	5	12
Preis in €	1,10						

Dosen Lack	1	3	4	7	8	9
Preis in €	4,50					

Packungen Schrauben	2	4	8	6	12	16
Preis in €	3,60					

3 Berechne die Werte der proportionalen Zuordnung.

TIPP
3 : 3 = 1 – so einfach geht das!
60 : 3 = 20 – dann geht's weiter!

Stockwerke	3	1	2	5
Höhe des Hauses (ohne Dach) in m	8,40			

Anzahl der Stufen	15	30	5	20
Treppenhöhe in m	2,70			

Anzahl der Stufen	15	30	75
Treppenhöhe in m		6,00	

Wohnfläche in m²	60	80	100	120
Miete in €	480			

Wohnfläche in m²	50	75	100
Miete in €			700

4 Bei gleichmäßiger Geschwindigkeit ist der Zusammenhang zwischen Fahrzeit und Fahrstrecke eine proportionale Zuordnung. Trage die fehlenden Werte in die Tabelle ein. Einige Werte sind Dezimalzahlen oder Brüche. Berechne auch die Quotienten in der dritten Zeile.

Fahrzeit in min	20		60	10			45	1
Fahrstrecke in km	5	20			7,5	22,5		
$\frac{\text{Fahrstrecke in km}}{\text{Fahrzeit in min}}$								

Es fällt auf, dass ____

Berechne mit diesem Quotienten noch einige Fahrstrecken.

Fahrzeit in min	14	26	35
Fahrstrecke in km			

5 Bananen und viele andere Obstsorten werden zwar in Stück gekauft, aber nach Gewicht bezahlt.

Gewicht in g	1	$\frac{1}{2}$	$1\frac{1}{2}$	$\frac{3}{4}$	2	$2\frac{1}{4}$	$1\frac{3}{4}$
Preis in €	1,80						

6 Eine anstrengende Bergwanderung! Warum ist die Zuordnung zwischen Zeit und Höhengewinn nicht proportional? Nenne dafür einige mögliche Gründe.

Zeit in h	$\frac{1}{4}$	$\frac{1}{2}$	$1\frac{1}{4}$	$1\frac{3}{4}$	2
Höhengewinn in m	70	140	350	420	450

____

____

3 Schaubilder proportionaler Zuordnungen

Eine proportionale Zuordnung kann im Schaubild eine Gerade oder einzelne Punkte ergeben.

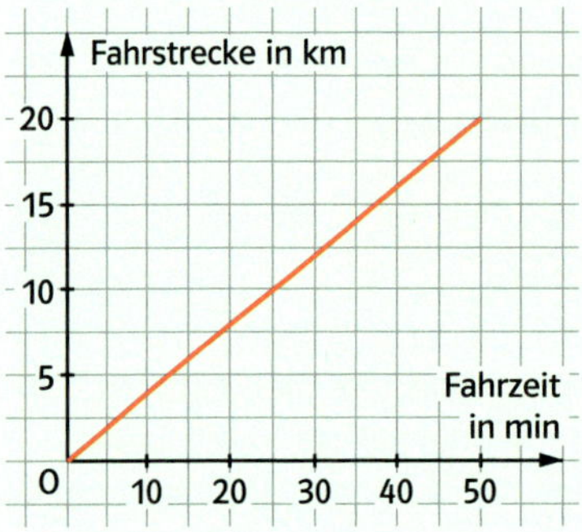

Die Gerade beginnt immer im Punkt 0.

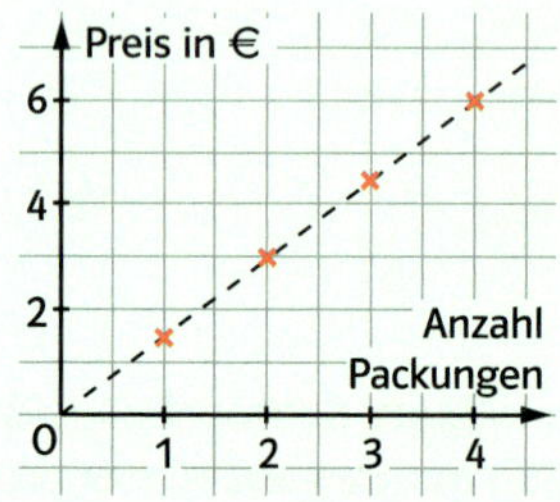

Die Punkte liegen auf einer Geraden durch 0.

Aufgaben

1 Lies am Schaubild die rot markierten Eingabewerte und die zugehörigen Ausgabewerte ab. Trage sie in die Tabelle ein.

Fahrzeit in min				
Fahrstrecke in km				

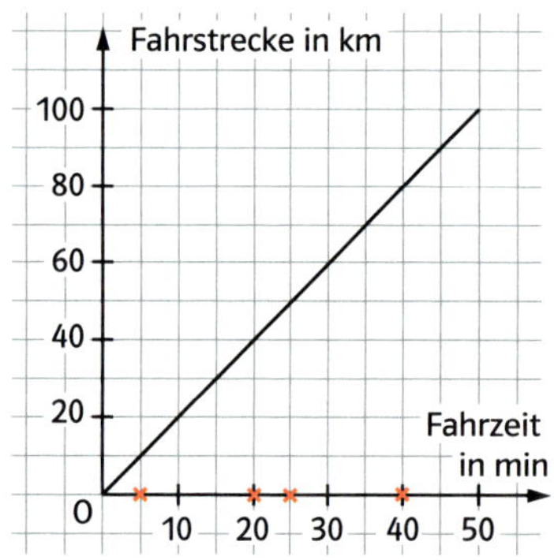

2 Bei gleichmäßiger Fahrt werden in 90 Minuten 60 Kilometer zurückgelegt. Trage die rot markierten Eingabewerte mit ihren Ausgabewerten in die Tabelle ein.

Fahrzeit in min				
Fahrstrecke in km				

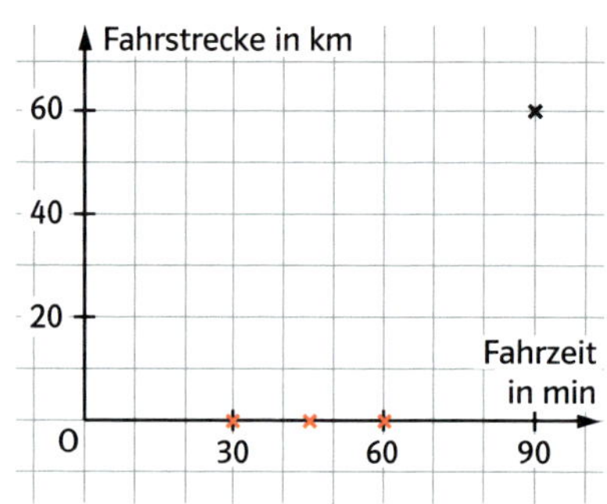

3 Lies am Schaubild zu Aufgabe 2 ab:
Für eine Fahrstrecke von 50 km werden

_______ min benötigt.

4 Trage die Werte aus der Tabelle in ein Schaubild ein. Vervollständige die Tabelle. Ob du das vor oder nach dem Zeichnen machst, ist dir überlassen.
(Rechtsachse: 1 cm für 1 Packung; Hochachse: 1 cm für 2 €)

Anzahl Packungen	1	2	3	4	5	6	7	8
Preis in €		3,00				9,00		

5 Eine Käsesorte wird für 13,60 € pro kg angeboten. Stelle eine Preistabelle in 50 g-Schritten auf.

Gewicht in g	50									500
Preis in €										

Mit etwas Überlegung kannst du aus der Tabelle auch den Preis für Werte genau in der Mitte zwischen zwei Eingabewerten ablesen.
125 g kosten ________ €. 275 g kosten ________ €. 325 g kosten ________ €.

6 1 kg einer Sorte Fisch kosten 22,00 €. Zeichne ein Schaubild, aus dem du die Preise für 100 g; 200 g; …; 1000 g ablesen kannst. (Rechtsachse: 1 cm für 100 g; Hochachse: 1 cm für 2 €) Lies die Preise für 350 g und 850 g möglichst genau ab.

350 g kosten ________ €. 850 g kosten ________ €.

Frau Schindler hat für 14,00 € eingekauft, Herr Wagner für 9,50 €. Lies die zugehörigen Mengen ab.
Frau Schindler kauft ________ g. Herr Wagner kauft ________ g.

7 In der Tabelle der proportionalen Zuordnung ist ein Ausgabewert falsch. Finde ihn heraus und kreuze ihn rot an. Du kannst das Schaubild zeichnen oder auch rechnen..
Nimm für die ersten zwei Schaubilder 1 cm für 1 Stück und 1 cm für 1 €.
Für das dritte Schaubild ist 1 cm für 2 min gut. Mehr Tipps gibt es hier nicht!

Anzahl Flaschen	3	4	5	10
Preis in €	2,40	3,60	4,00	8,00

Anzahl Brote	3	5	6
Preis in €	4,50	7,00	9,00

Zeit in min	5	15	18	20
Füllhöhe in dm	3	9	10	12

Balkenlänge in m	2,00	2,75	4,50
Gewicht in kg	40	55	95

8 Auf 100 km verbraucht Pkw A 8,5 l Kraftstoff, Pkw B 6,0 l und Pkw C 4,5 l.
Stelle den Verbrauch für Strecken bis 1000 km in einem Schaubild dar. Verwende Geraden in unterschiedlichen Farben. (Fahrstrecke auf der Rechtsachse, Verbrauch auf der Hochachse)
Die Tankfüllungen sind: 55 l für Pkw A 50 l für Pkw B 35 l für Pkw C
Wie weit reicht eine Füllung?

Pkw A: ______ Pkw B: _______ Pkw C: _______

4 Dreisatz

Dreisatz für proportionale Zuordnungen
Gegeben:
- eine Eingabegröße mit Ausgabegröße — 6 kg Äpfel kosten 9,60 €
- eine zweite Eingabegröße — 8 kg Äpfel kosten dann wie viel?

Gesucht:
die Ausgabegröße zur zweiten Eingabegröße

Gewicht in kg	Preis in €
6	9,60
1	1,60
8	12,80

(:6 und ·8 auf beiden Seiten)

- Dividieren ergibt die Ausgabegröße zur Einheit (Eingabegröße 1).
- Multiplizieren ergibt die gesuchte Ausgabegröße.

In der Frage steht die Ausgabegröße oft vorne:
Wie viel kosten dann 8 kg Äpfel?

Aufgaben

1 5 Becher Jogurt kosten 1,75 €.
8 Becher kosten dann ________

Anzahl Becher	Preis in €

4 Stück Kiwi kosten 1,80 €.
10 Stück kosten dann ________

Gewicht in kg	Preis in €

2 Hier kannst du auch im Kopf rechnen!
6 Flaschen Saft kosten 6,60 €. Wie viel kosten 9 Flaschen?
9 Flaschen kosten ________

4 Packungen wiegen 1800 g. Wie viel wiegen 10 Packungen?
10 Packungen wiegen ________

3 Pferde fressen täglich 42 kg Heu. Wie viel fressen 7 Pferde?
7 Pferde fressen ________

12 Arbeitsstunden kosten 132 €. Wie viel kosten 9 Stunden?
9 Stunden kosten ________

3 Hier hilft die Tabelle. Der Divisionsschritt ergibt einen Bruch. Nach dem Multiplikationsschritt kannst du aber kräftig kürzen.
Ein Pkw schafft mit seiner Tankfüllung von 42 l eine Fahrstrecke von 770 km. Im Tank sind noch 12 l. Für wie viel km reicht diese Menge noch?

___

Ein 12 m hoher Mast wirft einen 16,8 m langen Schatten. Der Schatten einer daneben stehenden Fichte ist 30 m lang. Wie hoch ist der Baum?

___

Ein Gartengrundstück von 910 m^2 wird zu 7700 € angeboten. Familie Kurz möchte eine Teilfläche von 390 m^2 kaufen. Was kostet dieser Teil?

___

4 In der zweiten Frage werden Eingabegröße und Ausgabegröße vertauscht.
Ein Wassertank wird gefüllt. Nach 5 h enthält er 45 m^3 Wasser.

Nach 14 h sind ________ m^3 Wasser im Tank.

Der Tank hat 189 m^3 Fassungsvermögen. Er ist nach ________ h voll.

Drei benachbarte Häuser wurden von derselben Firma mit derselben Farbe gestrichen. Das Streichen der 180 m^2 großen Fassade von Haus Nr. 13 kostete 1200 €. Haus Nr. 11 hat eine Fassade von 243 m^2. Für das Streichen von Haus Nr. 15 wurden 1720 € bezahlt.

Haus Nr. 11 wurde für __________ gestrichen.

Die Vorderwand von Haus Nr. 15 hat eine Fläche von ________ .

5 Mit dem Dreisatz in die Zukunft blicken!
Anne liest ein 210 Seiten dickes Pferdebuch. In 7 Tagen hat sie 154 Seiten geschafft. Reicht das Buch noch für Freitag, Samstag und Sonntag?

___

Manuela und Mircea spielen Basketball. In der Spielrunde sind 10 von 16 Spielen gespielt. Manuela hat bis jetzt 145 Korbpunkte geworfen. Wird sie ihren bisherigen persönlichen Saisonrekord von 220 Punkten überbieten?
Manulea wird mehr als 220 Punkte erreichen. ja ☐ nein ☐

Mircea hat zwei Spiele verpasst. Sie hat es bisher auf 106 Punkte gebracht und hofft, am Saisonende über die 200-Punkte-Grenze zu kommen.
Mircea wird vermutlich die 200-Punkte-Grenze überbieten. ja ☐ nein ☐

Teste dich selbst

r f

Eine Aufgabe ist nur dann richtig gelöst, wenn alle Teilaufgaben richtig gelöst sind.

1 Das Schaubild zeigt den Verlauf einer Wanderung.

Die Gruppe ist ____________ min lang sehr schnell gegangen.

Sie hat dabei einen Weg von ________ zurückgelegt.

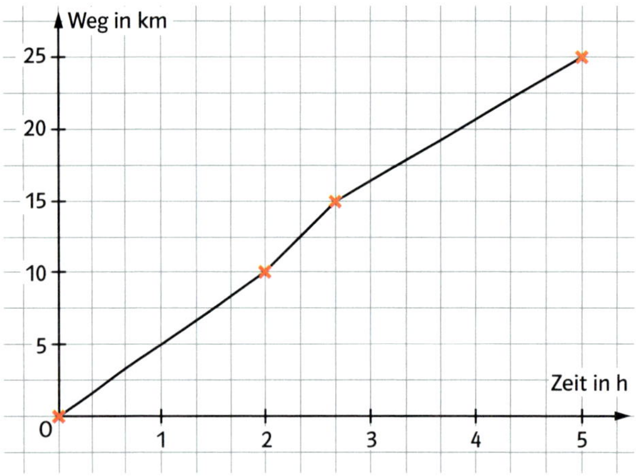

2 Ändere das Schaubild zu Aufgabe 1 so ab, dass die Wanderung durch eine Rast von 40 min unterbrochen wird. Dazu darfst du aber nur einen einzigen neuen Gitterpunkt eintragen und ihn mit schon vorhandenen markierten Punkten verbinden. Es gibt zwei Möglichkeiten.

3 Trage die fehlenden Werte der proportionalen Zuordnung ein.

Milch in l	1	2	4	6	8
Preis in €	0,90				

4 Trage die fehlenden Werte der proportionalen Zuordnung ein.

Dosen Katzenfutter	3	6		7		12
Preis in €	4,50		6,00		7,50	

r f

5 Lies am Schaubild die rot markierten Eingabewerte und die dazugehörigen Ausgabewerte ab. Lies auch den Eingabewert zum blau markierten Ausgabewert ab.

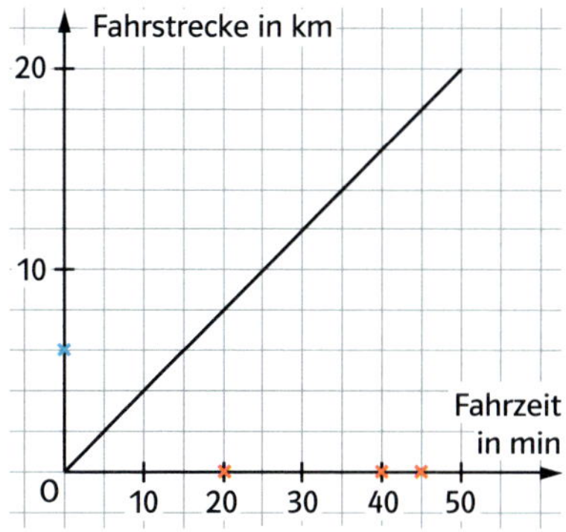

Fahrzeit in min				
Fahrstrecke in km				

6 Die Tankfüllung von 45 l reicht 850 km weit. Zeichne ein Schaubild (Fahrstrecke auf der Rechtsachse, Verbrauch auf der Hochachse). Lies die folgenden Werte möglichst genau ab:

Für 400 km braucht der Pkw etwa ________ .

Mit 35 l kommt der Pkw etwa ________ weit.

7 4 Packungen Kekse kosten 5,20 €.

Wie viel kosten 3 Packungen? Sie kosten ________

Wie viel kosten 9 Packungen? Sie kosten ________

8 Ein Schwimmbecken von 125 m^3 Fassungsvermögen wird gefüllt. Nach 18 h sind 75 m^3 eingelaufen.

Wie viel Wasser ist nach 21 h eingelaufen?

Es sind _____ eingelaufen.

Nach wie viel h ist das Schwimmbecken voll?

Das Füllen dauert _______ .

10 Daten erfassen und auswerten

1 Daten erfassen

Jede statistische Erhebung beginnt mit dem **Erfassen (Sammeln) von Daten**. Das Ergebnis wird oft in einer **Strichliste** notiert. Durch Auszählen der Striche werden aus Strichlisten **Häufigkeitslisten**.

Klassensprecherwahl in Klasse 6c

Eva	Lena	Micha	Torben
𝍸	𝍸 𝍸 |	||	𝍸 |||
5	11	2	8

Aufgaben

1 Eine Projektgruppe der Klasse 6b hat hundert Schülerinnen und Schüler nach der Dauer ihres Schulwegs befragt.

bis 10 min	mehr als 10 min bis 20 min	mehr als 20 min bis 40 min	mehr als 40 min bis 60 min	mehr als 60 min
𝍸 ||	𝍸 𝍸 |||	𝍸 𝍸 𝍸 𝍸 𝍸 𝍸 𝍸 𝍸 ||||	𝍸 𝍸 𝍸 𝍸 𝍸 ||	𝍸 ||||

Schreibe die Häufigkeiten in die Liste.
Anja braucht genau 40 min. In welche Spalte muss Verena den Strich setzen?

2 Die Schulmensa möchte ihr Angebot nach den Wünschen der Schülerinnen und Schüler richten. Der Küchenchef macht aus der Strichliste eine Häufigkeitsliste. Schreibe hier auf, warum deiner Ansicht nach diese Erhebung nicht viel genützt hat.

Spagetti bolognesse	𝍸 𝍸 𝍸 ||	
Pizzataschen	𝍸 𝍸 𝍸 |||	
Spätzle mit Soße	|||	
Döner	𝍸 𝍸 𝍸 |||	
Hähnchen	𝍸 |	
Salat mit Pute	𝍸 ||	
Gemüseplätzchen	𝍸	
Pfannkuchen mit Obst	|||	
andere Gerichte	𝍸 𝍸 𝍸 𝍸 |||	

____

____

____

3 Drei 6. Klassen haben den Zoo besucht und darüber abgestimmt, welche Tiere sie am meisten interessiert haben. Zur Wahl standen Elefant, Orang Utan, Giraffe und Seelöwe.

	6a		6b		6c		6a, b und c
Elefant	𝍸 IIII		𝍸 𝍸 I		𝍸 II		
Orang Utan	𝍸 III		III		𝍸 𝍸 II		
Giraffe	II		𝍸 II		III		
Seelöwe	𝍸 II		𝍸 I		𝍸 II		

Welche Tiere waren die Favoriten in den einzelnen Klassen, welches Tier war der Favorit insgesamt?

Klasse 6a: ____________ Klasse 6b: ____________ Klasse 6c: ____________

Klasse 6a, b und c zusammen: ______________

4 Auch die 7. Klassen haben nach dem Zoobesuch ihr Lieblingstier gewählt.

	7a		7b		7c		7a, b und c
Elefant	𝍸 III		𝍸 𝍸		𝍸 I		
Orang Utan	IIII		𝍸		I		
Giraffe	III				IIII		
Seelöwe	𝍸 II		𝍸 IIII		𝍸 𝍸 III		

Zähle wieder aus, um die Favoriten zu finden.

Klasse 7a: ____________ Klasse 7b: ____________ Klasse 7c: ____________

Klasse 7a, b und c zusammen: ______________

Im Vergleich zum Ergebnis von Aufgabe 3 sollte dir etwas auffallen:

____

____

5 Sieh dir noch einmal deine Lösungen zu den Aufgaben 3 und 4 an.
Welches Tier war in den meisten der sechs Klassen das Lieblingstier?

____

Welches Tier hat insgesamt die meisten Stimmen bekommen?

____

Die Ergebnisse, die in einer statistischen Erhebung möglich sind, heißen Merkmalswerte.
Die Liste der Ergebnisse heißt Urliste. Sie ist in der Regel unsortiert.
Sortiert man die Werte der Urliste der Größe nach, bekommt man die Rangliste.

Quiz!

Mögliche Punktzahlen: 0; 1; ...;15
Von 20 Personen erreichte Punktzahlen
8; 7; 9; 12; 15; 10; 12; 10; 14; 7; 7; 8; 14; 12; 11; 12; 14; 10; 15; 13
Nach Größe sortierte Punktzahlen
7; 7; 7; 8; 8; 9; 10; 10; 10; 11; 12; 12; 12; 12; 13; 14; 14; 14; 15; 15

6 In einem Quiz wurde nach 15 Musikgruppen gefragt.
Die erreichten Punktzahlen waren
6; 0; 12; 7; 5; 5; 15; 12; 14; 11; 12; 13; 11;
6; 5; 11; 10; 14; 14; 12; 9; 10; 12; 13; 7
Sortiere die Punktzahlen in einer Rangliste.

TIPP
Die kleinste Zahl suchen, aufschreiben, aus der Urliste weg-streichen, ...

___

Aus der Rangliste kannst du jetzt schnell die Häufigkeitsliste gewinnen.

Punktzahl	0	1	2	3	4	5	6	7	8	9	10	11	12	13	14	15
Häufigkeit																

Wer 12 oder mehr Punkte erreicht hat, bekommt eine Freikarte für ein Konzert.

Wie viele Freikarten wurden gewonnen? ___

7 In Klasse 6b wurde in einem Test untersucht, ob Training im Schlagballwerfen die Weiten erhöht.
Weiten in m
ohne Training: 40; 38; 23; 17; 28; 32; 29; 19; 33; 24; 31; 20; 31; 30; 22; 23; 22; 31
Weiten in m
mit Training: 36; 23; 23; 37; 24; 25; 35; 27; 28; 27; 20; 34; 22; 34; 33; 35; 22; 33
Sortiere die Weiten ohne Training in eine Rangliste, ebenso die Weiten mit Training.

ohne																		
mit																		

Was sagst du zum Erfolg des Trainings?

___

___

2 Daten darstellen

Daten aus statistischen Erhebungen kann man in **Diagrammen** darstellen.

Klassensprecherwahl

	Anne	Fred	Lisa	Sven
Stimmenzahl (Häufigkeit)	8	3	2	7
Anteil	$\frac{8}{20}$	$\frac{3}{20}$	$\frac{2}{20}$	$\frac{7}{20}$

Säulen- und **Bilddiagramme** eignen sich für Häufigkeiten.

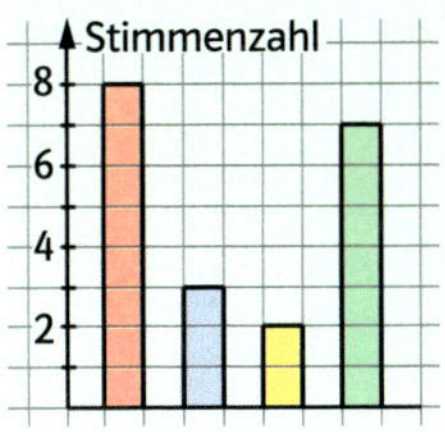

Kreis- und **Streifendiagramme** eignen sich für Anteile.

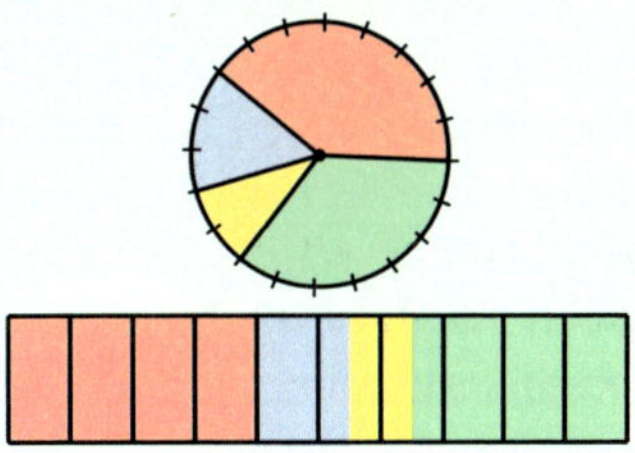

Aufgaben

1 30 Schülerinnen und Schüler wurden befragt, wie viel Zeit sie zum Frühstück haben.

Zeit	gar keine Zeit	höchstens 10 min	mehr als 10 bis höchstens 20 min	mehr als 20 bis höchstens 30 min
Häufigkeit	8	13	7	2
Anteil				

Stelle die Häufigkeiten als Säulendiagramm dar. Du brauchst auch halbe Kästchen.
Stelle die Anteile als Kreisdiagramm dar. Die eingetragene 30-er-Einteilung hilft dir.

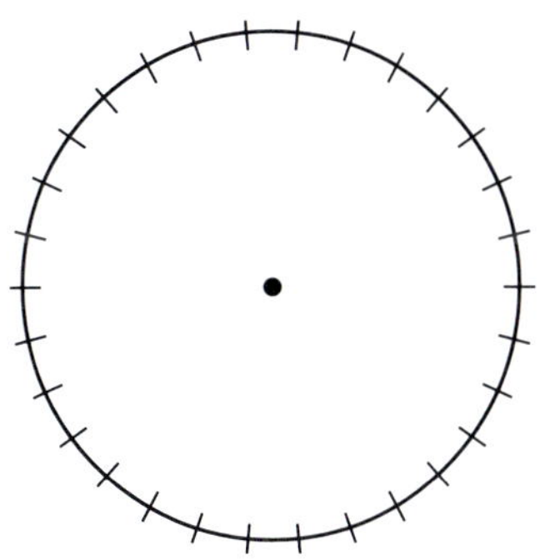

2 Im Streifendiagramm sind die Inhaltsstoffe eines Brotaufstrichs dargestellt. Alle Werte sind gerundet, damit du sie leichter ablesen kannst. Aromastoffe und Salz sind in sehr kleinen Anteilen enthalten, die sich nicht mehr darstellen lassen. Lies die Anteile ab.

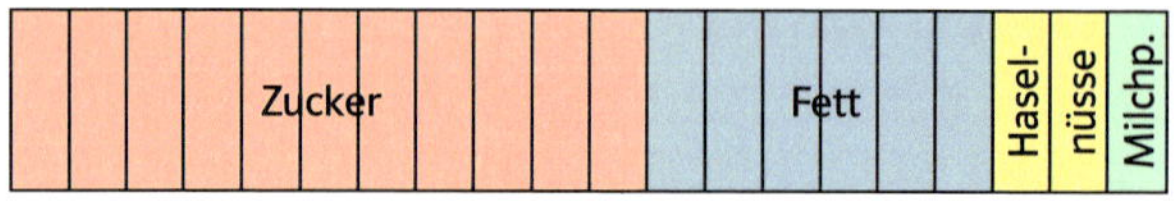

Zucker: _____ Fett: _____ Haselnüsse: _____ Milchpulver: _____

Gib die Anteile in Prozent an.

Zucker: _____ Fett: _____ Haselnüsse: _____ Milchpulver: _____

TIPP
$\frac{1}{20} = \frac{?}{100}$

3 Die sechs größten deutschen Bundesländer haben folgende Einwohnerzahlen, auf Millionen gerundet:
Baden-Württemberg 11 Mio. Bayern 13 Mio.
Hessen 6 Mio. Niedersachsen 8 Mio.
Nordrhein-Westfalen 18 Mio. Sachsen 4 Mio.
Stelle die Zahlen auf eigenem Papier in einem Bilddiagramm dar. Rechts siehst du einen Teil des Diagramms.
Stelle die Einwohnerzahlen auch in einem Säulendiagramm dar. Du kannst 5 mm für 1 Mio. oder für 2 Mio. Einwohner nehmen.

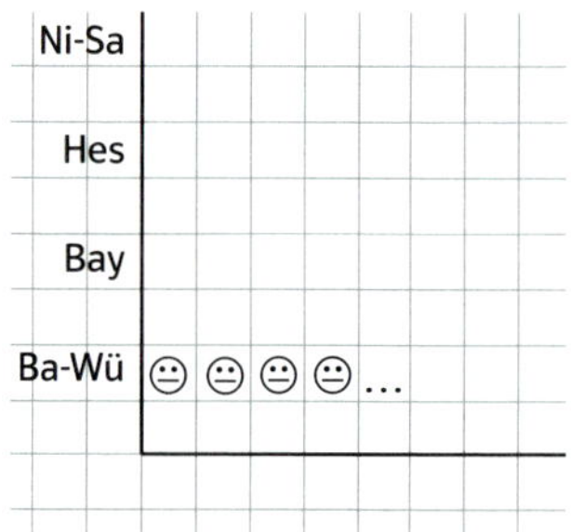

4 Die Fläche der Bundesrepublik Deutschland wird zu 54 % landwirtschaftlich genutzt, 30 % sind von Wald bedeckt, Orte und Straßen nehmen 12 % ein, Gewässer 2 %. Ödland (z. B. Felsgelände, Abbauflächen von Braunkohlebergwerken) macht ebenfalls 2 % aus.
Stelle diese Verteilung auf eigenem Papier in einem 10 cm langen Streifendiagramm dar. Teile den Streifen in 20 gleiche Teile. $\frac{1}{20}$ = ? %
Für ein Kreisdiagramm sind die Prozentangaben in Winkelgrößen umzurechnen:
1 % von 360° = 360° : 100 = 3,6°.
Die fehlenden Prozentangaben erhältst du durch Vervielfachen oder Addieren.

1 %	2 %	4 %	10 %	12 %
3,6°		14,4°	36°	

20 %	30 %	40 %	50 %	54 %

Der Kreis ist so geteilt, dass du mit etwas Augenmaß die Kreisausschnitte eintragen kannst, ohne Winkel zu messen.
Runden ist erlaubt!

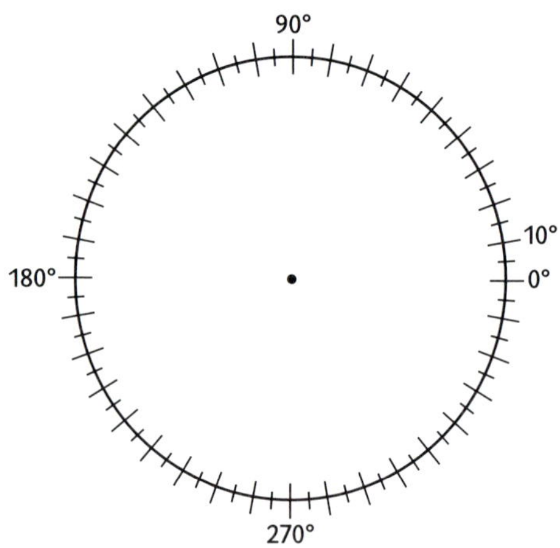

3 Daten auswerten

Große Listen können unübersichtlich sein. Durch die folgenden vier **Kennwerte** gewinnt man Übersicht.
Der kleinste Wert in der Liste heißt Minimum, der größte heißt Maximum.
Die Differenz zwischen Maximum und Minimum heißt Spannweite.
Der Quotient aus der Summe aller Werte und der Anzahl der Werte heißt Mittelwert.

Weitsprung-Training; Weiten in m

3,20	3,65	3,10	4,05	4,20	3,96	4,10	3,82	4,21	3,42

Minimum: 3,10 m Maximum: 4,21 m Spannweite: 4,21 m − 3,10 m = 1,11 m
Mittelwert:

$$\frac{3{,}20 + 3{,}65 + 3{,}10 + 4{,}05 + 4{,}20 + 3{,}96 + 4{,}10 + 3{,}82 + 4{,}21 + 3{,}42}{10\,\text{m}} = \frac{37{,}71}{10}\,\text{m} \approx 3{,}77\,\text{m}$$

Aufgaben

1 Bestimme drei Kennwerte:
13; 19; 40; 23; 44; 12; 7; 19; 25; 31; 76; 55; 89; 11; 41; 25

Minimum: ______ Maximum: ________ Spannweite: __________

4,6; 3,8; 12,4; 11,2; 5,9; 8,7; 11,8; 11,9; 10,7; 12,9

Minimum: ______ Maximum: ________ Spannweite: __________

$3\frac{1}{2}$; 5; $4\frac{1}{2}$; 5; 3; 9; 8; $2\frac{1}{2}$; 7; $5\frac{1}{2}$

Minimum: ______ Maximum: ________ Spannweite: __________

2 Bestimme den Mittelwert. Manche Mittelwerte kannst du sicher im Kopf ausrechnen. Runde, falls nötig, auf eine Stelle nach dem Komma.

3; 7; 9; 6; 10; 7 Mittelwert: _____

11; 7; 8; 13; 14; 16; 4; 4; 22; 30 Mittelwert: _____

5; 11; 7; 9; 6; 10 Mittelwert: _____

10; 12; 14; 16; 18; 20; 22 Mittelwert: _____

1; 3; 10; 9; 5; 7; 6; 3 Mittelwert: _____

10; 11; 3; 6; 8; 6; 7; 6; 9 Mittelwert: _____

3 Bestimme die Kennwerte. Achte dabei auf unterschiedliche Maßeinheiten.

Liste	Minimum	Maximum	Spannweite	Mittelwert
378 m; 426 m; 290 m; 281 m; 375 m				
4,5 kg; 3,2 kg; 5,6 kg; 9,2 kg; 6,4 kg; 4,5 kg; 8,0 kg; 4,6 kg				
6,4 m; 98 cm; 57 dm; 65 dm; 150 cm; 2,95 m				
1 h; 1 h 25 min; 45 min; 2 h 15 min; 2 h 35 min; 50 min; 30 min				

4 Marc trainiert Schlagballwurf für die Bundesjugendspiele. Seine Weiten in zehn Würfen sind:
31 m; 37 m; 45 m; 21 m; 30 m; 38 m; 42 m; 46 m; 37 m; 39 m
Er meint: Im Wettkampf erreiche ich wahrscheinlich mindestens den Mittelwert,

also ______ m.
Er hofft, der kleinste Wert sei ein Versehen gewesen und er dürfte ihn weglassen.

Er erwartet dann im Wettkampf eine Weite von _____ m.
Seine Trainerin sagt dazu: Wenn du den kleinsten Wert weglässt, musst du auch den größten weglassen.
Schade, meint Marc, das drückt die erwartete Weite auf ________ m.

5 Laura und Sophie haben im Internet einen Reaktionstest entdeckt. Nach einem Piepton muss möglichst schnell ein Mausklick ausgeführt werden. Die Zeit zwischen Ton und Klick wird in Hundertstelsekunden angezeigt. Die beiden Mädchen haben ihre Zeiten aufgeschrieben und möchten wissen, wer besser reagiert hat.
Laura: 25; 24; 22; 30; 28; 27; 24; 33; 30; 29 Sophie: 22; 17; 34; 19; 29; 30; 39; 33; 37; 32

Laura Minimum: _____ Maximum: _____ Spannweite: _____ Mittelwert: _____

Sophie Minimum: _____ Maximum: _____ Spannweite: _____ Mittelwert: _____
Schreibe auf, wer deiner Ansicht nach besser reagiert hat. Begründe deine Antwort.

____

____

6 Im Biologieunterricht soll die Schrittlänge gemessen werden. Testpersonen sind Anna und Alex. Beide gehen längs einer Kreidelinie mit Markierungen fünfmal je zwanzig Schritte.
Anna: 12,00 m; 13,10 m; 12,80 m; 13,40 m; 12,70 m
Alex: 13,50 m; 14,00 m; 13,60 m; 13,40 m; 13,50 m

Anna Mittelwert der zurückgelegten Strecken: _______ Schrittlänge: ___________

Alex Mittelwert der zurückgelegten Strecken: _______ Schrittlänge: ___________

7 Im Bio-Test „Kennst du die Tiere?“ waren zehn richtige Antworten möglich. Klasse 6c hat ziemlich gut abgeschnitten: 10; 10; 9; 8; 9; 10; 7; 10; 2; 4; 8; 6; 5; 9; 10; 10; 10; 4; 7; 3
Fülle die Häufigkeitsliste fertig aus.

Punktzahl	0	1	2	3	4	5	6	7	8	9	10
Häufigkeit	0	0	1	1	2						

Berechne aus der Häufigkeitsliste den Mittelwert.

Mittelwert: ____________________

TIPP
Zähler: $0 \cdot 0 + 0 \cdot 1 + 1 \cdot 2 + 1 \cdot 3 + 2 \cdot 4 + \ldots$

Auch der **Zentralwert** ist ein Kennwert. Er ist der Wert in der Mitte (im Zentrum) der **Rangliste**. Hat die Rangliste eine gerade Anzahl von Werten, ist der Zentralwert der Mittelwert der zwei Werte links und rechts neben der Mitte.

3; 5; 11; 12; 16; 17; 23

Zentralwert: 12

3; 5; 11; 12; | 16; 17; 23; 27

Zentralwert: $\frac{12 + 16}{2} = 14$

8 Bestimme den Zentralwert Z und den Mittelwert M.

Rangliste	Z	M		Rangliste	Z	M
1; 3; 4; 6; 8; 9; 11				2; 4; 5; 7; 9; 10; 19		
1; 3; 4; 5; 7; 11; 12; 13				1; 4; 8; 9; 20; 21; 22; 23		
3; 7; 12; 12; 12; 12; 12				10; 10; 10; 10; 10; 70		

9 Sonja und Timo haben über drei Wochen die Mittagstemperaturen aufgeschrieben. Das Wetter war teils ganz ungewöhnlich. Die beiden sortieren die Temperaturwerte in drei Ranglisten und bestimmen dann die Kennwerte.

TIPP
Mittelwerte auf Zehntel runden, falls nötig!

	Mo	Di	Mi	Do	Fr	Sa	So	Min.	Max.	Sp.-w.	M.-wert	Z.-wert
1. Woche	13	14	16	17	12	11	18					
2. Woche	10	9	8	11	15	22	23					
3. Woche	10	27	14	10	7	8	7					

Für die Woche Nr. ____ passt der Zentralwert besser zum Temperaturverlauf als der Mittelwert.
Was fällt dir auf, wenn du für jede Woche das Maximum mit dem Mittelwert vergleichst?

____

____

4 Daten vergleichen

Die Häufigkeiten, mit der in einer statistischen Erhebung die einzelnen Merkmalswerte vorkommen, sind oft unübersichtlich. Ihre Anteile an der Summe aller Häufigkeiten geben bessere Übersicht. Sie heißen **relative Häufigkeiten**. Sie werden oft in **Prozent** angegeben.
Für die Summe aller Häufigkeiten sagt man kurz **Umfang** der Erhebung.
Um Verwechslungen zu vermeiden, nennt man die Häufigkeiten genauer **absolute Häufigkeiten**.

$$\text{relative Häufigkeit} = \frac{\text{absolute Häufigkeit}}{\text{Umfang der Erhebung}}$$

In Klasse 6a wird gefragt, wie viele der 25 Schülerinnen und Schüler einen PC haben. 11 der Befragten antworten mit „ja", 14 mit „nein".

Die Anteile sind $\frac{11}{25} = \frac{44}{100} = 44\,\%$ und $\frac{14}{25} = \frac{56}{100} = 56\,\%$.

Aufgaben

1 Berechne die Anteile. In manchen Zeilen kann dasselbe Ergebnis zweimal stehen. In den drei letzten Zeilen musst du dividieren. Runde, falls nötig, auf zwei Stellen nach dem Komma.

Anteil	Bruch	voll gekürzter Bruch	Bruch mit Nenner 100	Prozentzahl
7 von 20	$\frac{7}{20}$			
4 von 50			$\frac{8}{100}$	
12 von 30		$\frac{2}{5}$		
144 von 200				
57 von 300				
8 von 40				
55 von 220				
27 von 200				
15 von 80				
10 von 30				

2 In Klasse 6a sind 7 von 25 Schülerinnen und Schülern erkältet, in Klasse 6b sind es 9 von 30, in Klasse 6c sind es 5 von 20. In welcher Klasse hat relativ zur Schülerzahl die Erkältung am stärksten zugeschlagen?
Die Erkältung ist in Klasse ________ relativ am schlimmsten.

	Anteil als Bruch	Anteil in %
Klasse 6a		
Klasse 6b		
Klasse 6c		

3 An einem Fitnesstest haben 500 Schülerinnen und Schüler teilgenommen. Schreibe die relativen Häufigkeiten der fünf Fitnessstufen als Brüche in die dritte Zeile und als Prozentwerte in die vierte Zeile.

sehr gut	gut	ordentlich	mäßig	schlecht
45	70	125	171	89

4 Das Ergebnis des Fitnesstests in Aufgabe 3 gilt für Deutschland. Derselbe Test fiel in Frankreich anders aus. Berechne erst den Umfang der Erhebung, dann die Anteile als Brüche und in Prozent.

sehr gut	gut	ordentlich	mäßig	schlecht
40	248	312	114	86

5 Trage die Anteile aus Aufgabe 3 und 4 in die Kreisdiagramme ein. Runde sie dazu auf ganze Prozent. Stelle die Anteile auch in 10 cm langen Streifendiagrammen dar.

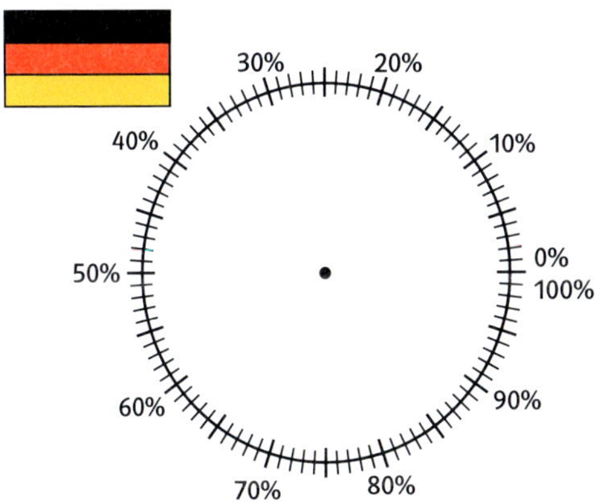

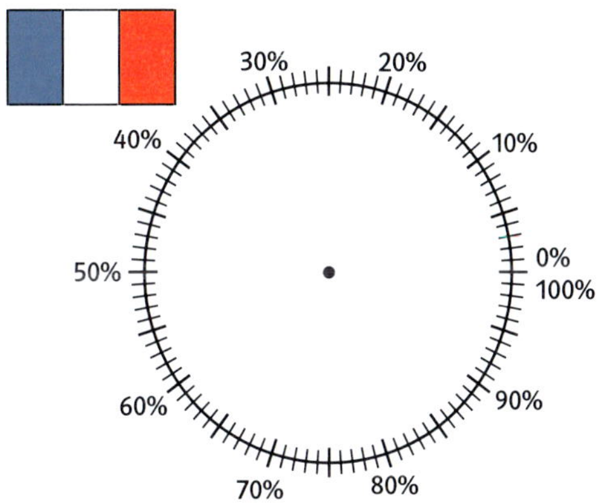

6 Vergleiche die Ergebnisse aus Aufgabe 5 für die zwei Länder.
Sieh dir beispielsweise die zusammengefassten Anteile für „gut“ und „ordentlich“ an.

____

____

Teste dich selbst

r f

Eine Aufgabe ist nur dann richtig gelöst, wenn alle Teilaufgaben richtig gelöst sind.

1 In einer 6. Klasse haben die Schülerinnen und Schüler je zwei von fünf Farben ausgewählt.
Stelle die Stimmenzahlen im Säulendiagramm dar.

rot	24
grün	10
gelb	4
blau	5
violett	7

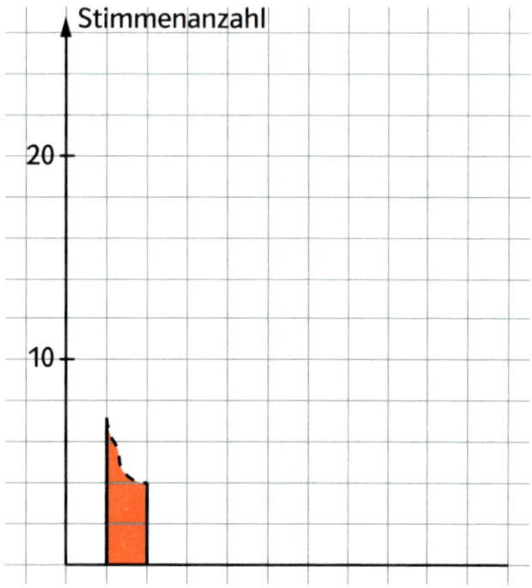

2 Berechne aus den Stimmenzahlen aus Aufgabe 1 die Anteile als voll gekürzte Brüche und stelle sie im Streifendiagramm dar.

Anteile: rot: ____ grün: ____ gelb: ____ blau: ____ violett: ____

3 Ein Test ergab folgende Punktzahlen:
14; 9; 11; 13; 15; 10; 6; 13; 10; 12; 13; 9; 7; 9; 10; 11; 14; 15; 10; 11
Bestimme die Kennwerte.

Minimum: ____ Maximum: ____ Spannweite: ____ Mittelwert: ____

4 Erstelle zum Testergebnis aus Aufgabe 3 die Häufigkeitsliste.

Punktzahl	0	1	2	3	4	5	6	7	8	9
Häufigkeit										

Punktzahl	10	11	12	13	14	15
Häufigkeit						

Anzahl der Testergebnisse

mit 0 bis 5 Punkten: ________

mit 6 bis 10 Punkten: ________ mit 11 bis 15 Punkten: ________

5 In der Auwald-Realschule wurde gefragt, wie die Schülerinnen und Schüler die Schule erreichen.
Zu Fuß kommen 10 %, mit dem Fahrrad 20 %, mit der Straßenbahn 25 %, mit dem Bus 40 %. Die übrigen Schülerinnen und Schüler werden von den Eltern mit dem Auto gebracht.
Trage die Ergebnisse in das Kreisdiagramm ein. Dabei hast du die Wahl:
a) Prozentzahlen in Winkel umrechnen (10 % von 360° = 36°); Kreis mit Winkelteilung benutzen oder
b) Kreis mit %-Teilung benutzen.

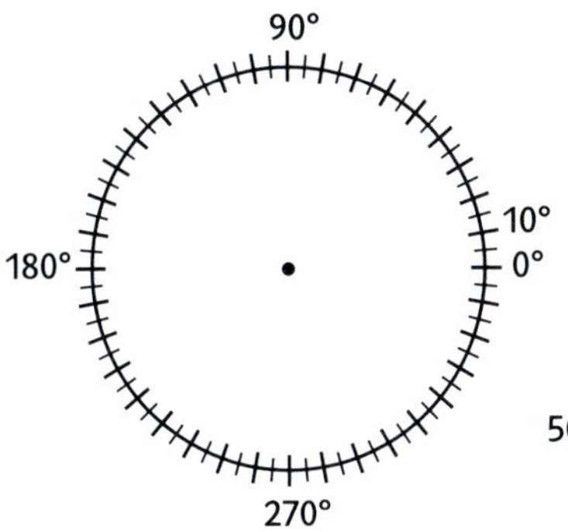

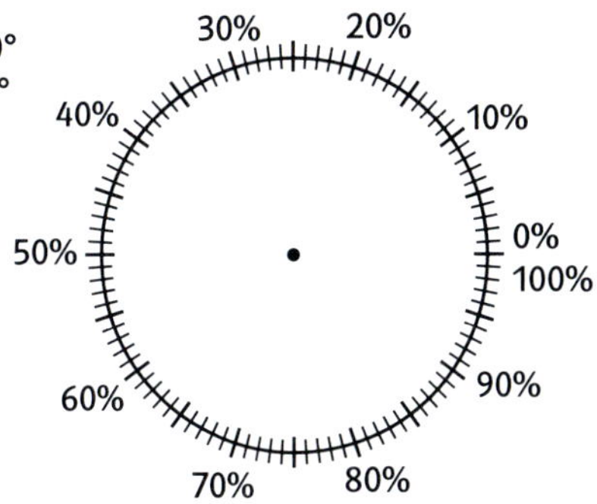

6 Klasse 6b hat im Schlagballwurf folgende Ergebnisse erzielt (Angaben in m) 32; 21; 43; 47; 30; 42; 25; 30; 41; 36; 17; 15; 19; 47; 31; 33; 40; 35; 31; 30; 26
Sortiere die Weiten in einer Rangliste und gib den Zentralwert an.

____ ….

… ____

Zentralwert: ________ m

7 Je 10 Schülerinnen und Schüler aus zwei Klassen haben einen Wettkampf im Erraten von Liedern gemacht. Zu erreichen waren 100 Punkte für Titel und Band. Die Ergebnisse in Ranglisten:
Team 6a: 46; 49; 56; 64; 65; 70; 73; 80; 81; 84; 99
Team 6b: 44; 50; 58; 67; 67; 69; 77; 80; 84; 90; 94
Welches Team hat besser abgeschnitten? Begründe deine Antwort.

____

____

11 Ganze Zahlen

1 Ganze Zahlen

Zustände unterhalb einer Nullmarke beschreibt man durch **negative Zahlen** wie −1; −2; −3; … Das Vorzeichen − (gelesen minus) unterscheidet sie von den natürlichen Zahlen. Vor diese kann man das Vorzeichen + setzen, damit der Unterschied noch deutlicher wird. Die Null hat aber kein Vorzeichen.
Um die die negativen Zahlen darzustellen, wird der Zahlenstrahl nach links hin zur **Zahlengeraden** verlängert. Negative Zahlen stehen links von der Null, **positive Zahlen** rechts.

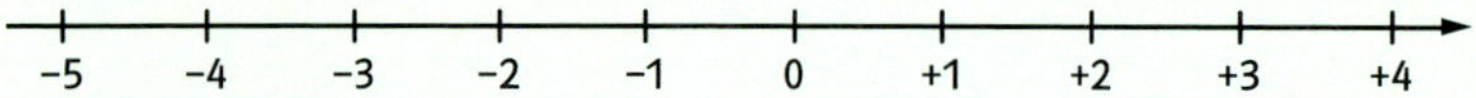

Die Zahl −4 ist die **Gegenzahl** zu +4 und umgekehrt. Zahl und Gegenzahl stehen spiegelbildlich bezogen auf die Null.
Die Zahlen 0; 1; 2; … und die Zahlen −1; −2; −3; … bilden zusammen die **ganzen Zahlen.**

Aufgaben

1 Markiere die Zahlen +12; −3; +15; −13; −10; +2; −19; −11 durch senkrechte Pfeile.

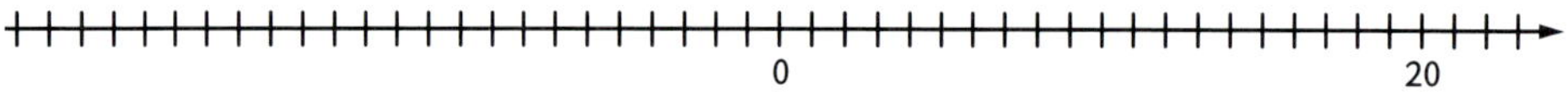

2 Auf welche Zahlen zeigen die Pfeile?

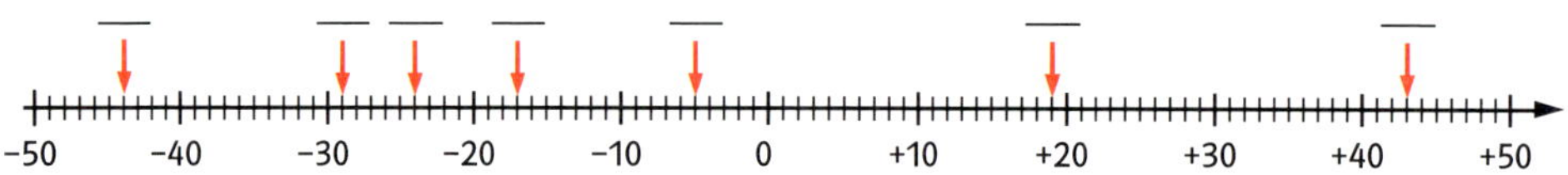

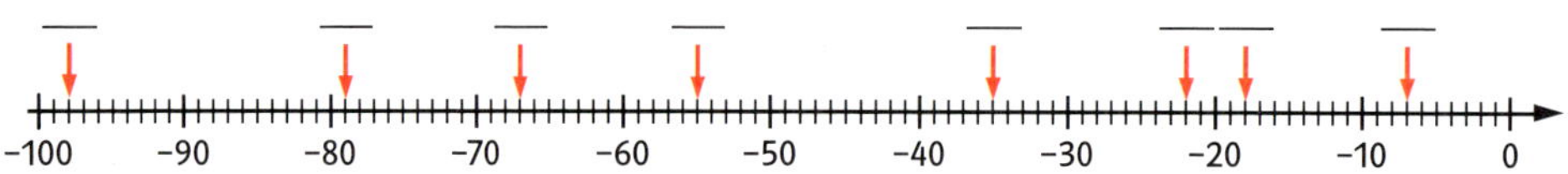

3 Beantworte mit Hilfe der Zahlengeraden: Welche ganze Zahl liegt genau in der Mitte zwischen

+7 und −5? _____ −7 und +5? _____ −7 und −3? _____ −9 und +9? _____

+4 und der Gegenzahl von +8? _____ der Gegenzahl von +5 und der Zahl −9? _____

den Gegenzahlen von −4 und −6? _____ den Gegenzahlen von −9 und +9? _____

2 Anordnung

Je weiter **links** eine Zahl auf der Zahlengeraden liegt, desto **kleiner** ist sie.

−5 −4 −3 −2 −1 0 +1 +2 +3 +4

Du kannst beispielsweise ablesen:	$-4 < -2$; $-1 < +4$;
	$+5 > -3$; $-3 > -5$
Man kann mehrere Zahlen auch in Ketten ordnen:	$-4 < -2 < +3$;
	$+3 > +2 > -2 > -3$

Aufgaben

1 Setze das Zeichen < oder > richtig ein.

+2		+5	−2		+3	−4		−5	+5		−5	−2		+4
+12		+8	−9		+6	−14		−9	+3		−20	−22		+34

2 Setze das Zeichen < oder > richtig ein. Lass dich von den Ziffern nicht verwirren!

−222		−221	−123		−321	−40		−400	+567		+576	−548		−854
+1002		+102	−1002		−102	−1234		−1235	+34		−34	−4050		−405

3 Ordne die Zahlen in der ersten und zweiten Zeile in Kleiner-Ketten … < … < … und die Zahlen in der dritten und vierten Zeile in Größer-Ketten … > … > ….

+6; −5; −9; +2: ____________________	−8; +3; +7; −5: ____________________
−13; −2; +11; +4: ____________________	+9; −9; −7; −14: ____________________
+1; 0; −7; −9: ____________________	−1; −6; −2; +9: ____________________
−19; −9; −10; −6: ____________________	−11; −8; −7; −14: ____________________

4 Ordne die 10 Zahlen in einer Kleiner-Kette und in einer Größer-Kette.
−12; − 21; +57; +35; +17; −8; −22; −13; +12; 0

____

____

5 Schreibe die Zahlen aus Aufgabe 4 auf eigenem Papier auf, aber mit Vorzeichen + statt – und umgekehrt. Ordne sie in einer Kleiner-Kette und in einer Größer-Kette.

____

____

6 Welche der Zahlen –7; –12; –5; –8 liegen zwischen –13 und –6? __________

Welche der Zahlen –20; –27; +9; –18 liegen zwischen –19 und 1? __________

Welche der Zahlen –37; –41; –29; 0 liegen zwischen –39 und 1? __________

Welche der Zahlen –370; –405; –399; –349 liegen zwischen –400 und –350? __________

7 Streiche die kleinste Zahl, dann die größte und dann immer abwechselnd die kleinste und die größte der noch nicht gestrichenen Zahlen.

Welche Zahl bleibt als letzte übrig? ____________________

–4 +3 –32 –23 +7 –12 +8 –15 –19 +24 –72 +17 –79 +64 –45 –121 –77 –51

Schreibe die Zahlenliste jetzt auf ein eigenes Blatt Papier. Streiche die größte Zahl, die kleinste, die noch nicht gestrichene größte, die kleinste usw.

Welche Zahl bleibt jetzt als letzte übrig? ____________________

8 Am Südpol ist es wirklich kalt! Ordne die am Monatsersten um 12:00 h gemessenen Temperaturen in einer Kleiner-Kette.

Jan.	Feb.	März	Apr.	Mai	Juni
–13°C	–10°C	–14°C	–22°C	–26°C	–34°C

Juli	Aug.	Sept.	Okt.	Nov.	Dez.
–30°C	–20°C	–12°C	–11°C	–8°C	+3°C

____

____

Am kältesten war es am 1. ________ . Am wärmsten war es am 1. ________.

Die zweitniedrigste Temperatur herrschte am 1. __________,

die zweithöchste am 1. __________ .

Die drittniedrigste Temperatur herrschte am 1. __________,

die dritthöchste am 1. __________ .

Die Temperaturen am 1. der Monate ______________________________ waren höher als die Temperatur am 1. September.

Die Temperaturen am 1. der Monate ______________________________ waren niedriger als die Temperatur am 1. August.

3 Zunahme und Abnahme

Auf der Zahlengeraden bedeuten

5 Einerschritte nach **rechts** / **links** eine **Zunahme** / **Abnahme** um 5, also eine **Änderung** um **+5** / **−5**.

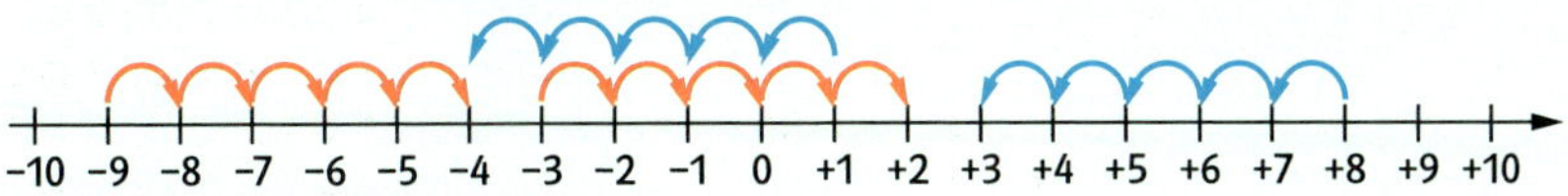

Das Bild zeigt Beispiele:

Die Zunahme um 5, also die Änderung um +5, führt von −9 zu −4 und von −3 zu +2.

Die Abnahme um 5, also die Änderung um −5, führt von +8 zu +3 und von +1 zu −4.

Aufgaben

1 Löse an der Zahlengeraden. Als Hilfe ist unten der Teil von −20 bis +20 abgebildet.

−6 → −2	−7 → −4	−9 → −2	+6 → +1	+5 → −1
−1 → −8	+7 → −3	+8 → −2	−4 → +9	+9 → −4
−10 → +5	+8 → −5	+10 → −10	+7 → −7	+6 → −10
+9 → 0	0 → −8	−7 → + 7	0 → −1	−1 → 0

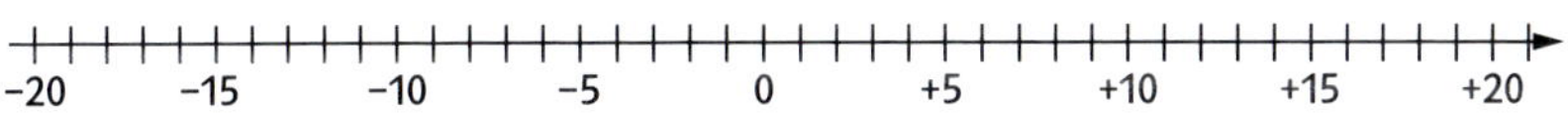

−13 → +1	+12 → −3	+11 → +7	+11 → −7	−2 → −19
+12 → −11	−14 → −15	0 → −20	−19 → +13	+19 → −13
−10 → −25	+21 → −22	+34 → −19	+1 → −30	−1 → −30

2 Finde heraus, zu welcher Zahl die Änderung führt oder von welcher sie ausgeht.

$-9 \xrightarrow{+5} \square$	$+3 \xrightarrow{-5} \square$	$-3 \xrightarrow{+6} \square$	$+2 \xrightarrow{-9} \square$	$-4 \xrightarrow{-6} \square$
$\square \xrightarrow{+7} -2$	$\square \xrightarrow{-3} -9$	$\square \xrightarrow{+10} 0$	$\square \xrightarrow{+12} +10$	$\square \xrightarrow{-1} 0$
$-3 \xrightarrow{-6} \square$	$+8 \xrightarrow{+2} \square$	$\square \xrightarrow{-16} -8$	$\square \xrightarrow{+1} 0$	$\square \xrightarrow{+20} +10$
$-11 \xrightarrow{-9} \square$	$+12 \xrightarrow{-14} \square$	$+9 \xrightarrow{-10} \square$	$-3 \xrightarrow{+11} \square$	$+9 \xrightarrow{-18} \square$

3 In der Tabelle sind für zwei Wochen im Januar die Temperaturen um 6 Uhr für das Dorf Kaltenhausen aufgeschrieben. Trage die Änderungen in die zweite Zeile ein.

Temp. in °C	−8	−16	−23	−4	0	−5	+3	−9	+1	−2	+3	−1	−1	−9
Änd. in °C														

4 Der Förderkorb in einem Bergwerk hält zum ersten Mal in 180 m Tiefe. Die weiteren Stationen liegen 240 m; 330 m; 380 m; 410 m; 520 m tief.
Die Höhenänderung von Station 1 nach Station 2 beträgt also – ____ m.
Schreibe die weiteren Höhenänderungen von Station zu Station auf.

von 2 nach 3: ________ von 3 nach 4: ________

von 4 nach 5: ________ von 5 nach 6: ________

5 Ein Stausee hat wechselnden Wasserstand. Die Pegelstände für die Monatsmitte sind in der Tabelle aufgeschrieben. Trage in der dritten Zeile die Änderungen ein.

Monat	J	F	M	A	M	J	J	A	S	O	N	D
Pegelstand in cm	−22	−32	−36	+13	+20	+15	+9	−12	−8	+17	+15	−1
Änderung in cm												

größte Zunahme: ______ kleinste Zunahme: ________

größte Abnahme: ______ kleinste Abnahme: ________

Abnahme vom höchsten zum tiefsten Wasserstand: ________

Teste dich selbst

r f

Eine Aufgabe ist nur dann richtig gelöst, wenn alle Teilaufgaben richtig gelöst sind.

1 Auf welche Zahlen zeigen die Pfeile?

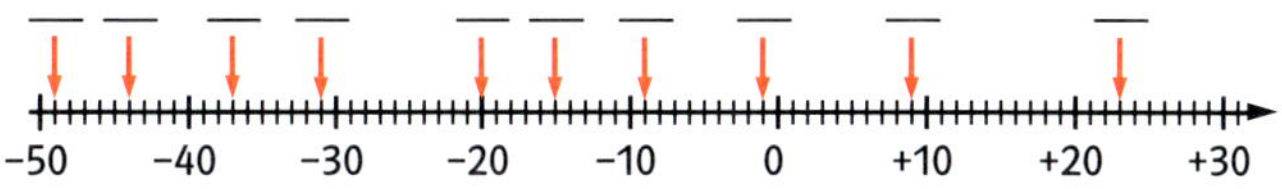

2 Welche Zahl liegt genau in der Mitte zwischen

−9 und −5? ________ −9 und +5? ________

−12 und der Gegenzahl von 8? ______

den Gegenzahlen von −5 und −7? _______

3 Ordne die Zahlen −12; −34; +18; +4; −13; 0 in einer Kleiner-Kette.

____

4 Welche der Zahlen −49; −57; −22; −20 liegen zwischen

−50 und −21? _________

5 Fülle die Leerstellen aus.

−9 [ ] → −3 −8 [ ] → +4 +14 [ ] → −7 +15 [ ] → −17

−2 [−7] → [ ] −4 [+9] → [ ] [ ] [−11] → −5 [ ] [−20] → −11

6 Eine Wetterstation in den Alpen hat extreme Kältegrade gemessen. Berechne die Änderungen.

Datum	1. Januar				2. Januar			
Uhrzeit	6:00	12:00	18:00	24:00	6:00	12:00	18:00	24:00
Temperatur in °C	−37	−24	−12	−30	−49	−31	−15	−17
Änderung in °C								

größte Zunahme: ______ kleinste Zunahme: _______

größte Abnahme: _____ kleinste Abnahme: ______

1 Kreis und Winkel

1 Kreis

Die Figuren in diesem Abschnitt sind zum Teil verkleinert.

1

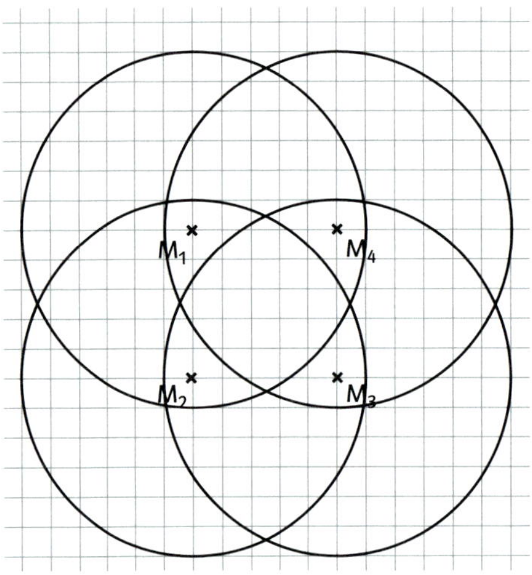

2

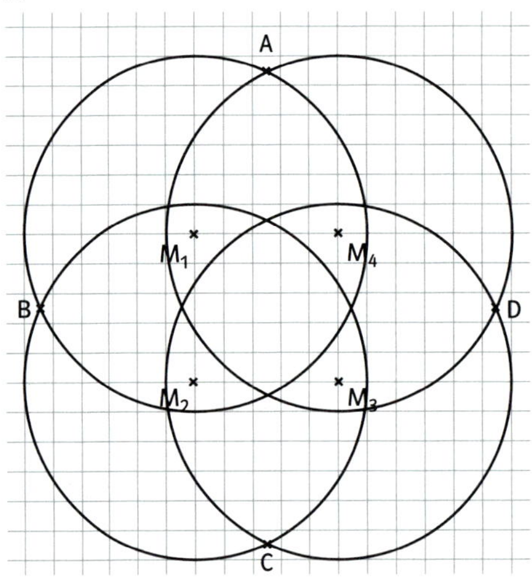

Beginne bei A und gehe außen herum wieder nach A zurück. Dann gehe innen von A nach D, von D nach C, von C nach B und von B nach A zurück.
Es gibt noch andere Möglichkeiten.

3

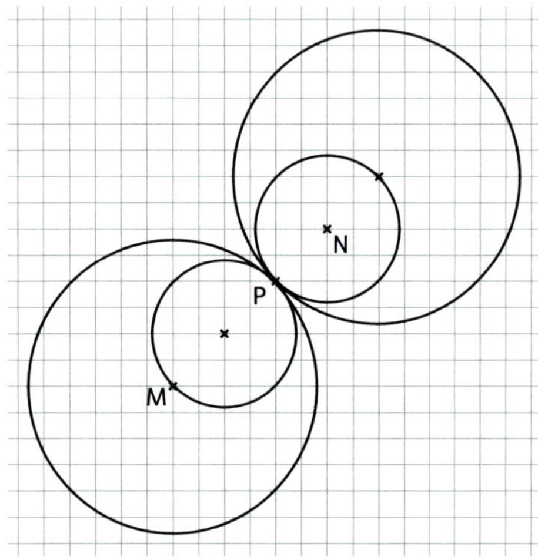

Für den vierten Kreis gibt es noch andere Möglichkeiten.

4

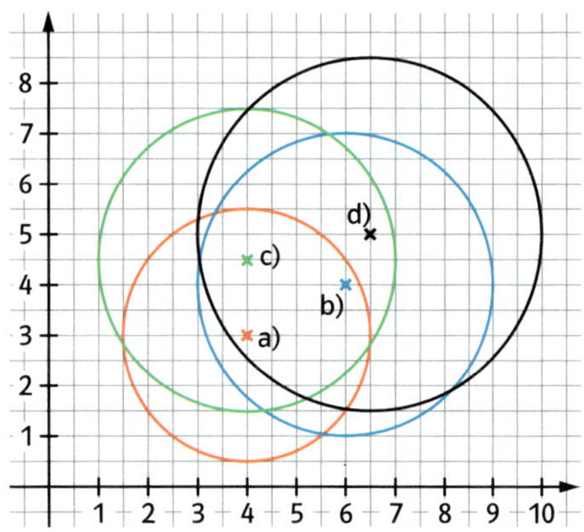

2 Kreisausschnitt

1 Nur a) und d) sind Kreisausschnitte.

2

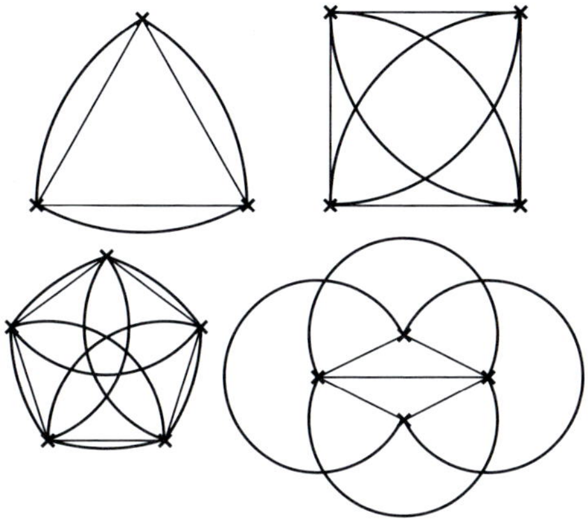

3

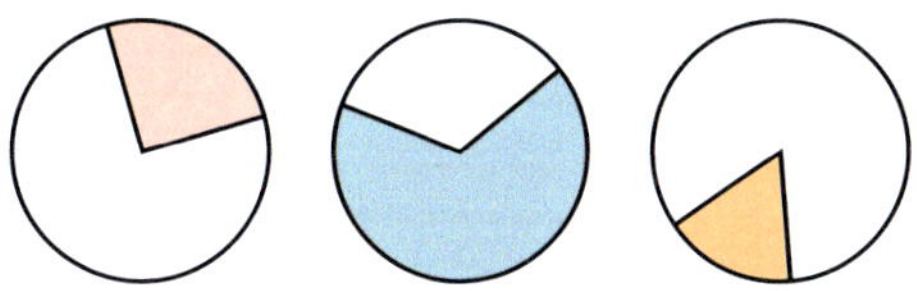

$\frac{1}{4}$ $\frac{2}{3}$ $\frac{1}{6}$

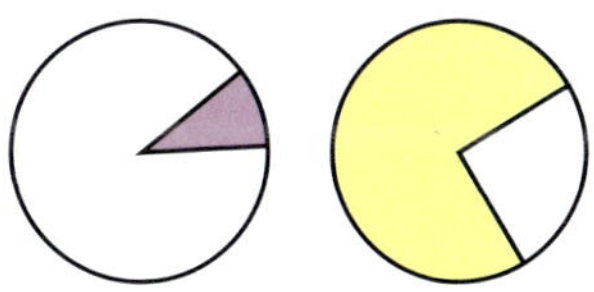

$\frac{1}{10}$ $\frac{3}{4}$

4 Zwei Stücke bleiben übrig.

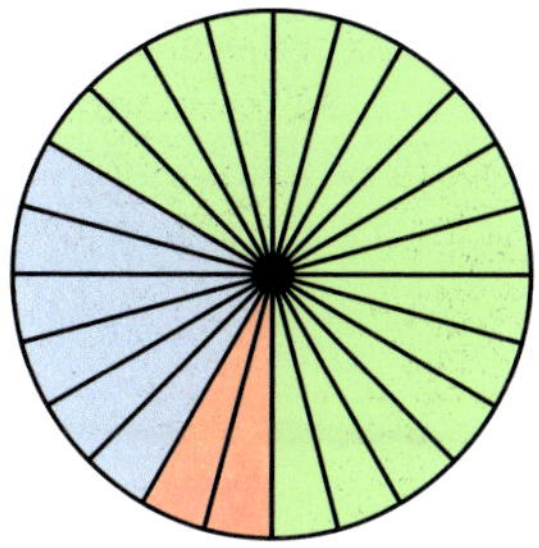

5 Kontrolle: In jedem Eckpunkt des Siebenecks kommen vier Kreisbögen zusammen.

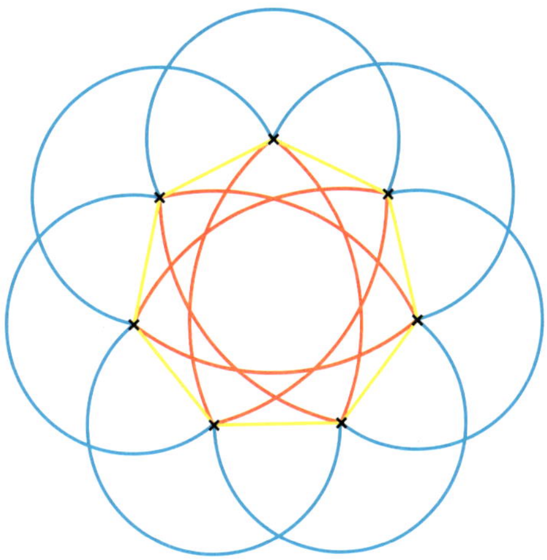

3 Winkel

1

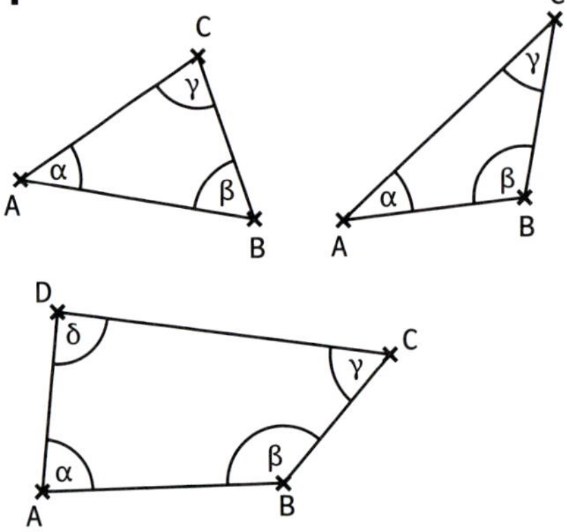

2

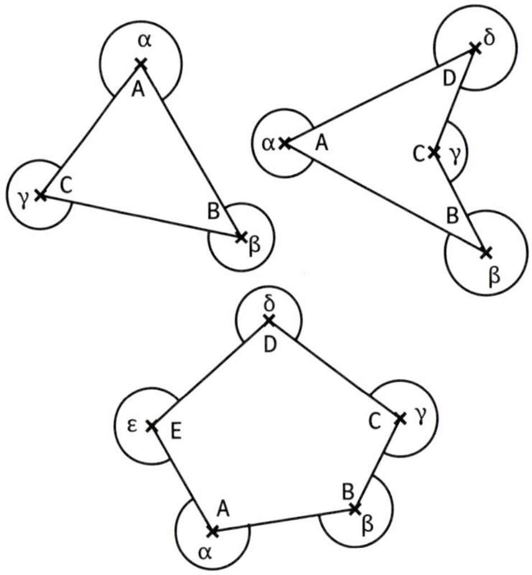

3 δ < β < ε < α < γ

4

Die Zeichnung ist verkleinert.

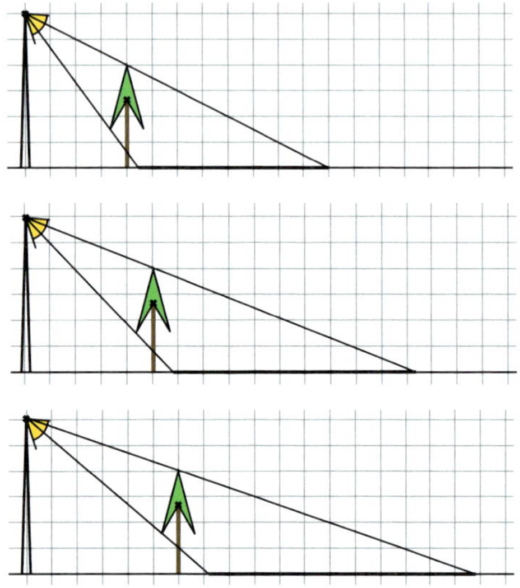

Es fällt auf, dass der Schatten umso länger ist, je weiter der Baum von der Lampe entfernt ist.

5

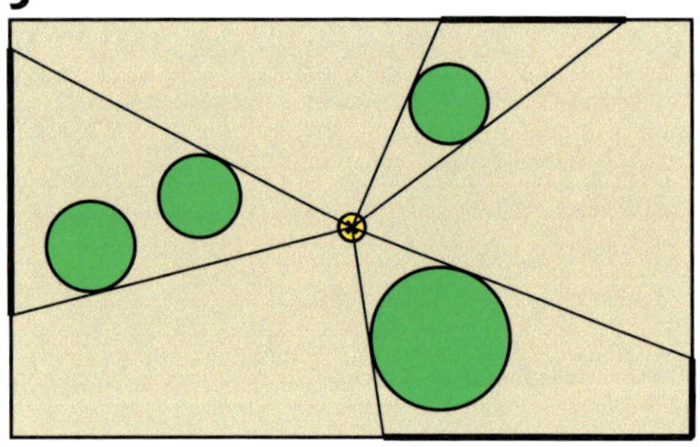

4 Winkelmessung. Einteilung der Winkel

1 65° sp; 10° sp; 110° st; 200° üst; 170° st
3° sp; 179° st; 270° üst; 181° üst; 153° st

2 30°; 60°; 90°; 120°; 150°; 180°; 210°; 240°; 270°; 300°; 330°; 360°
Die Folge enthält zwei spitze Winkel, zwei stumpfe Winkel, fünf überstumpfe Winkel und drei Winkel, die weder spitz noch stumpf noch überstumpf sind.

3 $\alpha = 30°$; $\beta = 55°$; $\gamma = 113°$; $\delta = 150°$; $\varepsilon = 75°$

4

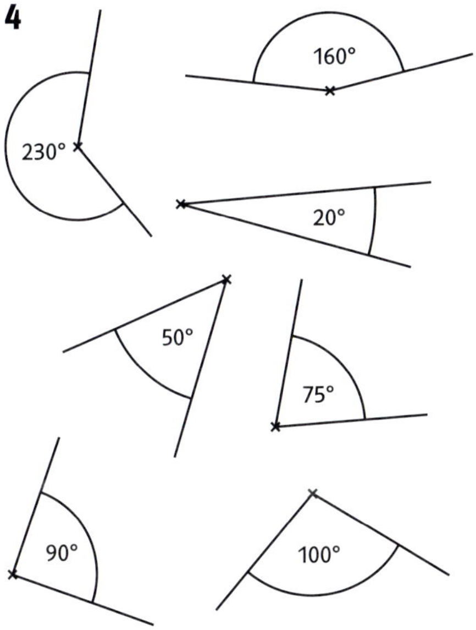

5 $\alpha = 225°$; $\beta = 333°$

6

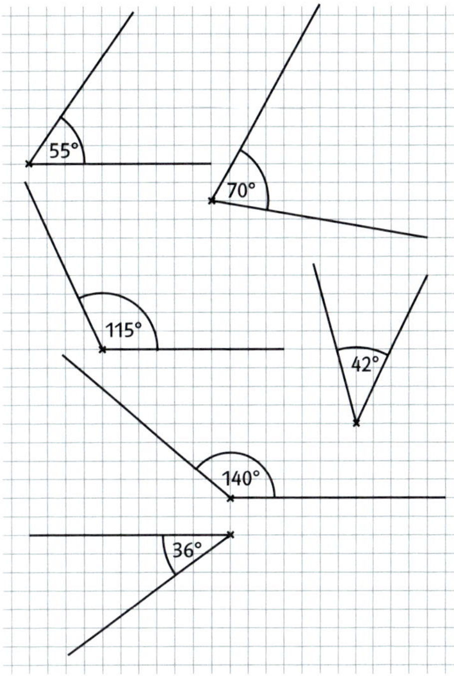

7 $\alpha = 360° : 6 = 60°$; $\beta = 2 \cdot 60° = 120°$; $\gamma = 360° : 8 = 45°$; $\delta = 3 \cdot 45° = 135°$; $\varepsilon = 360° : 5 = 72°$
Kreis links 180°; 240°, 300°
Kreis in der Mitte 90°; 180°; 225°; 270°; 315°
Kreis rechts 144°; 216°; 288°

8 $\alpha = 180° - 120° = 60°$;
$\alpha = 180° - 49° = 131°$;
$\alpha = 180° - 47° - 23° = 110°$
$\alpha = 360° - 310° = 50°$;
$\alpha = 360° - 75° = 285°$;
$\alpha = 360° - 125° - 35° = 200°$

5 Winkel im Schnittpunkt von Geraden

1 Figur links: $\beta = 115°$; $\gamma = 65°$; $\delta = 115°$
Figur in der Mitte: $\beta = 57°$; $\gamma = 123°$; $\delta = 57°$
Figur rechts: $\beta = 89°$; $\gamma = 91°$; $\delta = 89°$

2

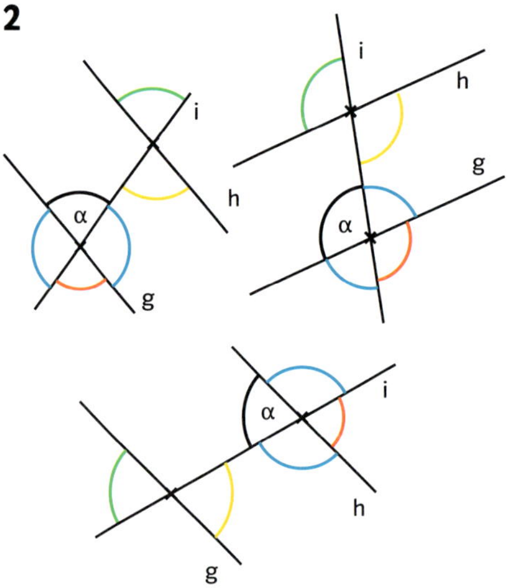

3 Figur links: $\alpha = 70°$; $\gamma = 70°$;
Figur in der Mitte: $\alpha = 126°$; $\gamma = 126°$;
Figur rechts: $\delta = 72°$

4

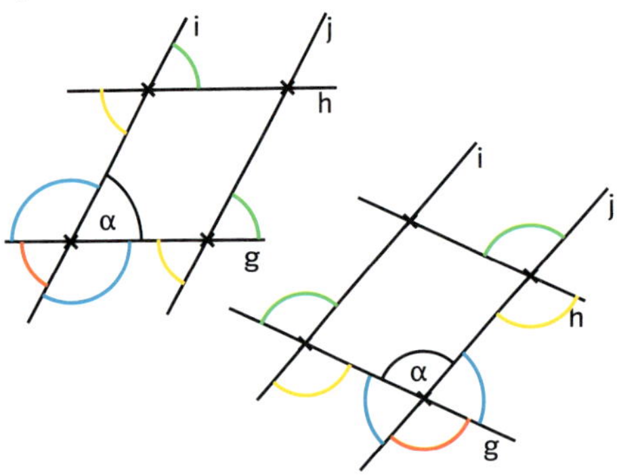

4

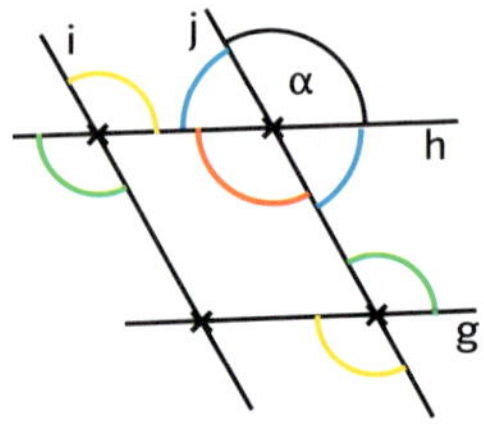

5 α ist Stufenwinkel des rot markierten Scheitelwinkels; $\alpha = 69°$
β ist Stufenwinkel des blau markierten Nebenwinkels von α; also
$\beta = 180° - 69° = 111°$

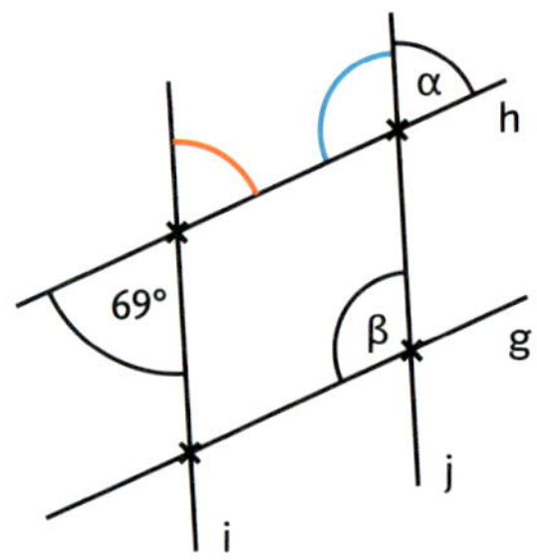

α ist Stufenwinkel des gelb markierten Wechselwinkels; $\alpha = 42°$
β ist Stufenwinkel des blau markierten Nebenwinkels; $\beta = 180° - 42° = 38°$
Es gibt noch andere Lösungswege.

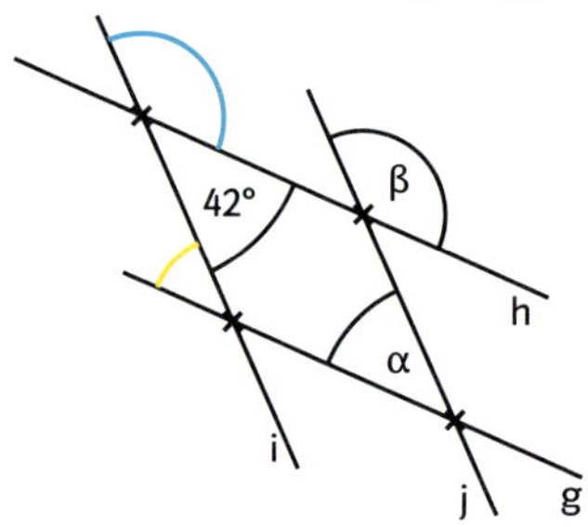

Teste dich selbst

1

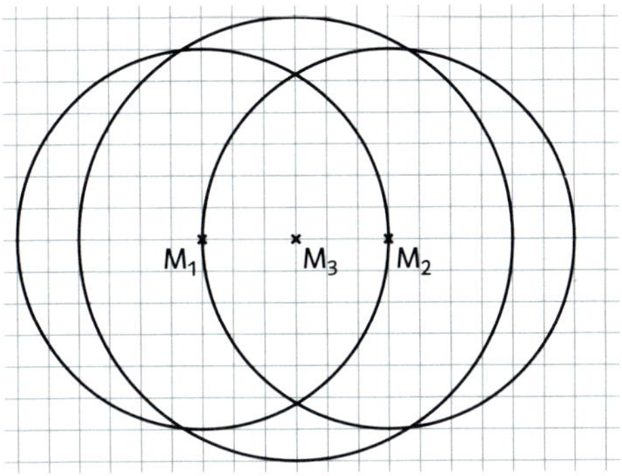

2 Nur D und H sind Kreisausschnitte.

3 spitz: 65°; 72°; 22°
stumpf: 140°; 162°
überstumpf: 280°; 315°
andere: 180°; 90°

4 $\alpha = 25°$

5

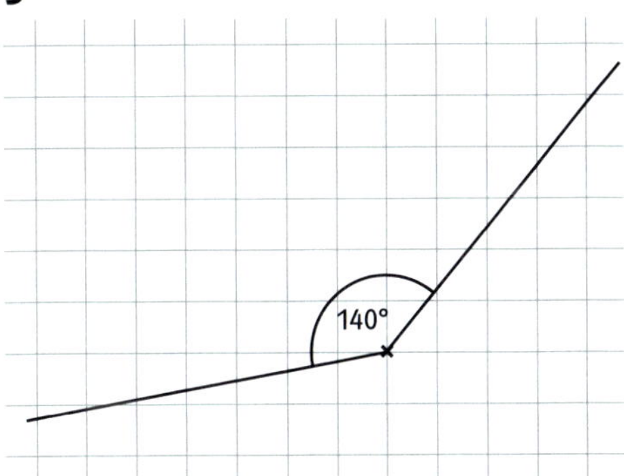

6 $\alpha = 65°$ $\beta = 290°$

7

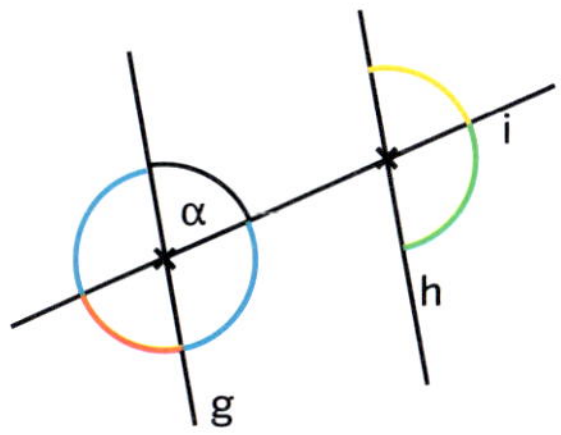

8 $\alpha = 145°$; $\beta = 35°$; $\gamma = 33°$; $\delta = 147°$

2 Teilbarkeit und Brüche

1 Teiler und Vielfache

1

	12	19	22	25	32	45
2	ja	nein	ja	nein	ja	nein
3	ja	nein	nein	nein	nein	ja
6	ja	nein	nein	nein	nein	nein
7	nein	nein	nein	nein	nein	nein
9	nein	nein	nein	nein	nein	ja
11	nein	nein	ja	nein	nein	nein
15	nein	nein	nein	nein	nein	ja
20	nein	nein	nein	nein	nein	nein
25	nein	nein	nein	ja	nein	nein
31	nein	nein	nein	nein	nein	nein
51	nein	nein	nein	nein	nein	nein

	60	61	77	80	93	100
2	ja	nein	nein	ja	nein	ja
3	ja	nein	nein	nein	ja	nein
6	ja	nein	nein	nein	nein	nein
7	nein	nein	ja	nein	nein	nein
9	nein	nein	nein	nein	nein	nein
11	nein	nein	ja	nein	nein	nein
15	ja	nein	nein	nein	nein	nein
20	ja	nein	nein	ja	nein	ja
25	nein	nein	nein	nein	nein	ja
31	nein	nein	nein	nein	ja	nein
51	nein	nein	nein	nein	nein	nein

2 $V_5 = \{5; 10; 15; 20; \ldots\}$;
$V_6 = \{6; 12; 18; 24; \ldots\}$;
$V_9 = \{9; 18; 27; 36; \ldots\}$
$V_{10} = \{10; 20; 30; 40; \ldots\}$;
$V_{11} = \{11; 22; 33; 44; \ldots\}$;
$V_{13} = \{13; 26; 39; 52; \ldots\}$
$V_{16} = \{16; 32; 48; 64; \ldots\}$;
$V_{20} = \{20; 40; 60; 80; \ldots\}$;
$V_{22} = \{22; 44; 66; 88; \ldots\}$
$V_{24} = \{24; 48; 72; 96; \ldots\}$;
$V_{25} = \{25; 50; 75; 100; \ldots\}$;
$V_{30} = \{30; 60; 90; 120; \ldots\}$

3 $T_8 = \{1; 2; 4; 8\}$; $T_{12} = \{1; 2; 3; 4; 6; 12\}$;
$T_{16} = \{1; 2; 4; 8; 16\}$; $T_{21} = \{1; 3; 7; 21\}$;
$T_{23} = \{1; 23\}$; $T_{56} = \{1; 2; 4; 7; 8; 14; 28; 56\}$
$T_{40} = \{1; 2; 4; 5; 8; 10; 20; 40\}$;
$T_{49} = \{1; 7; 49\}$; $T_{50} = \{1; 2; 5; 10; 25; 50\}$;
$T_{75} = \{1; 3; 5; 15; 25; 75\}$;
$T_{99} = \{1; 3; 9; 11; 33; 99\}$
$T_{126} = \{1; 2; 3; 6; 7; 9; 14; 18; 42; 126\}$;
$T_{121} = \{1; 11; 121\}$

4

	4	8	9	15	35	36	45	60	100
V_2	ja	ja	nein	nein	nein	ja	nein	ja	ja
V_3	nein	nein	ja	ja	nein	ja	ja	ja	nein
V_4	ja	ja	nein	nein	nein	ja	nein	ja	ja
V_5	nein	nein	nein	ja	ja	nein	ja	ja	ja
V_7	nein	nein	nein	nein	ja	nein	nein	nein	nein
V_9	nein	nein	ja	nein	nein	ja	ja	nein	nein
V_{10}	nein	nein	nein	nein	nein	nein	nein	ja	ja
V_{15}	nein	nein	nein	ja	nein	nein	ja	ja	nein

5 T_{24} = {1; 2; 3; 4; 6; 12; ~~18~~; 24};
V_{14} = {14; 28; ~~44~~; 56; …}
T_{63} = {1; 3; 7; 9; ~~14~~; 21; ~~36~~; 63};
V_{28} = {28; ~~46~~; 84; ~~114~~; …}

6 $T_{18} = \{\underline{1}; \underline{2}; \underline{3}; \underline{6}; 9; 18\}$
$T_{12} = \{\underline{1}; \underline{2}; \underline{3}; 4; \underline{6}; 12\}$
Die gemeinsamen Zahlen bilden die Teilermenge T_6.
$T_{56} = \{\underline{1}; \underline{2}; 4; \underline{7}; 8; \underline{14}; 28; 56\}$;
$T_{70} = \{\underline{1}; \underline{2}; 5; \underline{7}; 10; \underline{14}; 35; 70\}$
Die gemeinsamen Zahlen bilden die Teilermenge T_{14}.

7 V_{64} = {64; 128; 192; 256; **320**; 384; …};
V_{40} = {40; 80; 120; 160; 200; 240; 280;
320; …}
Die gesuchte Zahl ist 320.

2 Endziffernregeln

1

	456	875	7106	4984
durch 2 teilbar	ja	nein	ja	ja
durch 5 teilbar	nein	ja	nein	nein

	15 609	35 630	287 100	1 987 651
durch 2 teilbar	nein	ja	ja	nein
durch 5 teilbar	nein	ja	ja	nein

	287 097 656
durch 2 teilbar	ja
durch 5 teilbar	nein

2

	364	940	7890	4538	8915
durch 4 teilbar	ja	ja	nein	nein	nein

	9704	19 176	44 445	25 252	167 386
durch 4 teilbar	ja	ja	nein	ja	nein

3 5 8 6 □: 0; 4; 8 5 8 7 □: 2; 6
3 9 □ 4: 0; 4; 8 4 7 □ 2: 1; 5; 9

4 2 8 9 □: 0; 4; 8 7 5 4 □: 2; 6
6 7 □ 8: 1; 3; 5; 7; 9
9 4 □ 2: 0; 2; 4; 6; 8

5 Immer eine der vier Zahlen ist durch 4 teilbar, nämlich 736; 3548; 9876.

3 Quersummenregeln

1

	789	351	444	235	932
Quersumme	24	9	12	10	14
durch 3 teilbar	ja	ja	ja	nein	nein
durch 9 teilbar	nein	ja	nein	nein	nein

	633	1806	72 725	56 907	70 965
Quersumme	12	15	23	27	27
durch 3 teilbar	ja	ja	nein	ja	ja
durch 9 teilbar	nein	nein	nein	ja	ja

	123 456	902 562	2 465 789
Quersumme	21	24	41
durch 3 teilbar	ja	ja	nein
durch 9 teilbar	nein	nein	nein

	111 222 333	398 875	472 371 999
Quersumme	18	40	51
durch 3 teilbar	ja	nein	ja
durch 9 teilbar	ja	nein	nein

2 747; 8721; 2349; 4248; 9810; 25 695; 54 846; 64 890
Es gibt immer nur eine Möglichkeit.

3 74□: 1; 4; 7 872□: 1; 4; 7
23□9: 1; 4; 7 4□48: 2; 5; 8
981□: 0; 3; 6; 9; 25□95: 0; 3; 6; 9
□4846: 2; 5; 8 64□90: 2; 5; 8

4 In Aufgabe 3 gibt es drei oder vier Möglichkeiten. Jede Lösung von Aufgabe 2 ist auch eine Lösung von Aufgabe 3.

4 Primzahlen

1 2; 3; 5; 7

2 13; 23; 43; 53; 73; 83

3 Nach der Teilbarkeitsregel für die Zahl 5 gibt es keine zwei- oder mehrstelligen Primzahlen mit Endziffer 5.

4

	(2)	(3)	~~4~~	(5)	~~6~~	(7)	~~8~~	~~9~~	~~10~~
(11)	~~12~~	(13)	~~14~~	~~15~~	~~16~~	(17)	~~18~~	(19)	~~20~~
~~21~~	~~22~~	(23)	~~24~~	~~25~~	~~26~~	~~27~~	~~28~~	(29)	~~30~~
(31)	~~32~~	~~33~~	~~34~~	~~35~~	~~36~~	(37)	~~38~~	~~39~~	~~40~~
(41)	~~42~~	(43)	~~44~~	~~45~~	~~46~~	(47)	~~48~~	~~49~~	~~50~~
~~51~~	~~52~~	(53)	~~54~~	~~55~~	~~56~~	~~57~~	~~58~~	(59)	~~60~~
(61)	~~62~~	~~63~~	~~64~~	~~65~~	~~66~~	(67)	~~68~~	~~69~~	~~70~~
(71)	~~72~~	(73)	~~74~~	~~75~~	~~76~~	~~77~~	~~78~~	(79)	~~80~~
~~81~~	~~82~~	(83)	~~84~~	~~85~~	~~86~~	(87)	~~88~~	(89)	~~90~~
~~91~~	~~92~~	~~93~~	~~94~~	~~95~~	~~96~~	(97)	~~98~~	~~99~~	~~100~~
(101)	~~102~~	(103)	~~104~~	~~105~~	~~106~~	(107)	~~108~~	(109)	~~110~~
~~111~~	~~112~~	(113)	~~114~~	~~115~~	~~116~~	~~117~~	~~118~~	~~119~~	~~120~~
~~121~~	~~122~~	~~123~~	~~124~~	~~125~~	~~126~~	(127)	~~128~~	~~129~~	~~130~~

Die eingekreisten Zahlen sind Primzahlen. Nach den Endziffernregeln sind Zahlen mit Endziffer 0, 2 (außer 2 selbst), 4, 6, 8 und 5 (außer 5 selbst) keine Primzahlen.

5 Brüche

1 $\frac{3}{8}$; $\frac{7}{12}$; $\frac{6}{10}$; $\frac{6}{30}$ $\frac{5}{8}$; $\frac{5}{9}$; $\frac{9}{16}$; $\frac{2}{5}$
$\frac{4}{7}$; $\frac{10}{24}$; $\frac{5}{12}$; $\frac{1}{4}$

2

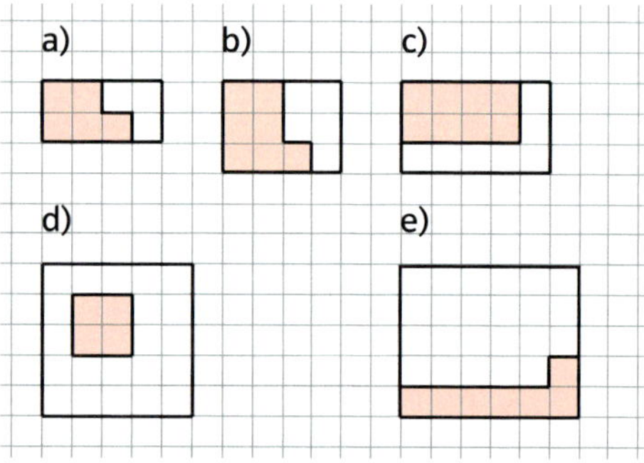

Man kann die Rechtecke auch anders wählen, und die gefärbten Teile können auch anders liegen.

3 5 dm (auch 50 cm ist richtig); 5 cm;
1 dm (auch 10 cm ist richtig); 500 m
2,5 mm; 25 mm; 250 g; 100 kg
75 cm; 75 mm; 100 g; 300 g; 10 kg
750 ml; 15 min; 45 min; 6 s; 18 s
125 ml; 10 min; 6 min; 12 s; 20 s

4 $\frac{1}{2}$m; $\frac{1}{10}$km; $\frac{1}{2}$km; $\frac{1}{4}$km; $\frac{1}{8}$km
$\frac{1}{10}$m; $\frac{1}{2}$m; $\frac{1}{4}$m; $\frac{3}{4}$km; $\frac{3}{10}$dm
$\frac{1}{2}$t; $\frac{1}{20}$t; $\frac{1}{4}$l; $\frac{1}{2}$h; $\frac{1}{4}$h

5 $1\frac{1}{6} = \frac{7}{6}$; $3\frac{2}{5} = \frac{17}{5}$; $2\frac{1}{5} = \frac{11}{5}$; $3\frac{5}{8} = \frac{29}{8}$

6 $\frac{3}{2}$; $\frac{5}{4}$; $\frac{5}{3}$; $\frac{9}{8}$; $\frac{11}{8}$
$\frac{9}{2}$; $\frac{13}{4}$; $\frac{16}{3}$; $\frac{11}{5}$; $\frac{25}{8}$ $\frac{23}{5}$; $\frac{27}{4}$; $\frac{29}{3}$; $\frac{35}{6}$; $\frac{54}{5}$

7 $1\frac{1}{2}$; $1\frac{1}{4}$; $1\frac{1}{3}$; $1\frac{3}{4}$; $1\frac{1}{5}$
$1\frac{4}{5}$; $2\frac{1}{2}$; $2\frac{1}{3}$; $2\frac{1}{4}$; $2\frac{1}{6}$
$2\frac{4}{5}$; $3\frac{2}{3}$; $3\frac{1}{4}$; $3\frac{3}{4}$; $2\frac{3}{8}$

8 45 dm; 53 dm; 65 mm; 325 cm; 775 mm
175 cm; 2500 m; 375 mm; 1250 ml; 7750 g
155 dm; 205 dm; 625 mm; 1125 ml; 11 500 kg
12 dm; 2250 g; 7750 mm; 15 250 kg; 3125 ml

9 75 dm^2; 75 cm^2; 50 mm^2
950 dm^2; 650 mm^2; 50 a; 825 m^2

10 $\frac{1}{2}m^2$; $\frac{1}{4}dm^2$; $\frac{1}{4}m^2$; $\frac{1}{20}m^2$; $\frac{1}{5}cm^2$
$\frac{1}{2}dm^2$; $\frac{1}{20}cm^2$; $\frac{1}{10}m^2$; $\frac{1}{4}cm^2$; $\frac{1}{2}km^2$

11 25 dm; 250 dm^2; 2500 g; 150 min
2500 m; 2500 ml; 60 h; 75 Tage

12 London $\frac{4}{20}$; New York $\frac{6}{20}$; Moskau $\frac{2}{20}$;
Istanbul $\frac{3}{20}$; Dubai $\frac{1}{20}$; andere Ziele $\frac{4}{20}$

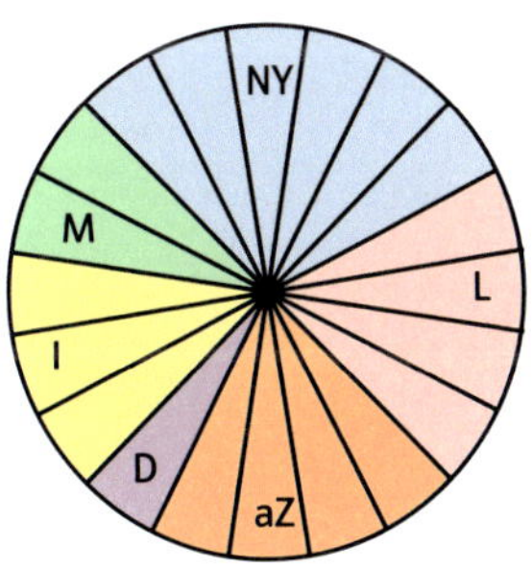

6 Brüche am Zahlenstrahl

1 Erster Zahlenstrahl: $\frac{1}{8}$; $\frac{2}{8}$; …; $\frac{7}{8}$; $\frac{8}{8}$
Zweiter Zahlenstrahl: $\frac{1}{7}$; $\frac{2}{7}$; …; $\frac{6}{7}$; $\frac{7}{7}$

2

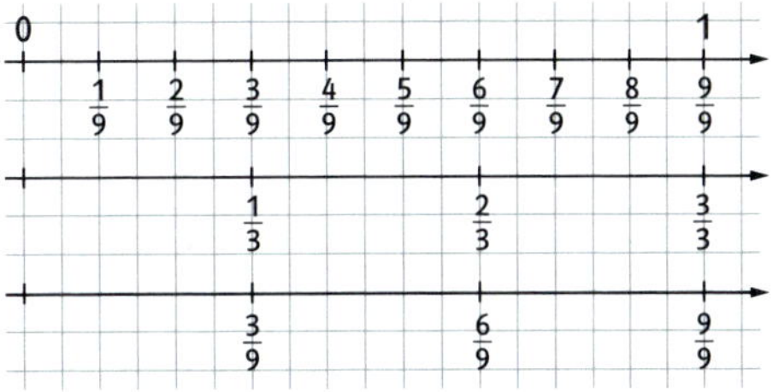

Die Brüche $\frac{1}{6}$; $\frac{3}{6}$; $\frac{5}{6}$ lassen sich nicht eintragen.

3

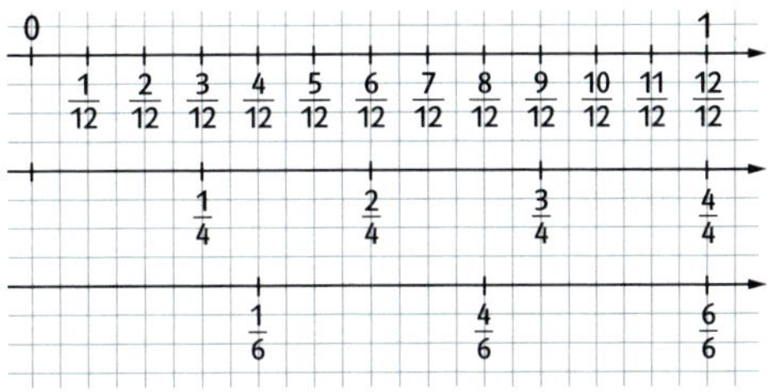

Die Brüche $\frac{1}{9}$; $\frac{2}{9}$; $\frac{4}{9}$; $\frac{5}{9}$; $\frac{7}{9}$; $\frac{8}{9}$ lassen sich nicht eintragen.
Auf den Plätzen von Brüchen mit dem Nenner 4 liegen keine Brüche mit dem Nenner 9.

4 Erster Zahlenstrahl: $\frac{6}{12}$; $\frac{11}{12}$; $\frac{14}{12}$
Zweiter Zahlenstrahl: $\frac{6}{10}$; $\frac{9}{10}$; $\frac{14}{10}$
Dritter Zahlenstrahl: $\frac{6}{8}$; $\frac{7}{8}$; $\frac{14}{8}$

5 Erster Teilstrich: $\frac{6}{24}$; $\frac{3}{12}$; $\frac{2}{8}$; $\frac{1}{4}$

Zweiter Teilstrich: $\frac{8}{24}$; $\frac{4}{12}$; $\frac{2}{6}$; $\frac{1}{3}$

Dritter Teilstrich: $\frac{16}{24}$; $\frac{8}{12}$; $\frac{4}{8}$; $\frac{2}{3}$

Vierter Teilstrich: $\frac{20}{24}$; $\frac{10}{12}$; $\frac{5}{6}$

6 falsch; falsch; wahr; wahr; wahr; falsch

7 1. Zeile: Du kommst zum Bruch $\frac{46}{6}$.

2. Zeile: Du musst 54 Schritte nach rechts gehen.

3. Zeile: Du musst 55 Schritte nach rechts gehen, denn einen Schritt nach $\frac{59}{6}$ kommt $\frac{60}{6}$, und dieser Bruch steht auf demselben Platz wie die natürliche Zahl 10.

7 Erweitern und Kürzen

1

	2	3	6	4	8	5
$\frac{2}{3}$	$\frac{4}{6}$	$\frac{6}{9}$	$\frac{12}{18}$	$\frac{8}{12}$	$\frac{16}{24}$	$\frac{10}{15}$
$\frac{3}{4}$	$\frac{6}{8}$	$\frac{9}{12}$	$\frac{18}{24}$	$\frac{12}{16}$	$\frac{24}{32}$	$\frac{15}{20}$
$\frac{1}{6}$	$\frac{2}{12}$	$\frac{3}{18}$	$\frac{6}{36}$	$\frac{4}{24}$	$\frac{8}{48}$	$\frac{5}{30}$
$\frac{2}{5}$	$\frac{4}{10}$	$\frac{6}{15}$	$\frac{12}{30}$	$\frac{8}{20}$	$\frac{16}{40}$	$\frac{10}{25}$
$\frac{3}{8}$	$\frac{6}{16}$	$\frac{9}{24}$	$\frac{18}{48}$	$\frac{12}{32}$	$\frac{24}{64}$	$\frac{15}{40}$

	10	9	12	15	20	7
$\frac{2}{3}$	$\frac{20}{30}$	$\frac{18}{27}$	$\frac{24}{36}$	$\frac{30}{45}$	$\frac{40}{60}$	$\frac{14}{21}$
$\frac{3}{4}$	$\frac{30}{40}$	$\frac{27}{36}$	$\frac{36}{48}$	$\frac{45}{60}$	$\frac{60}{80}$	$\frac{21}{28}$
$\frac{1}{6}$	$\frac{10}{60}$	$\frac{9}{54}$	$\frac{12}{72}$	$\frac{15}{90}$	$\frac{20}{120}$	$\frac{7}{42}$
$\frac{2}{5}$	$\frac{20}{50}$	$\frac{18}{45}$	$\frac{24}{60}$	$\frac{30}{75}$	$\frac{40}{100}$	$\frac{14}{35}$
$\frac{3}{8}$	$\frac{30}{80}$	$\frac{27}{72}$	$\frac{36}{96}$	$\frac{45}{120}$	$\frac{60}{160}$	$\frac{21}{56}$

2 $\frac{2}{3}$; $\frac{1}{4}$; $\frac{2}{5}$; $\frac{1}{6}$; $\frac{2}{9}$

$\frac{3}{4}$; $\frac{3}{7}$; $\frac{2}{11}$; $\frac{4}{9}$; $\frac{7}{8}$

$\frac{3}{8}$; $\frac{5}{8}$; $\frac{6}{7}$; $\frac{8}{11}$; $\frac{111}{1111}$

$\frac{1}{4}$; $\frac{1}{3}$; $\frac{1}{5}$; $\frac{2}{5}$; $\frac{2}{6}$

$\frac{3}{4}$; $\frac{2}{5}$; $\frac{10}{11}$; $\frac{7}{9}$; $\frac{1}{20}$

3

	2	3	4	5	6
$\frac{8}{12}$	$\frac{4}{6}$	X	$\frac{2}{3}$	X	X
$\frac{18}{24}$	$\frac{9}{12}$	$\frac{6}{8}$	X	X	$\frac{3}{4}$
$\frac{24}{36}$	$\frac{12}{18}$	$\frac{8}{12}$	$\frac{6}{9}$	X	$\frac{4}{6}$
$\frac{50}{70}$	$\frac{25}{35}$	X	X	$\frac{10}{14}$	X
$\frac{21}{63}$	X	$\frac{7}{21}$	X	X	X
$\frac{45}{120}$	X	$\frac{15}{40}$	X	$\frac{9}{24}$	X

	7	10	12	15	21
$\frac{8}{12}$	X	X	X	X	X
$\frac{18}{24}$	X	X	X	X	X
$\frac{24}{36}$	X	X	$\frac{2}{3}$	X	X
$\frac{50}{70}$	X	$\frac{5}{7}$	X	X	X
$\frac{21}{63}$	$\frac{3}{9}$	X	X	X	$\frac{1}{3}$
$\frac{45}{120}$	X	X	X	$\frac{3}{8}$	X

4 $\frac{5}{30}$; $\frac{24}{30}$; $\frac{33}{30}$; $\frac{14}{30}$; $\frac{75}{30}$

$\frac{5}{45}$; $\frac{9}{45}$; $\frac{3}{45}$; $\frac{21}{45}$; $\frac{75}{45}$

$\frac{20}{120}$; $\frac{70}{120}$; $\frac{52}{120}$; $\frac{33}{120}$; $\frac{115}{120}$

5 $\frac{16}{20}$; $\frac{18}{75}$; $\frac{12}{14}$; $\frac{22}{25}$; $\frac{24}{32}$

$\frac{42}{96}$; $\frac{1}{5}$; $\frac{5}{9}$; $\frac{54}{120}$; $\frac{7}{10}$

6 $\frac{8}{12}$ und $\frac{3}{12}$; $\frac{8}{10}$ und $\frac{5}{10}$; $\frac{9}{12}$ und $\frac{10}{12}$
$\frac{5}{15}$ und $\frac{6}{15}$; $\frac{6}{10}$ und $\frac{7}{10}$; $\frac{14}{18}$ und $\frac{15}{18}$
Wenn du immer die zwei Nenner multipliziert hast, findest du
die Brüche $\frac{18}{24}$ und $\frac{20}{24}$ statt $\frac{9}{12}$ und $\frac{10}{12}$
die Brüche $\frac{30}{50}$ und $\frac{35}{50}$ statt $\frac{6}{10}$ und $\frac{7}{10}$
die Brüche $\frac{42}{54}$ und $\frac{45}{54}$ statt $\frac{14}{18}$ und $\frac{15}{18}$
Das ist auch richtig, nur sind die Nenner größer als nötig.

7 $\frac{3}{4}$; $\frac{2}{5}$; $\frac{4}{11}$
$\frac{8}{10}$; $\frac{2}{3}$; $\frac{2}{9}$; $\frac{1}{4}$; $\frac{3}{7}$; $\frac{7}{15}$

8 Brüche ordnen

1 $\frac{1}{3} < \frac{2}{3}$ $\frac{4}{5} > \frac{2}{5}$ $\frac{1}{2} < \frac{5}{8}$ $\frac{1}{6} < \frac{1}{3}$
$\frac{5}{6} > \frac{2}{3}$ $\frac{7}{11} < \frac{9}{11}$ $\frac{4}{6} = \frac{2}{3}$ $\frac{7}{8} > \frac{1}{4}$
$\frac{5}{9} > \frac{1}{2}$ $\frac{3}{4} > \frac{3}{5}$ $\frac{7}{12} < \frac{5}{6}$ $\frac{8}{12} < \frac{3}{4}$
$\frac{5}{15} = \frac{3}{9}$ $\frac{12}{8} > \frac{5}{4}$ $\frac{7}{8} > \frac{7}{10}$ $\frac{13}{10} > \frac{23}{20}$
$\frac{15}{30} = \frac{10}{20}$ $\frac{7}{15} > \frac{4}{9}$

2 $\frac{5}{4}$ $\frac{2}{3}$ $\frac{1}{10}$ $\frac{3}{7}$ $\frac{2}{3}$ $\frac{2}{9}$ $\frac{5}{12}$ $\frac{8}{7}$ $\frac{20}{11}$ $\frac{3}{5}$ $\frac{1}{5}$ $\frac{5}{6}$ $\frac{3}{8}$
$\frac{5}{8}$ $\frac{9}{8}$ $\frac{7}{4}$ $\frac{3}{10}$

3 $\frac{1}{12} < \frac{5}{12} < \frac{7}{10} < \frac{12}{8}$ $\frac{2}{5} < \frac{5}{9} < \frac{11}{12} < \frac{5}{4}$

4 $\frac{8}{12}$ oder $\frac{9}{12}$ oder $\frac{10}{12}$; $\frac{5}{9}$; $\frac{15}{24}$
$\frac{12}{8}$ oder $\frac{13}{8}$ oder $\frac{14}{8}$; $\frac{9}{40}$; $\frac{49}{60}$

9 Prozent

1 $10\,\% = \frac{1}{10}$; $20\,\% = \frac{2}{10} = \frac{1}{5}$;
$25\,\% = \frac{25}{100} = \frac{1}{4}$; $33\frac{1}{3}\,\% = \frac{1}{3}$; $40\,\% = \frac{40}{100} = \frac{2}{5}$;
$50\,\% = \frac{50}{100} = \frac{1}{2}$; $60\,\% = \frac{60}{100} = \frac{3}{5}$; $66\frac{2}{3}\,\% = \frac{2}{3}$;
$75\,\% = \frac{3}{4}$; $80\,\% = \frac{4}{5}$

2 Zusammen gehören:
die Hälfte; 5 von 10; 10 von 20; 50%
ein Viertel; jede vierte; 25%
zwei von zehn; 20 von 100; $\frac{1}{5}$
5 von 100; ein Zwanzigstel; 5%
jedes Neunte; $\frac{1}{9}$
Die Anteile 9 von 10 und 9% haben keine Partner.

3 Schreibe die Prozentzahl als Bruch. Kürze den Bruch, falls das möglich ist.

Prozentzahl	3%	6%	4%	20%	12%	27%
Hundertstel-Bruch	$\frac{3}{100}$	$\frac{6}{100}$	$\frac{4}{100}$	$\frac{20}{100}$	$\frac{12}{100}$	$\frac{27}{100}$
gekürzter Bruch		$\frac{3}{50}$	$\frac{1}{25}$	$\frac{1}{5}$	$\frac{3}{25}$	

Prozentzahl	25%	37%	55%	80%	90%
Hundertstel-Bruch	$\frac{25}{100}$	$\frac{37}{100}$	$\frac{55}{100}$	$\frac{80}{100}$	$\frac{90}{100}$
gekürzter Bruch	$\frac{1}{4}$		$\frac{11}{20}$	$\frac{4}{5}$	$\frac{9}{10}$

4 25 %; 20%; 75%; 10%; 60%
5%; 70%; 3%; 15%; 25%
15%; 99%; 14%; 4%; 22%
32%; 32%; 48%; 20%; 48%

5

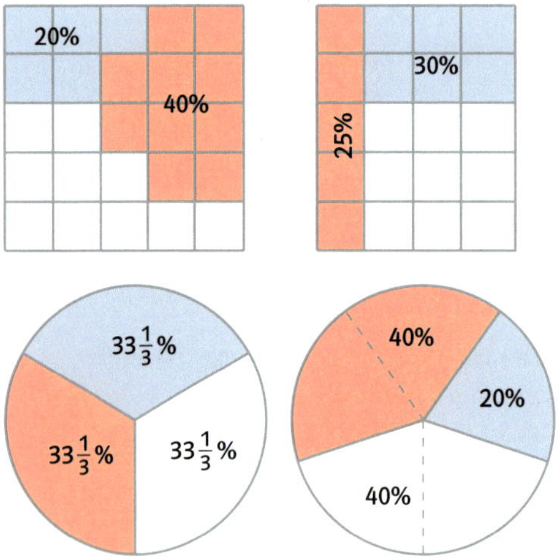

6

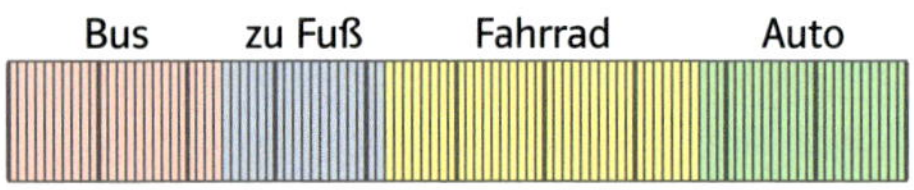

7 Die Kreise sind in 20 gleiche Teile geteilt. Dann entspricht 1 Teil 5%.

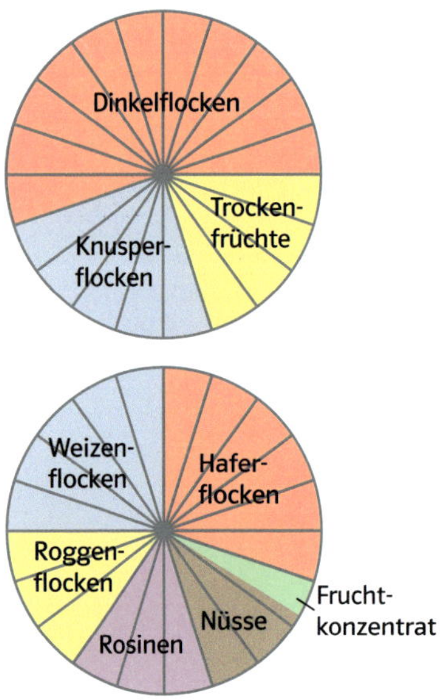

Teste dich selbst

1 $V_{21} = \{21; 42; 63; 84, \ldots\}$
$T_{28} = \{1; 2; 4; 7; 14; 28\}$

2 teilbar durch 5: 0 oder 5
teilbar durch 2: 0, 2, 4, 6 oder 8
teilbar durch 4: 2 oder 6

3 Die Zahl 24 369 hat die Quersumme 24. Sie ist durch 3 teilbar, aber nicht durch 9.

4 31; 37

5 $\frac{9}{24}$; gekürzt $\frac{3}{8}$

6 Es gibt viele Möglichkeiten. Einige werden hier gezeigt.

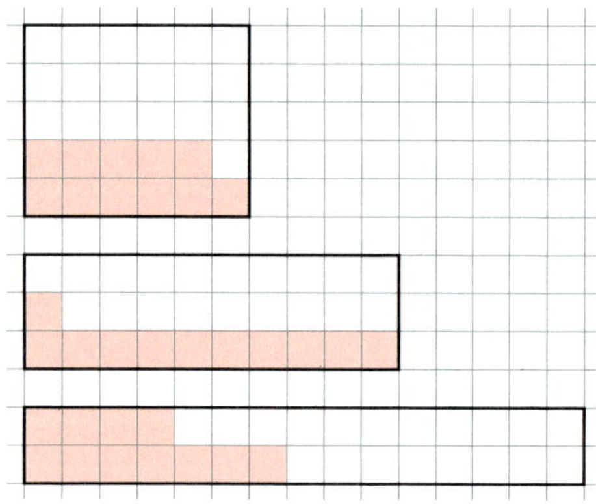

7 $\frac{7}{10}$ m; $\frac{3}{4}$ t; 95 dm (auch 950 cm ist richtig); 3750 g

8 $\frac{4}{12}$; $\frac{2}{6}$; $\frac{1}{3}$

9 $\frac{3}{4} = \frac{9}{12}$ $\frac{8}{12} = \frac{2}{3}$ $\frac{14}{18} = \frac{7}{9}$ $\frac{21}{35} = \frac{3}{5}$

10 $\frac{2}{5} < \frac{3}{5}$ $\frac{3}{4} > \frac{5}{8}$ $\frac{10}{15} < \frac{9}{12}$

11 $\frac{2}{100} = \frac{1}{50}$; $\frac{7}{100}$; $25\,\% = \frac{25}{100} = \frac{1}{4}$; $\frac{60}{100} = \frac{3}{5}$

12 9 %; 20 %; 20 %; 75 %

13

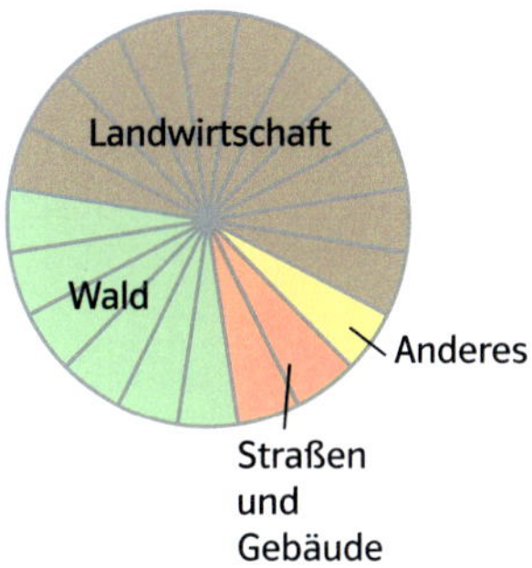

3 Rechnen mit Brüchen

1 Addieren und Subtrahieren gleichnamiger Brüche

1 a) $\frac{8}{10}$; $\frac{4}{10}$ b) $\frac{7}{10}$; $\frac{1}{10}$
c) $\frac{7}{12}$; $\frac{1}{12}$ d) $\frac{7}{9}$; $\frac{1}{9}$ e) $\frac{11}{12}$; $\frac{7}{12}$

2 $\frac{4}{5}$; $\frac{7}{8}$; $\frac{10}{6}$; $\frac{7}{8}$ $\frac{10}{6}$; $\frac{13}{9}$; $\frac{9}{7}$; $\frac{16}{12}$
$\frac{10}{9}$; $\frac{13}{12}$; $\frac{15}{6}$; $\frac{10}{11}$

3 $\frac{3}{5}$; $\frac{5}{10}$; $\frac{1}{7}$; $\frac{4}{13}$ $\frac{3}{12}$; $\frac{6}{9}$; $\frac{4}{5}$; $\frac{7}{6}$

4 $\frac{7}{5} = 1\frac{2}{5}$; $\frac{13}{9} = 1\frac{4}{9}$; $\frac{10}{7} = 1\frac{3}{7}$
$\frac{8}{11}$; $\frac{13}{8} = 1\frac{5}{8}$; $\frac{9}{4} = 2\frac{1}{4}$
$\frac{9}{7} = 1\frac{2}{7}$; $\frac{16}{12} = 1\frac{4}{12}$; $\frac{22}{12} = 1\frac{10}{12}$

5 $\frac{6}{4} = \frac{3}{2}$; $\frac{3}{6} = \frac{1}{2}$; $\frac{6}{8} = \frac{3}{4}$
$\frac{15}{10} = \frac{3}{2}$; $\frac{13}{9} = 1\frac{4}{9}$; $\frac{6}{4} = \frac{3}{2}$
$\frac{3}{6} = \frac{1}{2}$; $\frac{2}{6} = \frac{1}{3}$; $\frac{3}{9} = \frac{1}{3}$
$\frac{6}{10} = \frac{3}{5}$; $\frac{8}{12} = \frac{2}{3}$; $\frac{6}{8} = \frac{3}{4}$

6 $\frac{10}{4} = \frac{5}{2} = 2\frac{1}{2}$; $\frac{9}{6} = \frac{3}{2} = 1\frac{1}{2}$; $\frac{2}{8} = \frac{1}{4}$
$\frac{16}{6} = \frac{8}{3} = 2\frac{2}{3}$; $\frac{25}{10} = \frac{5}{2} = 2\frac{1}{2}$; $\frac{6}{8} = \frac{3}{4}$
$\frac{13}{6} = 2\frac{1}{6}$; $\frac{5}{4} + \frac{10}{4} = \frac{15}{4} = 3\frac{3}{4}$
$\frac{21}{10} + \frac{34}{10} = \frac{55}{10} = \frac{11}{2} = 5\frac{1}{2}$
$\frac{19}{8} + \frac{15}{8} = \frac{34}{8} = \frac{17}{4} = 4\frac{1}{4}$
$\frac{23}{6} - \frac{7}{6} = \frac{16}{6} = \frac{8}{3} = 2\frac{2}{3}$; $\frac{17}{6} - \frac{7}{6} = \frac{10}{6} = \frac{5}{3} = 1\frac{2}{3}$
$\frac{12}{5} + \frac{9}{5} = \frac{21}{5} = 4\frac{1}{5}$; $\frac{25}{8} - \frac{13}{8} = \frac{12}{8} = \frac{3}{2} = 1\frac{1}{2}$

7 Der Rest ist $3\frac{1}{4}$m lang.

Im Eimer sind jetzt $6\frac{1}{4}$l Wasser.

Es bleiben $\frac{42}{5}m^3 - \frac{23}{5}m^3 = \frac{19}{5}m^3 = 3\frac{3}{4}m^3$ übrig.

2 Addieren und Subtrahieren ungleichnamiger Brüche

1 In der ersten Zeile stehen die Summenwerte, in der zweiten die Differenzwerte.

$\frac{7}{8}$; $\frac{5}{12}$; $\frac{11}{12}$; $\frac{7}{24}$; $\frac{17}{18}$; $\frac{7}{36}$; $\frac{11}{12}$; $\frac{5}{16}$; $\frac{19}{25}$; $\frac{39}{40}$

$\frac{1}{8}$; $\frac{1}{10}$; $\frac{1}{12}$; $\frac{7}{30}$; $\frac{13}{24}$; $\frac{27}{40}$; $\frac{3}{20}$; $\frac{3}{16}$; $\frac{17}{25}$; $\frac{1}{20}$

2 $1\frac{3}{8}$; $1\frac{1}{8}$

$3\frac{3}{4}$; $\frac{7}{8}$; $1\frac{7}{8}$; $2\frac{7}{8}$ $3\frac{2}{5}$; 8; $1\frac{3}{10}$; $\frac{4}{5}$

$1\frac{7}{12}$; $2\frac{5}{6}$; $2\frac{1}{6}$; $\frac{7}{12}$ $1\frac{1}{6}$; $2\frac{1}{30}$; $1\frac{13}{20}$; $\frac{7}{20}$

3 1 ;1; 1 $\frac{1}{6}$; $\frac{7}{18}$; $\frac{29}{42}$

4

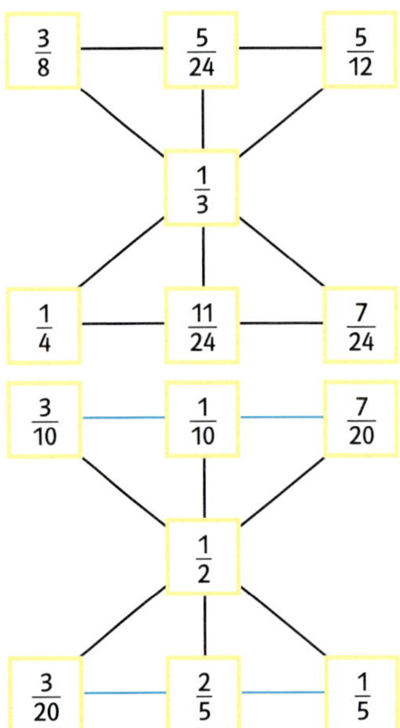

5 $\frac{1}{4} + \frac{1}{6} + \frac{3}{8} = \frac{19}{24}$; zu 1 fehlen $\frac{5}{24}$.

Dieser Bruch entspricht den fünf Möhrenfans.
In der Klasse sind also 24 Schülerinnen und Schüler.

3 Vervielfachen von Brüchen

1 $\frac{6}{5} = 1\frac{1}{5}$; $\frac{8}{9}$; $\frac{3}{2} = 1\frac{1}{2}$

$\frac{21}{5} = 4\frac{1}{5}$; $\frac{15}{4} = 3\frac{3}{4}$; $\frac{16}{5} = 3\frac{1}{5}$

$\frac{2}{5}$; $\frac{5}{2} = 2\frac{1}{2}$; $\frac{3}{2} = 1\frac{1}{2}$

$\frac{10}{3} = 3\frac{1}{3}$; $\frac{33}{4} = 8\frac{1}{4}$; $\frac{21}{4} = 5\frac{1}{4}$

2 $8 \cdot \frac{2}{5} = \frac{16}{5} = 3\frac{1}{5}$; $11 \cdot \frac{1}{4} = \frac{11}{4} = 2\frac{3}{4}$

3 Flüssigkeitsmenge: $\frac{37}{3}$l = $12\frac{1}{3}$l

Der Einkauf ist mehr als 12 kg schwer.

4 Teilen von Brüchen

1

	:2	:4	:6	:8
$\frac{2}{3}$	$\frac{1}{3}$	$\frac{1}{6}$	$\frac{1}{9}$	$\frac{1}{12}$
$\frac{3}{4}$	$\frac{3}{8}$	$\frac{3}{16}$	$\frac{1}{8}$	$\frac{3}{32}$
$\frac{5}{6}$	$\frac{5}{12}$	$\frac{5}{24}$	$\frac{5}{36}$	$\frac{5}{48}$
$\frac{8}{9}$	$\frac{4}{9}$	$\frac{2}{9}$	$\frac{4}{27}$	$\frac{1}{9}$
$\frac{16}{11}$	$\frac{8}{11}$	$\frac{4}{11}$	$\frac{8}{33}$	$\frac{2}{11}$

	:3	:5	:9
$\frac{4}{5}$	$\frac{4}{15}$	$\frac{4}{25}$	$\frac{4}{45}$
$\frac{5}{12}$	$\frac{5}{36}$	$\frac{1}{12}$	$\frac{5}{108}$
$\frac{9}{10}$	$\frac{3}{10}$	$\frac{9}{50}$	$\frac{1}{10}$
$\frac{45}{49}$	$\frac{15}{49}$	$\frac{9}{49}$	$\frac{5}{49}$
$\frac{18}{5}$	$\frac{6}{5}$	$\frac{18}{25}$	$\frac{2}{5}$

	:10	:12	:20
$\frac{8}{7}$	$\frac{4}{35}$	$\frac{2}{21}$	$\frac{2}{35}$
$\frac{25}{4}$	$\frac{5}{8}$	$\frac{25}{48}$	$\frac{5}{16}$
$\frac{20}{11}$	$\frac{2}{11}$	$\frac{5}{33}$	$\frac{1}{11}$
$\frac{60}{5}$	$\frac{6}{5}$	$\frac{1}{1} = 1$	$\frac{3}{5}$
$\frac{40}{9}$	$\frac{4}{9}$	$\frac{10}{27}$	$\frac{2}{9}$

2

$\frac{4}{5}:2 = \frac{2}{5}$ $\frac{8}{9}:4 = \frac{2}{9}$ $\frac{5}{12}:2 = \frac{5}{24}$

$\frac{15}{8}:5 = \frac{3}{8}$ $\frac{16}{9}:4 = \frac{4}{9}$ $\frac{5}{3}:8 = \frac{5}{24}$

$\frac{6}{7}:4 = \frac{3}{14}$

3 Herr Frei braucht $\frac{3}{8}$ l Milch, $\frac{1}{8}$ l Sahne und $\frac{1}{16}$ kg Butter.

4 Die Strecke nach 1 h ist $3\frac{1}{8}$ km, die Strecke nach 2 h ist $6\frac{1}{4}$ km, die Strecke nach 3 h ist $9\frac{3}{8}$ km.

5 Bruchteile beliebiger Größen

1 12 m; 3 cm; 9 m; 12 mm
7 kg; 10 kg; 7 m; 40 m
3 h; 4 t; 15 kg; 625 m

2 Die Lösungen sind nach Zeilen der Tabelle geordnet.
2 m; 8 m; 5 kg; 15 cm; 1 min; 9 h; 12 t; 10 km; 6 kg; 100 g
1 m; 4 m; $2\frac{1}{2}$ kg; $7\frac{1}{2}$ cm; $\frac{1}{2}$ min; $4\frac{1}{2}$ h; 6 t; 5 km; 3 kg; 50 g
3 m; 12 m; $7\frac{1}{2}$ kg; $22\frac{1}{2}$ cm; $1\frac{1}{2}$ min; $13\frac{1}{2}$ h; 18 t; 15 km; 9 kg; 150 g
$1\frac{1}{2}$ m; 6 m; $3\frac{3}{4}$ kg; $11\frac{1}{4}$ cm; $\frac{3}{4}$ min; $6\frac{3}{4}$ h; 9 t; $7\frac{1}{2}$ km; $4\frac{1}{2}$ kg; 75 g

3 15 dm (auch 150 cm ist richtig); 75 cm; 4 cm; 125 m
375 g; 125 cm; 1200 kg; 11 cm
10 min; 90 min; 5 s; 50 s

4 Anteile: $\frac{1}{4}$; $\frac{1}{4}$; $\frac{1}{5}$; $\frac{1}{10}$; $\frac{1}{12}$; $\frac{3}{16}$
Ganze: 15 cm; 10 km; 2 h; 2 t; 3 m

5 Lara hatte 93 € dabei. Nach $1\frac{1}{2}$ h ist $\frac{1}{3}$ des Konzerts vorbei.
Die Fahrt dauert voraussichtlich 14 h.

6 Gesamte Arbeitszeit: 40 h
Anteile an der gesamten Arbeitszeit:
Jenny: $\frac{1}{4}$ Miriam: $\frac{1}{5}$ Annika: $\frac{2}{5}$ Inge: $\frac{3}{20}$
Jenny bekommt $\frac{1}{4}$ von 100 €, also 25 €, Miriam 20 €, Annika 40 € und Inge 15 €.
Anderer Lösungsweg:
Pro Arbeitsstunde wurden 100 € : 40 = 2,50 € gezahlt. Jenny bekommt 10 · 2,50 € = 25 €. Entsprechend rechnet man die anderen Beträge aus.

7 2 €; 15 €; 24 g
500 m; 6 kg; 240 g
75 dm (auch 750 cm ist richtig); 4800 g;
350 ct (auch 3,50 € ist richtig)

8 1 l Saft enthält 200 g Zucker.
Der Stamm verliert 45 kg. Er wiegt noch 255 kg.
Anderer Lösungsweg: Das Gewicht nach dem Trocknen ist 85 % des Frischgewichts, also $\frac{85}{100} \cdot 300\,\text{kg} = 255\,\text{kg}$

6 Multiplizieren von Brüchen

1 $\frac{1}{6}$; $\frac{1}{9}$; $\frac{1}{8}$ $\frac{2}{9}$; $\frac{2}{9}$; $\frac{1}{12}$; $\frac{1}{6}$; $\frac{3}{8}$

2 $\frac{3}{8}$; $\frac{1}{8}$; $\frac{3}{16}$; $\frac{2}{15}$; $\frac{1}{4}$ $\frac{8}{15}$; $\frac{3}{10}$; $\frac{15}{16}$; $\frac{15}{14}$; $\frac{8}{45}$
$\frac{3}{10}$; $\frac{3}{25}$; $\frac{2}{3}$; $\frac{1}{4}$; $\frac{16}{21}$ $\frac{3}{2}$; $\frac{4}{11}$; $\frac{4}{3}$; $\frac{3}{10}$; $\frac{3}{4}$

3 $\frac{5}{12}$; $\frac{2}{3}$; $\frac{2}{3}$; $\frac{5}{6}$; $\frac{15}{28}$

4 $\frac{1}{4}$kg; $\frac{1}{8}$km; $\frac{2}{9}$l; $\frac{1}{6}$h
$\frac{1}{10}$m; $\frac{3}{8}$dm; $\frac{3}{8}$l; $\frac{1}{6}\text{m}^2$

5 Es kann mehrere Möglichkeiten geben. Andere Lösungen entstehen durch Erweitern oder durch Vertauschen von zwei Zählern.

$\frac{4}{5} \cdot \frac{2}{3} = \frac{8}{15}$ $\frac{5}{6} \cdot \frac{7}{2} = \frac{35}{12}$ $\frac{4}{7} \cdot \frac{2}{3} = \frac{8}{21}$

$\frac{4}{5} \cdot \frac{2}{3} = \frac{8}{15}$ $\frac{9}{2} \cdot \frac{3}{4} = \frac{27}{8}$ $\frac{1}{6} \cdot \frac{1}{4} = \frac{1}{24}$

$\frac{1}{5} \cdot \frac{3}{4} = \frac{3}{20}$ $\frac{1}{6} \cdot \frac{5}{2} = \frac{5}{12}$ $\frac{1}{7} \cdot \frac{5}{11} = \frac{5}{77}$

$\frac{5}{16} \cdot \frac{3}{4} = \frac{15}{64}$ $\frac{1}{6} \cdot \frac{2}{5} = \frac{1}{15}$ $\frac{12}{7} \cdot \frac{7}{22} = \frac{6}{11}$

$\frac{5}{6} \cdot \frac{1}{5} = \frac{1}{6}$ $\frac{9}{16} \cdot \frac{4}{3} = \frac{3}{4}$ $\frac{4}{7} \cdot \frac{7}{20} = \frac{1}{5}$

6

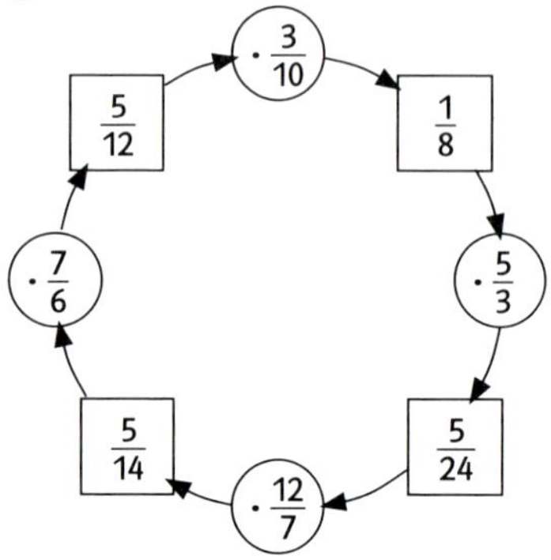

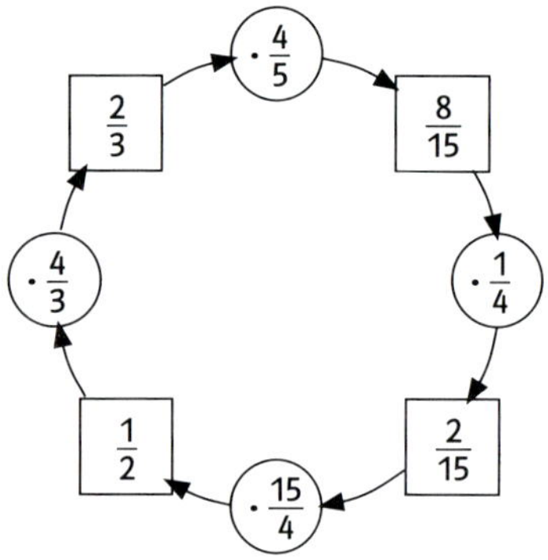

7 Anteile der Söhne von Niklaus: $\frac{1}{12}$
von Peter: $\frac{1}{15}$ von Karl: $\frac{1}{6}$

8 Anteil der Stimmen für Ines: $\frac{7}{15}$.
Es waren nicht mehr als die Hälfte. Das sieht man, wenn man die Brüche $\frac{7}{15}$ und $\frac{1}{2}$ gleichnamig macht: $\frac{7}{15} = \frac{14}{30}$ und $\frac{1}{2} = \frac{15}{30}$.

9 Es waren 42 %.
$70\,\% = \frac{70}{100} = \frac{7}{10}$; $60\,\% = \frac{60}{100} = \frac{6}{10}$;
$\frac{7}{10} \cdot \frac{6}{10} = \frac{42}{100}$
60 % von 70 % sind also 42 %.

7 Dividieren von Brüchen

1 2-mal; 4-mal; 8-mal; 20-mal
3-mal; 6-mal; 9-mal; 15-mal
3-mal; 7-mal; 7-mal; 8-mal
8-mal; 10-mal; 15-mal; 11-mal

2 $\frac{8}{3}$; $\frac{6}{5}$; $\frac{5}{12}$; $\frac{15}{8}$; $\frac{9}{20}$
$\frac{9}{2}$; $\frac{5}{18}$; $\frac{35}{18}$; $\frac{21}{8}$; $\frac{20}{27}$
$\frac{15}{28}$; $\frac{27}{40}$; $\frac{5}{12}$; $\frac{99}{24}$; $\frac{24}{25}$
$\frac{12}{11}$; $\frac{9}{16}$; $\frac{25}{24}$; $\frac{20}{39}$; $\frac{75}{54}$

3 $\frac{5}{3}$; $\frac{2}{5}$; $\frac{3}{2}$; $\frac{1}{2}$; $\frac{1}{4}$
$\frac{3}{2}$; $\frac{1}{8}$; $\frac{5}{2}$; $\frac{15}{4}$; $\frac{2}{15}$
$\frac{5}{3} = 1\frac{2}{3}$; $\frac{21}{10} = 2\frac{1}{10}$; $\frac{9}{8} = 1\frac{1}{8}$; $\frac{4}{3} = 1\frac{1}{3}$
$\frac{4}{3} = 1\frac{1}{3}$; $\frac{10}{9} = 1\frac{1}{9}$; $\frac{8}{3} = 2\frac{2}{3}$; $\frac{7}{4} = 1\frac{3}{4}$; $\frac{8}{9}$

4 8; 2; 4; 2; 1; 21

5 $\frac{28}{15}$; $\frac{21}{20}$; 1; 1; $\frac{81}{16}$; $\frac{12}{5}$
$\frac{20}{3}$; 4; $\frac{3}{16}$; $\frac{3}{4}$; 5; $\frac{1}{6}$

6 Chris rechnet: $\frac{57}{126} : \frac{95}{154} = \frac{57 \cdot 154}{126 \cdot 95}$.
Nach vielem Kürzen kommt er auf $\frac{11}{15}$.
Zweite Aufgabe: Nach der Kehrbruch-Regel ergibt sich $\frac{57 \cdot 154}{95 \cdot 126}$ aber weider $\frac{11}{15}$.
Dritte Aufgabe: $\frac{126 \cdot 95}{57 \cdot 154}$; das ist der Kehrbruch von $\frac{57 \cdot 154}{126 \cdot 95}$. Also ergibt sich $\frac{15}{11}$.

7 Der erste Karton gibt 6 Gläser, der zweite gibt $7\frac{1}{2}$ Gläser.

8 $\frac{3}{4}\,l : \frac{3}{10}\,l = \frac{5}{2}$
Aus 2 Flaschen kann man also 5 Gläser füllen.
Andere mögliche Anzahlen von Flaschen sind 4, 6, 8, …

8 Punkt vor Strich. Klammern

1 $\frac{1}{2}$; $\frac{3}{8}$; $\frac{1}{3}$; $\frac{1}{4}$
$\frac{4}{5}$; $\frac{7}{5}$; $\frac{1}{2}$; $\frac{5}{3}$
$\frac{1}{2}$; $\frac{1}{8}$; $\frac{2}{3}$; $\frac{1}{4}$
$\frac{9}{16}$; $\frac{3}{32}$; $\frac{1}{3}$; $\frac{5}{3}$

2 $\frac{1}{4}$; $\frac{3}{10}$; $\frac{2}{3}$; $\frac{5}{12}$
$\frac{7}{15}$; $\frac{4}{9}$; $\frac{3}{2}$ $\frac{1}{8}$; $\frac{2}{11}$; $\frac{1}{5}$

3 $\frac{1}{2}$; $\frac{1}{2}$; $\frac{4}{7}$ $\frac{5}{8}$; $\frac{5}{4}$; $\frac{7}{10}$

Teste dich selbst

1 $\frac{4}{5}$; $\frac{7}{10}$; $\frac{13}{30}$; $\frac{7}{18}$

2 $\frac{1}{2}$; $\frac{5}{8}$; $\frac{11}{12}$; $\frac{5}{12}$

3 $3\frac{1}{4}$; $3\frac{4}{15}$; $2\frac{1}{2}$; $1\frac{2}{3}$

4 $\frac{3}{5}$; $\frac{2}{11}$; $3\frac{3}{4}$; $\frac{3}{22}$

5 $\frac{3}{10}$; $\frac{15}{32}$; $\frac{25}{27}$; $\frac{3}{4}$

6 $\frac{3}{20}$; $\frac{1}{10}$; $\frac{3}{5}$

7 Maja erhält $\frac{46}{15}\,l$ Getränke.
Weil $46 > 3 \cdot 15$ gilt, ist das mehr als 3 l.

8 Für Jan hat der Anteil $\frac{9}{25}$ der Wahlberechtigten gestimmt. Das sind 36 %.

9 4 m; 12 cm; 7 kg

10 125 cm; 375 cm; 125 kg

11 Jens bekam 120 Stimmen, Tatjana 140 Stimmen, Kirsten 100 Stimmen.

4 Dezimalbrüche

1 Dezimalschreibweise

1 0,3; 0,02; 0,09; 0,008; 0,0007
0,65; 0,485; 0,1297
0,702; 0,087; 0,056
0,4003; 0,0303; 0,4027
0,15; 0,99; 0,871; 0,031
0,027; 0,101; 0,1235; 0,0101
3,7; 29,82; 17,462
30,2; 65,04; 2,005; 20,0202

2 $\frac{7}{10}$; $\frac{9}{10}$; $\frac{6}{100}$; $\frac{8}{1000}$; $\frac{2}{10\,000}$
$\frac{1}{100}$; $\frac{4}{1000}$; $\frac{6}{10}$; $\frac{9}{1000}$; $\frac{8}{100\,000}$

3 $\frac{5}{10} + \frac{6}{100} = \frac{56}{100}$; $\frac{9}{10} + \frac{8}{100} + \frac{1}{1000} = \frac{981}{1000}$
$\frac{2}{10} + \frac{2}{100} + \frac{2}{1000} = \frac{222}{1000}$; $\frac{5}{100} + \frac{6}{1000} = \frac{56}{1000}$
$\frac{3}{10} + \frac{8}{100} + \frac{2}{1000} + \frac{5}{10\,000} = \frac{3825}{10\,000}$
$\frac{1}{10} + \frac{5}{1000} = \frac{105}{1000}$
$\frac{1}{100} + \frac{4}{1000} = \frac{14}{1000}$; $\frac{5}{10} + \frac{2}{10\,000} = \frac{5002}{10\,000}$
$\frac{7}{100} + \frac{6}{10\,000} = \frac{706}{10\,000}$; $\frac{5}{1000} + \frac{5}{10\,000} = \frac{55}{10\,000}$

4 $\frac{4}{5}$; $\frac{1}{2}$; $\frac{1}{4}$; $\frac{1}{20}$; $\frac{1}{50}$
$\frac{3}{20}$; $\frac{1}{8}$; $\frac{11}{25}$; $\frac{81}{100}$; $\frac{1}{40}$

5 659 cm; 37 dm; 1568 mm; 2736 m;
2730 m; 2700 m; 5872 kg; 1234 mg; 308 cm

6 34,6 dm = 3,46 m; 79,4 cm = 7,94 dm
7289,15 dm^2 = 72,8915 m^2
920,68 dm^2 = 9,2068 m^2
6304,69 cm^2 = 63,0469 dm^2

7 0,0001 mm; $\frac{8}{1\,000\,000}$ g

2 Vergleichen und Ordnen von Dezimalbrüchen

1 0,87 < 0,89 0,281 > 0,279
5,13 > 5,214 0,9421 > 0,9409
0,00512 < 0,0105 0,27 > 0,2699
1,012 < 2,973 3,44 < 3,4444
0,099 < 0,1 0,0001 > 0,00001

2 Oberer Zahlenstrahl von links nach rechts: 0,64; 0,69; 0,74
Untere Zahlenstrahl von links nach rechts: 0,301; 0,305; 0,312; 0,319

3

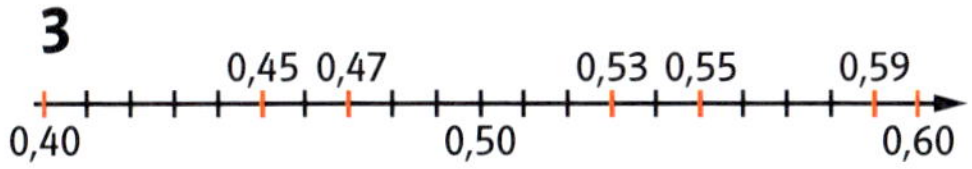

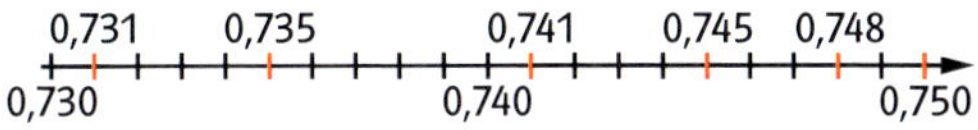

4 0,786 < 0,856 < 0,875
1,745 < 1,766 < 1,779 < 1,905
0,889 < 0,988 < 0,989 < 0,998

5

0,84	<	0,92	<	1,27
∧		∧		∧
0,87	<	0,94	<	1,38
∧		∧		∧
0,98	<	0,99	<	1,41

Man kann beispielsweise 0,94 und 0,98 vertauschen. Der Dezimalbruch 0,84 muss aber immer links oben stehen, der Dezimalbruch 1,41 rechts unten.

6 3,86; 0,3; 0,765; 3,7
1,481; 24,53; 0,151; 0,069
52,40; 26,0; 0,9976; 1,00

7 0,8 m = 8 dm; 1,46 m = 146 cm;
0,921 m = 921 mm
0,3 kg = 300 g; 4,71 kg = 4710 g;
1,3 t = 1300 kg

8 5; 6; 7; 8; 9 0; 1; 2; 3; 4
5; 6; 7; 8; 9
kleinstes Ziffernpaar: 50 größtes Ziffernpaar: 99

3 Umwandeln von Brüchen in Dezimalbrüche

1 0,3; 0,25; 0,6; 0,5; 0,15
0,55; 0,12; 0,32; 0,06; 0,24
0,007; 0,004; 0,75; 0,98; 0,045
0,3; 0,3; 1,5; 0,4; 0,8
0,4; 0,75; 0,15; 0,06; 1,8
3,75; 0,018; 0,024; 8,12; 0,048

2 1,75 kg; 7,5 m; 0,9 m; 1,4 t; 0,375 l
3,25 km; 1,9 m; 4,125 kg; 0,05 t; 0,75 g

3

Bruch	$\frac{3}{4}$	$\frac{1}{4}$	$\frac{20}{100} = \frac{1}{5}$	$\frac{27}{100}$	$\frac{4}{5}$
Dezimalbruch	0,75	0,25	0,20	0,27	0,8
Prozentzahl	75%	25 %	0,20 %	27%	80 %

Bruch	$\frac{33}{100}$	$\frac{7}{10}$	$\frac{9}{15}$	$\frac{1}{100}$	$\frac{7}{100}$
Dezimalbruch	0,33	0,7	0,6	0,01	0,07
Prozentzahl	33 %	70%	60 %	1%	7%

4 Periodische Dezimalbüche

1 $0,\overline{3}$; $0,\overline{6}$; $0,\overline{5}$; $0,\overline{7}$
$0,\overline{1}$; $0,\overline{18}$; $0,\overline{63}$; $0,\overline{90}$

2 $1,\overline{3}$; $2,\overline{6}$; $1,\overline{1}$; $1,\overline{4}$
$8,\overline{3}$; $1,\overline{36}$; $1,\overline{09}$; $9,\overline{09}$

3 $0,1\overline{6}$; $0,2\overline{6}$; $0,5\overline{3}$; $0,41\overline{6}$
$0,91\overline{6}$; $0,1\overline{36}$; $0,6\overline{81}$; $0,2\overline{3}$

4 0,5; 0,6; 2,8; 5,1

Teste dich selbst

1 0,8; 0,27; 0,03; 0,027
0,18; 0,381; 5,036

2 $\frac{3}{5}$; $\frac{1}{4}$; $\frac{11}{100}$; $\frac{1}{8}$

3 5,32 dm; 9,31 m^2; 7,05 m^2

4

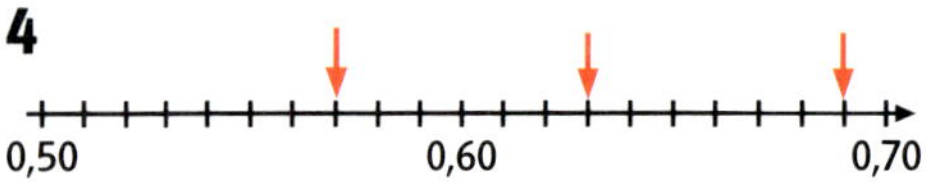

a) 0,53 b) 0,67

5 0,67 < 0,671 < 0,68; 0,66 < 0,67 < 0,76 < 0,77

6 0,7; 0,73; 0,9; 3,00

7 25 %; 40 %; 12 %; 20 %

8 1,25 kg; 7,5 m; 0,125 l

9 $0,\overline{3}$; $0,\overline{4}$; $0,\overline{63}$; $0,\overline{16}$

5 Rechnen mit Dezimalbrüchen

1 Addieren und Subtrahieren

1 3,9; 9,3; 5,2; 9,2
2,9; 3,6; 12,7; 13,2
3,6; 8,49; 2,27
8,68; 5,11; 11

2 7,888; 8,739; 5,191; 9,981
15,647; 2,9241; 99,807

3 6,221; 5,501; 5,481; 0,740 (richtig auch 0,74)
3,209; 0,7001; 11,011

4 6,48; 3,32
16,88; 7,60 (richtig auch 7,6)
23,71; 108,15
7,299; 1,09
0,14; 0,01; 2,000 (richtig auch 2)

5 10,56, Ü 10; 11,53, Ü 12; 4,21, Ü 4
11,124, Ü 11; 0,04, Ü 0; 31,74, Ü 32

2 Multiplizieren und Dividieren mit Zehnerpotenzen

1 7,6; 36,6; 591; 127,8
187,2; 58,8; 93; 679
9674; 80,6; 690,6; 716
15; 510; 8; 67
5600; 900,1; 80; 1
0,5; 23 600; 0,7; 12 345,6

2 3,86; 5,78; 0,712; 1,247
0,0287; 0,0156; 0,075; 0,231
0,034; 0,086; 0,014; 0,0963
0,001; 0,1351; 0,008; 0,0006
0,111; 0,0111; 0,0111; 0,1111
1,207; 78,59; 0,003; 0,003

3 10; 100; 100
1000; 100; 1000
100; 1000; 10 000

4 10; 100; 10
10; 100; 100
100; 100; 1000

5 · 100; · 1000; : 100
· 10 000; : 1000; : 10 000

6 4,85 m = 485 cm; 0,138 m = 138 mm
0,375 kg = 375 g; 0,450 kg = 450 g (auch 0,45 kg ist richtig)
0,506 t = 506 kg; 2,85 g = 2850 mg
0,79 m^2 = 79 dm^2; 0,95 dm^2 = 95 cm^2
12,5 dm^2 = 1250 cm^2; 0,7689 m^2 = 7689 cm^2

7 Der Weg vom Bahnhof zum Rathaus ist in der Wirklichkeit 590 m lang.
(5,9 · 10 000 cm = 59 000 cm = 590 m)
Der Weg von Talhausen nach Hohenheim ist in der Wirklichkeit 16,5 km lang.
(16,5 cm · 100 000 = 1 650 000 cm = 16 500 m = 16,5 km)

3 Multiplizieren

1 7,2; 7,5; 9,6; 9
1,44; 1,8; 3,2; 0,25
0,9; 0,6; 1,2; 10 (10,0 ist nicht falsch)
2,8; 0,28; 0,028; 0,0028
1; 1; 1; 0,1
9,3; 0,099; 0,036; 2,56

2 0,008; 0,0025; 0,0007; 0,0006
0,0048; 0,00034; 0,0054; 0,0002 (Wenn du erst einmal 0,00020 schreibst, siehst du die fünf Dezimalen.)

3 8,99; 0,368; 59,64
0,324; 9; 9,657
0,416; 76,8; 2,134
99,13; 0,00294; 0,10416
2,55; 0,02442; 60,48

4 28; 124; 111; 150; 1; 10

5 rotes Rechteck: 20,52 cm^2;
blaues Rechteck: 16,5 cm^2

6

	Volumen	Oberfläche
roter Quader	35,2 cm^3	66,16 cm^2
blauer Quader	28,5 cm^3	64,4 cm^2

7 Flächeninhalt: 56,89 m^2
Kosten: Buchenparkett: 2275,60 € ,
Eichenparkett: 3413,40 €
Auf 100 € gerundet: Buche 2300 € ,
Eiche 3400 €

4 Dividieren

1 3,2; 0,7; 0,5; 4,2
20; 20; 80; 200
2; 2; 25; 8
40; 3; 231; 100
200; 2; 0,22; 20

2 0,206; 0,05; 93; 0,2
4100; 0,05; 500; 3000
0,01; 1920; 0,04; 3,6

3 0,45; 84,2; 1,24
357; 0,375; 4,2
5,2; 0,115; 55
12,34; 7,5; 750
230; 555; 24 600
70; 1110

4 3,19; 42,8
9,1; 0,125; 25,7; 0,11
17,5; 7,04; 0,6; 0,228
0,7; 0,005; 0,8; 0,2

5

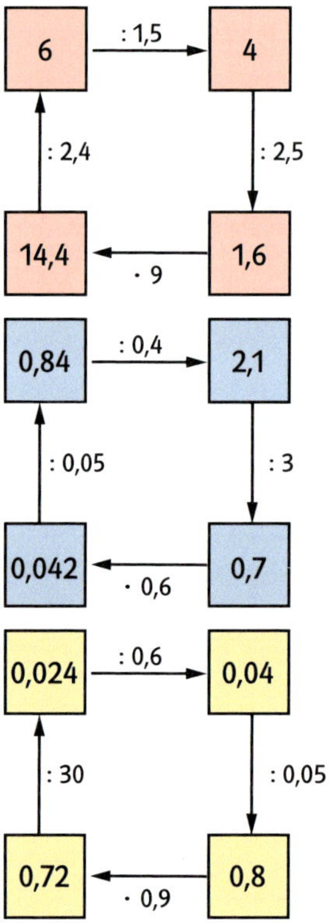

6 24 Flaschen Apfelsaft
53 : 0,7 = 530 : 7 = 75 Rest 5, also 75 Flaschen Traubensaft; die 76. Flasche wird nicht mehr voll.

5 Verbindung der Rechenarten

1 5,7; 4,1; 1
2; 5,5; 0,1
9,9; 8,4; 3,5
10; 9,4; 2,4

2 12,7; 2,42;
5,3; 4,04; 0,1
3,9; 10,2; 5,3

3 4,2; 6,6; 1,4
10,8; 0,52; 1,2
10; 0,05; 4,18
0; 3,3; 2,4

4 0,66; 1,44; 2,2; 50; 9; 1,8

5 0,4; 2,4; 7,8
6,8; 1,3; 6; 3; 8,2

6 a) $9{,}6 - 2 \cdot (1{,}5 + 2{,}5) = 1{,}6$
b) $2{,}8 : 0{,}4 + 3{,}2 \cdot 1{,}5 = 11{,}8$
c) $0{,}74 : (6{,}2 - 2{,}5) = 0{,}2$
d) $6{,}5 : 2{,}6 + 2{,}6 : 6{,}5 = 2{,}9$
e) $(3{,}8 + 10{,}5) : (12{,}6 - 11{,}3) = 11$
f) $3{,}56 : 0{,}4 - 240 \cdot 0{,}03 = 1{,}7$

7 Kassenzettel
6 · 1,55 € + 6 · 1,67 € + 6 · 2,15 € =
9,30 € + 10,02 € + 12,90 € = 32,22 €
Lenas Rechnung
6 · (1,55 € + 1,67 € + 2,15 €) = 6 · 5,37 € =
32,22 €

8 $2\frac{1}{2} \cdot 7{,}30\,€ + 2\frac{1}{2} \cdot 12{,}60\,€$
$= 2{,}5 \cdot 7{,}30\,€ + 2{,}5 \cdot 12{,}60\,€$
$= 18{,}25\,€ + 31{,}50\,€ = 49{,}75\,€$
Etwas einfachere Rechnung
$2\frac{1}{2} \cdot (7{,}30\,€ + 12{,}60\,€) = 2{,}5 \cdot 19{,}90\,€$
$= 49{,}75\,€$
Herr Bauer zahlt 49,75 €.

Teste dich selbst

1 9,8; 3,3; 0,89; 7,3

2 9,927; 3,878.

3 17,8; 85; 1,25; 0,0198

4 Auf einer Karte im Maßstab 1:10 000 ist die Strecke 1,27 km lang.

5 2,7; 0,2; 0,0012
67,45; 0,36; 6

6 Volumen: 88,4 cm^3;
Oberfläche: 123,4 cm^2

7 1,8; 8; 45,5; 1,3

8 5,3; 9,6; 2,76; 7

6 Flächeninhalt und Rauminhalt

1 Flächen vergleichen

1

Figur	Flächeninhalt
A	20 K
B	12 K
C	25 K
D	15 K
E	20 K
F	18 K
G	23 K
H	10 K

Figur C hat den größten Flächeninhalt. Figur H hat den kleinsten Flächeninhalt.
Die Figuren A und E haben denselben Flächeninhalt.

2 Flächeneinheiten

1 700 dm^2; 1800 mm^2; 1500 cm^2; 700 m^2;
800 ha; 200 a; 3 ha; 4 a;
2 cm^2; 2700 dm^2; 55 m^2; 3000 a;
1800 ha; 22 dm^2; 6700 a; 4700 dm^2;
20 ha; 5 cm^2; 1200 a; 10 a

2 4,87 m^2; 27,12 m^2; 99,35 cm^2;
76,25 a; 7,51 km^2; 5,09 km^2
30,4 m^2 (auch 30,40 m^2 ist richtig);
20,07 cm^2; 10,01 ha

3 $72\,dm^2\ 47\,cm^2$; $4162\,mm^2$;
$19\,m^2\ 82\,dm^2$; $2866\,cm^2$;
$8\,cm^2\ 69\,mm^2$; $6352\,m^2$;
$32\,km^2\ 6\,ha$; 7020 ha;
$22\,a\ 9\,m^2$; 1050 a

4 $75\,m^2$; $76\,m^2$
$5117\,dm^2$; 590 a
$648\,m^2$; $5744\,m^2$
5887 ha; $0\,dm^2$
$84\,m^2$; $495\,cm^2$; 111 ha
$1900\,mm^2$; 10 100 ha; $4480\,cm^2$
$27\,cm^2$; $14\,dm^2$; 53 a
5; 96; 827
100; 400; 70

5 Der Flächeninhalt beträgt 631 a.

6 Fläche für die Beete: $3010\,m^2$
$3010\,m^2 : 150\,m^2 = 20$ R 10
Der Platz reicht für 20 Beete.

3 Berechnungen am Rechteck

1

Länge	6 cm	9 cm	14 m	7 dm
Breite	5 cm	2 cm	4 m	6 dm
Umfang	**22 cm**	**22 cm**	**36 m**	**26 dm**
Flächeninhalt	**$30\,cm^2$**	**$18\,cm^2$**	**$56\,m^2$**	**$42\,dm^2$**

Länge	20 mm	17 m	40 m
Breite	12 mm	5 m	16 m
Umfang	**64 mm**	**44 m**	**112 m**
Flächeninhalt	**$240\,mm^2$**	**$85\,m^2$**	**$640\,m^2$**

2

Länge	8 cm	6 m	7 dm	5 mm
Breite	6 mm	2 dm	9 m	5 cm
Umfang	**172 mm**	**124 dm**	**158 dm**	**11 cm**
Flächeninhalt	**$480\,mm^2$**	**$120\,dm^2$**	**$630\,dm^2$**	**$250\,mm^2$**

Länge	4 m	84 dm	32 mm
Breite	9 cm	4 m	9 cm
Umfang	**818 cm**	**248 dm**	**244 mm**
Flächeninhalt	**$3600\,cm^2$**	**$3360\,dm^2$**	**$2880\,mm^2$**

3

Länge	Breite	Umfang	Flächeninhalt
5,5 m	4 m	**190 dm = 19 m**	**$2200\,dm^2 = 22\,m^2$**
4,5 cm	7 cm	**230 mm = 23 cm**	**$3150\,mm^2$**
3,2 dm	2,7 cm	**694 mm**	**$8640\,mm^2$**
11 dm	5,9 dm	**338 cm**	**$6490\,cm^2$**
4,6 m	20,7 m	**506 dm**	**$9522\,dm^2$**
84 mm	4,5 cm	**258 mm**	**$3780\,mm^2$**
10 m	1 cm	**2002 cm**	**$1000\,cm^2 = 10\,dm^2$**

4

Flächeninhalt	Länge der ersten Seite	Länge der zweiten Seite
$50\,cm^2$	10 cm	**5 cm**
$24\,m^2$	8 m	**3 m**
$54\,mm^2$	6 mm	**9 mm**
$4\,m^2$	50 dm	**8 dm**
$64\,dm^2$	32 cm	**200 cm = 2 m**
$60\,dm^2$	15 cm	**400 cm = 4 m**

5

Seitenlänge	Flächeninhalt	Umfang
5 cm	**$25\,cm^2$**	**20 cm**
20 cm	**$400\,cm^2$**	**80 cm**
3 dm	**$9\,dm^2$**	**12 dm**
12 m	**$144\,m^2$**	**48 m**
6 mm	**$36\,mm^2$**	**24 mm**
30 m	**$900\,m^2$**	**120 m**

6 Der Flächeninhalt des Grundstücks beträgt 432 m^2.
Für den Rasen bleibt eine Fläche von 350 m^2.
Die Fläche für die Sträucher misst 82 m^2.

7 Flächeninhalt mit den Mindestmaßen: 4050 m^2 = 40,5 a
Flächeninhalt mit den Höchstmaßen: 10 800 m^2 = 108 a
Flächeninhalt mit den Regelmaßen: 7140 m^2 = 71,4 a
Flächeninhalt mit den Regelmaßen einschließlich Sicherheitszone:
109 · 70 m^2 = 7630 m^2 = 76,3 a
Flächeninhalt der Sicherheitszone mit den Regelmaßen:
7140 m^2 – 7630 m^2 = 490 m^2 = 4,9 a
Der 1. FV Rehbach zahlt für Rollrasen (Regelmaße, einschließlich Sicherheitszone) 16 023 €.
Umfang eines Platzes mit den Regelmaßen: 346 m

8 Der Flächeninhalt des Kleinfelds beträgt 3570 m^2 = 35,7 a.
Der Umfang des Kleinfelds beträgt 241 m.
Der Umfang des Kleinfelds ist größer als der halbe Umfang (173 m) des Großfelds.

4 Rauminhalte vergleichen

1 A: 24 B: 24 C: 25 D: 24
Den größten Rauminhalt hat Quader C.

2 A: 2 · 3 · 10 = 60 B: 5 · 2 · 6 = 60
C: 15 · 2 · 2 = 60
Die drei Quader haben dasselbe Volumen.

3 Es ist günstig, die Teilwürfel zu zählen, die zum vollen Würfel fehlen.
A: 4 · 4 · 4 – 3 = 61
B: 64 – 8 = 56
C: 64 – (1 + 2 + 3) = 58

5 Raumeinheiten

1 9000 dm^3; 2000 mm^3; 5000 cm^3;
8 m^3; 14 000 dm^3; 357 000 cm^3;
4 cm^3; 27 000 dm^3; 25 m^3

2 7,862 m^3; 19,216 m^3; 52,034 m^3;
825,015 m^3; 7,431 cm^3; 50,020 m^3;
300,3 m^3; 25,769 l ; 600,009 cm^3
52,017 cm^3; 12,054 l; 1,001 m^3

3 6 dm^3 472 cm^3; 2319 dm^3 74 cm^3
462 mm^3; 60 834 dm^3;
9 m^3 450 dm^3; 27 650 dm^3
9 m^3 500 dm^3; 7800 dm^3;
9 l 476 ml; 3500 ml;
200 cm^3 100 mm^3; 740 300 mm^3

4 25 m^3; 4279 dm^3; 9500 cm^3;
12 025 mm^3; 3300 dm^3; 7309 dm^3;
770 l; 6180 mm^3; 5400 ml;
58 500 dm^3; 1000 cm^3; 7550 dm^3;
216 m^3; 5 dm^3; 305 mm^3;
1100 dm^3; 15 600 mm^3; 576 m^3;
7600 cm^3; 4; 15;
400; 570 mm^3; 690 dm^3

5 Es können
85 l + 60 l + 95 l + 140 l – 70 l = 310 l
Wasser geschöpft werden.
310 l : 8 l = 38 R 6
Familie Klein kann 38 Gießkannen füllen.

6 Die Ladung wiegt 18 700 kg = 18,7 t.

6 Berechnungen am Quader

1 Oberfläche:
$2 \cdot 72\,cm^2 + 2 \cdot 45\,cm^2 + 2 \cdot 40\,cm^2 = 314\,cm^2$
Volumen: $9 \cdot 8 \cdot 5 = 360$; $360\,cm^3$

2 A: $158\,cm^2$; $132\,cm^3$
B: $166\,dm^2$; $120\,dm^3$
C: $20\,200\,mm^2 = 202\,cm^2$; $140\,cm^3$

3 A: $510\,mm^2$; $756\,mm^3$
B: $424\,dm^2$; $480\,dm^3$
C: $368\,cm^2$; $420\,cm^3$
D: $148\,cm^2$; $80\,cm^3$
E: $628\,dm^2$; $880\,dm^3$

4 $100 \cdot 10 \cdot 1 = 1000$
$1000\,cm^3 = 1\,dm^3$

5 $96\,cm^2$; $64\,cm^3$
$150\,cm^2$; $125\,cm^3$
$486\,cm^2$; $729\,cm^3$

6 A: 4 cm B: 10 dm
C: 15 m D: 20 mm E: 8 dm

7 Packset Größe S: $4375\,cm^3$
Packset Größe M: $31\,500\,cm^3$
Karton Größe 3: $15\,975\,cm^3$
Karton Größe 7: $71\,100\,cm^3$

Tina hat recht, denn $4375\,cm^3 \cdot 16 = 70\,000\,cm^3$. Das ist weniger als $71\,100\,cm^3$.

Man kann keine 17 Packsets Größe S füllen, den das gäbe ein Volumen von $70\,000\,cm^3 + 4375\,cm^3 = 74\,375\,cm^3$. Das ist mehr als $71\,100\,cm^3$.

In der Länge passen 2 Packsets hinein, in der Breite ebenfalls 2, in der Höhe 3. Also passen $2 \cdot 2 \cdot 3 = 12$ Packsets Größe S in den Karton Größe 7.

Teste dich selbst!

1 $1800\,cm^2$; $700\,a$; $6\,dm^2$;
$5000\,dm^3$; $75\,m^3$; $200\,000\,mm^3$

2 $6{,}19\,dm^2$; $12{,}08\,m^2$; $30{,}15\,ha$;
$8{,}471\,m^3$; $12{,}085\,dm^3$; $3{,}001\,cm^3$

3 $15\,m^2\ 84\,dm^2 = 1584\,dm^2$;
$3\,cm^2\ 7\,mm^2 = 307\,mm^2$;
$3\,m^3\ 592\,dm^3 = 3592\,dm^3$;
$2\,cm^3\ 50\,mm^3 = 2050\,mm^3$

4 $3970\,dm^2$; $8521\,cm^3$; 6; 100

5

Länge	5 cm	8 mm	5,5 m
Breite	3 cm	12 mm	2 m
Umfang	**16 cm**	**40 mm**	**15 m**
Flächeninhalt	**15 cm^2**	**96 mm^2**	**11 m^2**

6

Länge	5 m	4 dm
Breite	4 m	1,5 dm
Höhe	2 m	3 dm
Oberfläche	**76 m^2**	**4500 cm^2 = 45 dm^2**
Rauminhalt	**40 m^3**	**18 000 cm^3 = 18 dm^3**

7 Oberfläche: $150\,cm^2$; Volumen: $125\,cm^3$

8 Seitenlänge: 6 cm

7 Körper

1 Prisma

1 Nur die Körper in der mittleren Spalte sind keine Prismen.

2 Erstes Netz: A und E; B und D; C; J, F und H; I; G
Zweites Netz: A und G; B und F; C und E; D; N, J und H; M und K; L; I
Drittes Netz: A, C und K; B; D, H und J; E und G; F; R und I; Q und M; P und N; O; L

3 Es gibt viele Möglichkeiten, ein Netz zu zeichnen. Hier siehst du zwei einfache Netze.

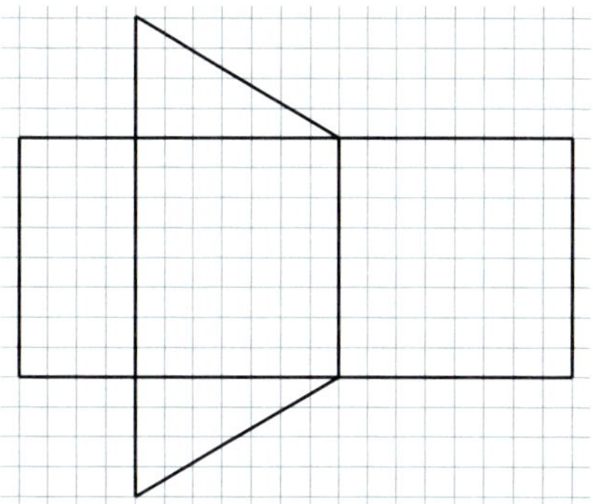

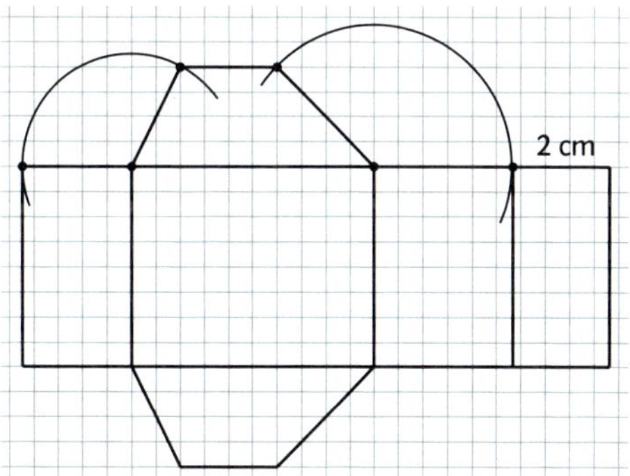

4

Grundfläche	Dreieck	Viereck	Fünfeck
Anzahl der Ecken	6	8	10
Anzahl der Kanten	9	12	15
Anzahl der Flächen	5	6	7

Grundfläche	Sechseck	Neuneck
Anzahl der Ecken	12	18
Anzahl der Kanten	18	27
Anzahl der Flächen	8	11

2 Pyramide

1 Nur der zweite Körper in der ersten Reihe, der erste Körper in der zweiten Reihe und der zweite Körper in der dritten Reihe sind keine Pyramiden.

2 Vier der Figuren sind keine Pyramidennetze.

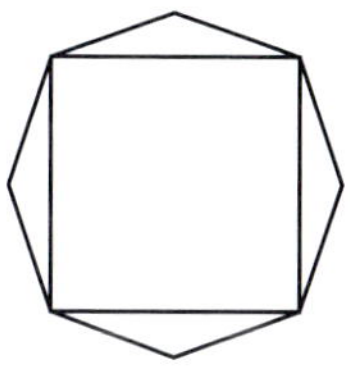

Erste Figur: Die Dreiecke sind zu klein. Sie treffen sich nicht in einer Spitze.

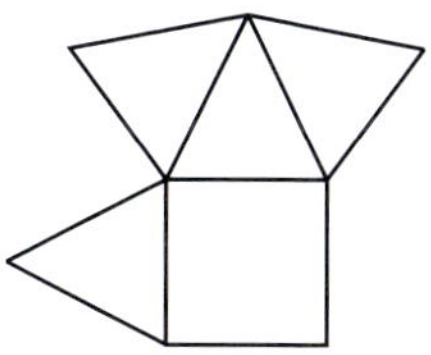

Zweite Figur: die zwei Dreiecke links liegen beim Zusammenfalten übereinander. Unten fehlt dafür ein Dreieck.

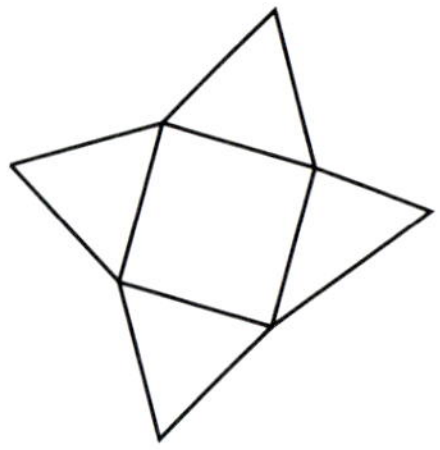

Dritte Figur: Das Dreieck rechts ist schief und passt nicht an seine Nachbarn.

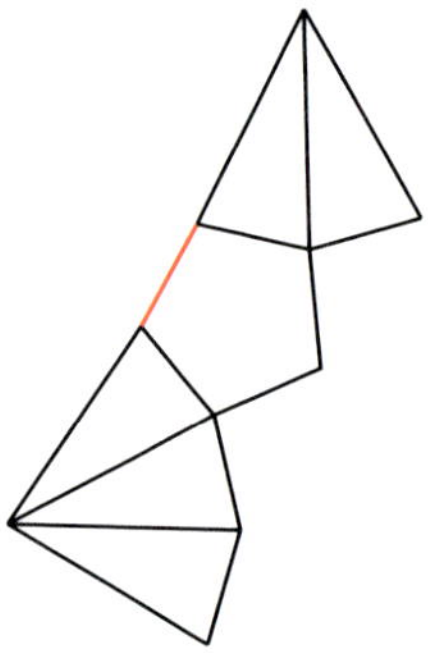

Vierte Figur: Das untere und das rechte Dreieck liegen beim Zusammenfalten übereinander. Dafür fehlt das Dreieck, das an die rot markierte Seite der Grundfläche gehört.

3

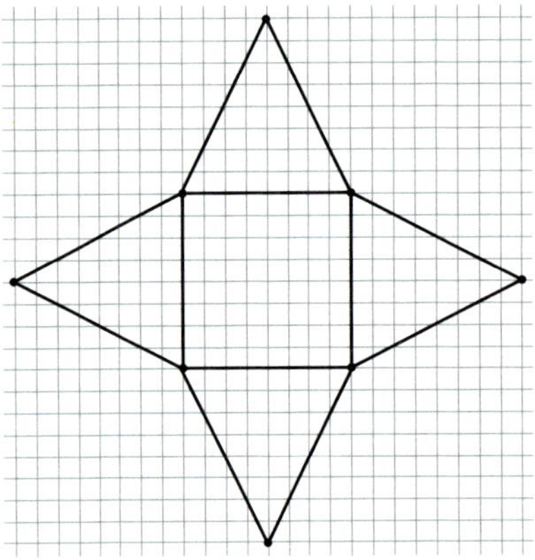

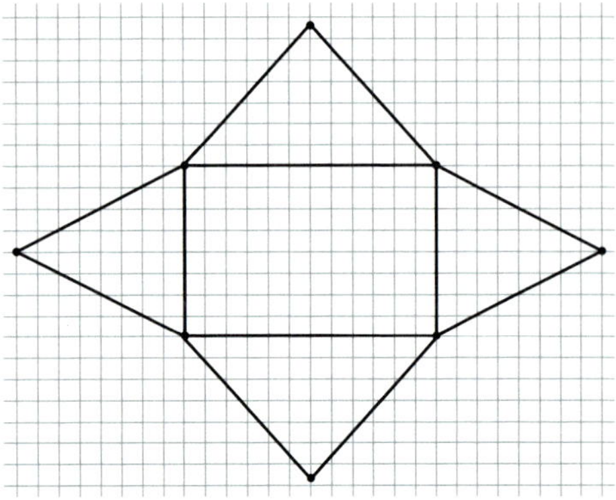

3 Schrägbilder

1

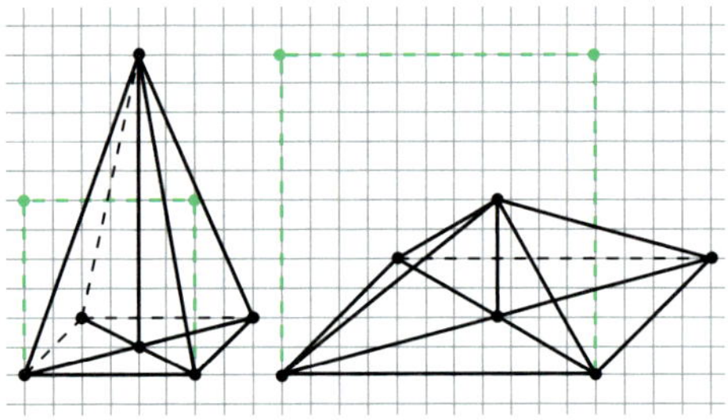

2

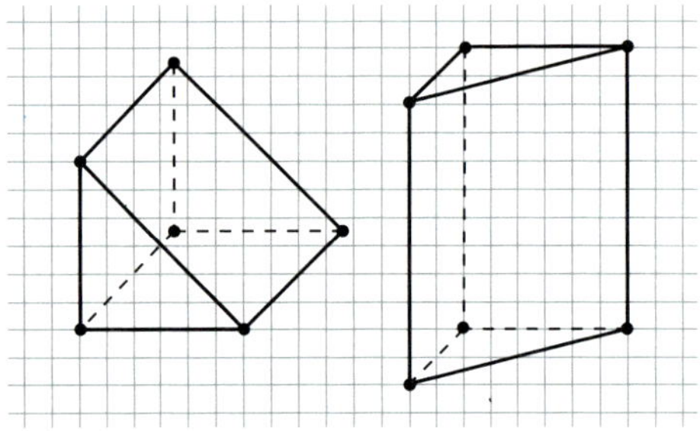

3

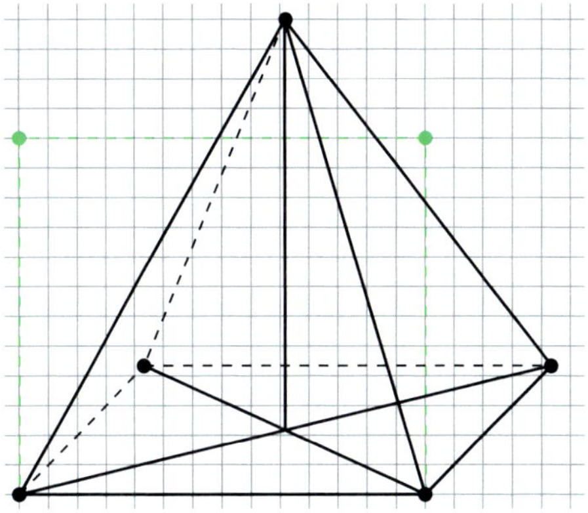

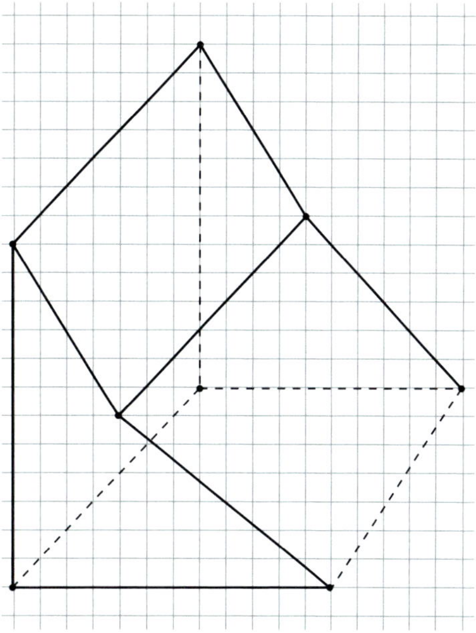

4

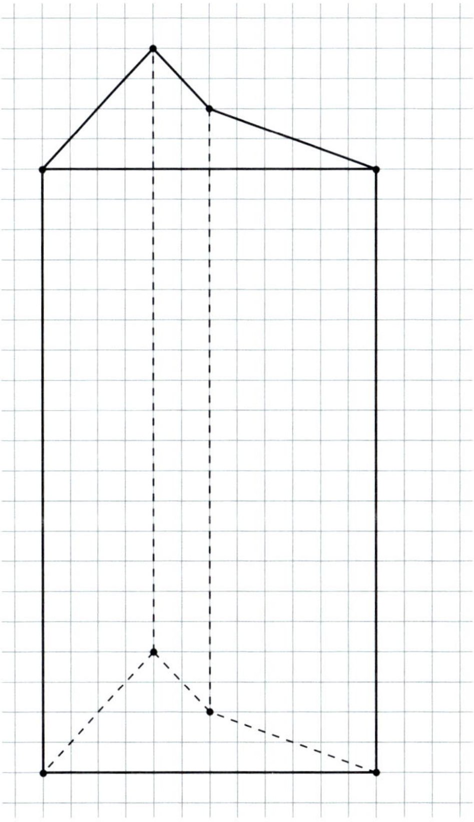

5

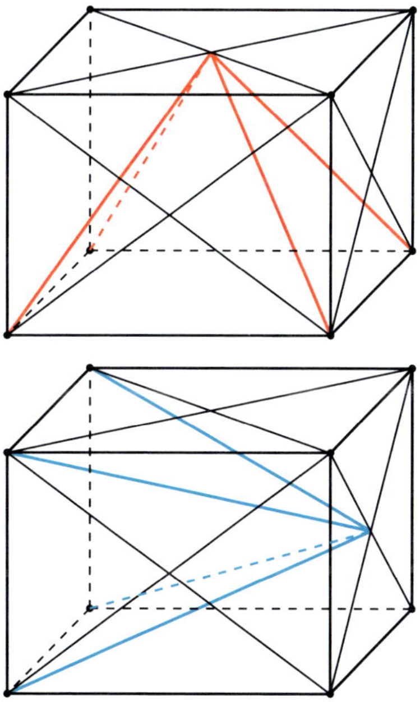

5

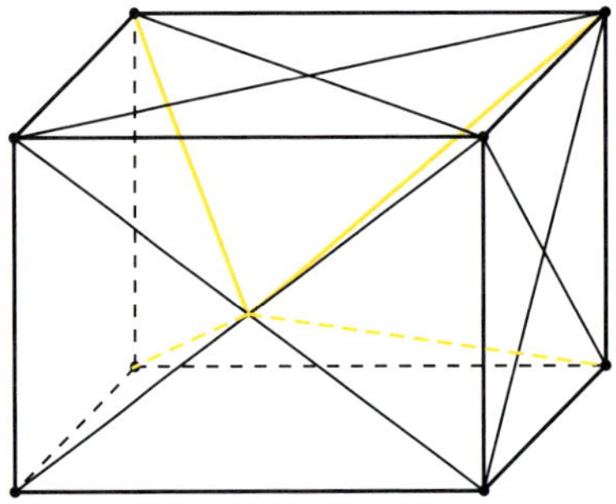

4 Zylinder. Kegel. Kugel

1

Anzahl	a)	b)	c)	d)	e)	f)	g)
Zylinder	2	0	1	2	0	3	0
Kegel	0	2	2	1	1	1	0
Kugel	0	0	0	0	1	0	2

2 Die mittlere obere Figur ist kein Zylindernetz. Die zwei veränderten Kreisausschnitte sind Netze von Kegelmänteln.

Teste dich selbst

1 Nur der erste und der vierte Körper sind anzukreuzen.

2 D fällt mit F zusammen; L mit J; M mit I; H mit N; A mit C und G

3 Es gibt viele Möglichkeiten. Das Bild zeigt ein einfaches Netz.

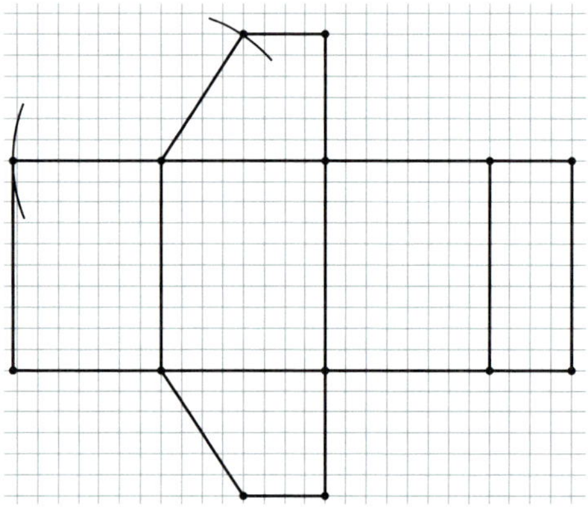

4

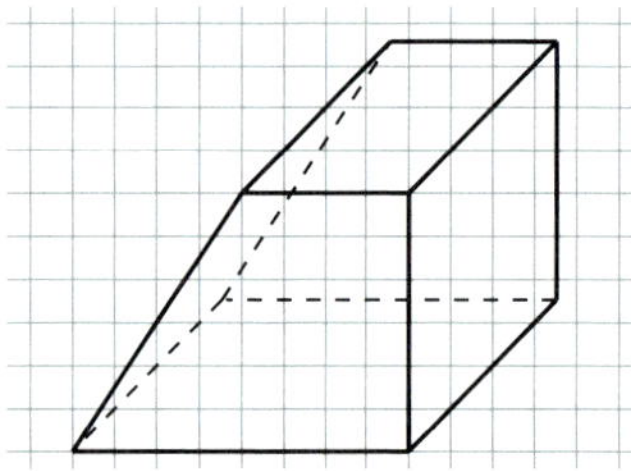

5

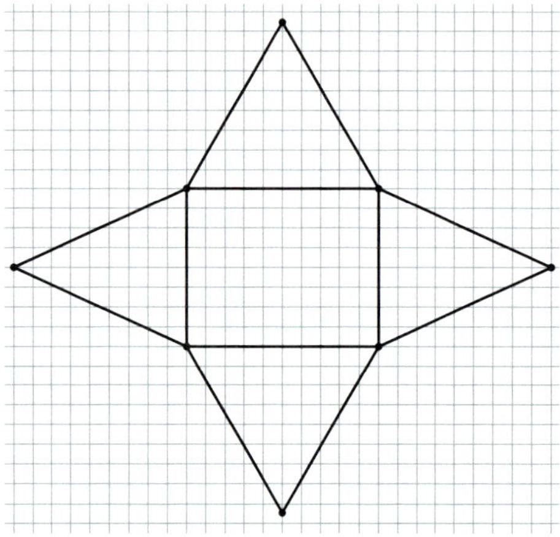

6

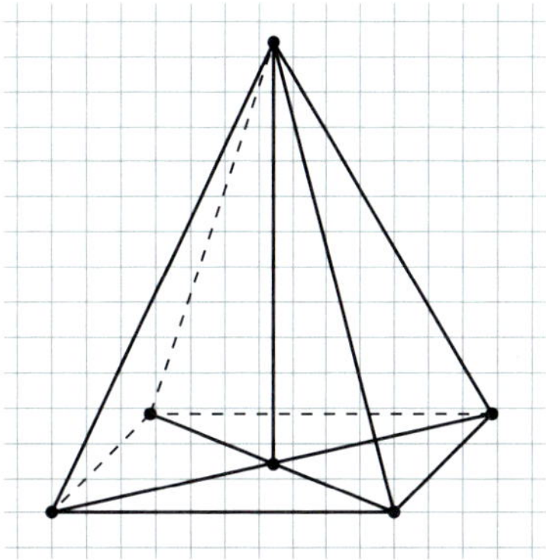

7 Alle vier Figuren lassen sich zu Mänteln aufrollen.

8 Terme. Variablen. Gleichungen

1 Terme mit Variablen

1 Von den verschiedenen Möglichkeiten ist immer nur eine angegeben.
a − b; 6 · x + 7; 2 · x + 3 · y; 3 · (a + b)
24 + x − y; 5 · x − 7 : y; (a − x) : 2;
2 − 8 · (x −3)

2 1 D; 2 A; 3 H; 4 F; 5 E; 6 G; 7 C; 8 B

3
drei Kärtchen:
x · y; 7 · x; y : 5
y − x; x : y; 7 · 5
fünf Kärtchen:
x − y − 5; x : 5 − 7; 5 − 7 · x
7 − 5 · y; y − x : 5; 5 : 7 − x
sieben Kärtchen:
5 · (x − y); 7 · (x − y); (y − x) : 5
5 · x − 7 : y; 7 · y − 5 : x; 7 · 5 − x : y
neun Kärtchen:
5 · (x − 7 : y); 5 · (y − 7 : x); (5 · x − 7) : y
7 · (x : 5 − y); 7 · (x : y − 5); 7 : (x · y − 5)

2 Berechnen von Termwerten

1 30; 24; 13; 21; 92
36; 4; 8; 41; 3

2

x	1	2	3	4	5	6
4 · x + 10	14	18	22	26	30	34

x	3	4	5	6	7	8	9
36 − 4 · x	24	20	16	12	8	4	0

y	2	4	6	8	10	12
$3 \cdot (y + 2)$	12	18	24	30	36	42

a	1	2	3	4	5	6	7	8
$a^2 + 1$	2	5	10	17	26	37	50	65

3 11; 25; 83; 38   18; 44; 7; 3

4

x	1	2	3	4	5	6
$5 \cdot x + 7$	12	17	22	27	32	37

x	7	8	9	10	11	...
$5 \cdot x + 7$	42	47	52	57	62	...

Der gesuchte Wert ist 47.

5 Die Summe $x + y$ ist immer 10.

x	y	x^2	y^2	$x^2 + y^2$	$2 \cdot x^2 + y^2$
0	10	0	100	100	200
1	9	1	81	82	83
2	8	4	64	68	72
3	7	9	49	58	67
4	6	16	36	52	68
5	5	25	25	50	75
6	4	36	16	52	88
7	3	49	9	58	107
8	2	64	4	68	132
9	1	81	1	82	163
10	0	100	0	100	200

Der kleinste Termwert von $x^2 + y^2$ ist 50, der kleinste Termwert von $2 \cdot x^2 + y^2$ ist 67.

3 Aufstellen von Termen

1 $3 \cdot x + 5$; $3 \cdot (x + 5)$; $\frac{x}{4} + 3$; $2 \cdot (x + 5)$; $5 + 2 \cdot x$

2 $p - 20$ €; $(p + 10\,€) : 2$ oder $\frac{p + 10\,€}{2}$; $\frac{x - 10\,\text{kg}}{2}$; $5\,\text{cm} + x : 2$; $30\,\text{cm} - x : 2$;
$2 \cdot (x + 20$ Jahre)
$x^2 + 50\,\text{cm}^2$; $2 \cdot x - x : 2$

3 a) $7 \cdot x$
b) $x + 2 \cdot y$
c) $4 \cdot 2 \cdot x$, kurz $8 \cdot x$
d) $6 \cdot x + 6 \cdot y$
e) $3 \cdot x + 4 \cdot x + 5 \cdot x$, kurz $(3 + 4 + 5) \cdot x = 12 \cdot x$
f) $20 \cdot x + 20 \cdot y$
g) $11 \cdot 2 \cdot x + 2 \cdot 3 \cdot x$, kurz $22 \cdot x + 6 \cdot x = 28 \cdot x$

Die Lösung ist auch richtig, wenn du die Kurzformen nicht ausgerechnet hast.

4 $3 \cdot x + 2 \cdot y + 10$; $15 \cdot x - y : 2$;
$5 \cdot (x + 8) + 12 \cdot y$; $(x + 5) : 3 + y : 7$

5 $p : 3 - 20$ €; $(p - 25\,€) : 2$;
$3 \cdot (x - 4$ Jahre)
Falls nur die Einheiten € und Jahre (oder kurz „a“) fehlen, ist die Lösung trotzdem richtig.

4 Einfache Gleichungen

1 $x = 6$; $x = 12$; $x = 24$; $x = 25$; $x = 7$; $x = 24$
$x = 5$; $x = 5$; $x = 15$; $x = 14$; $x = 16$; $x = 1$

2 $x = 5$; $x = 7$; $x = 3$; $x = 4$; $x = 8$; $x = 9$
$x = 3$; $x = 3$; $x = 9$; $x = 4$; $x = 9$

3 $x = 37$; $x = 26$; $x = 40$; $x = 14$; $x = 4$; $x = 3$

4 $x = 2$; $x = 9$; $x = 9$; $x = 4$

5 a) $2 \cdot 3 \cdot x + 2 \cdot x = 48\,cm$; $x = 6\,cm$;
Länge 18 cm; Breite 6 cm
b) $2 \cdot (x + 4\,cm) + 2 \cdot x = 48\,cm$; $x = 10\,cm$;
Länge 14 cm; Breite 10 cm
Die Lösung ist auch richtig, wenn du in der Gleichung die Einheit cm weggelassen hast.

6 $4 \cdot (x + 2\,cm) + 4 \cdot 2 \cdot x + 4 \cdot x = 88\,cm$;
$x = 5\,cm$
Länge 10 cm; Breite 7 cm; Höhe 5 cm
Die Lösung ist auch richtig, wenn du in der Gleichung die Einheit cm weggelassen hast.

7 Klasse 6a: Anzahl der Jungen: x;
Anzahl der Mädchen: $x - 5$
$x + x - 5 = 23$
$x = 14$
In Klasse 6a sind 14 Jungen und 9 Mädchen.

Klasse 6b: Anzahl der Mädchen x;
Anzahl der Jungen $x : 2$
$x - x : 2 = 7$
$x = 14$
In Klasse 6b sind 14 Mädchen und 7 Jungen.
Wenn du die Anzahl der Jungen mit x bezeichnest, kommst du auf die Gleichung $2 \cdot x - x = 7$. Das gibt $x = 7$. Beachte: Jetzt bedeutet x etwas anderes als vorher.

Klasse 6c: Anzahl der 12-Jährigen x
$12 \cdot x + 11 \cdot 6 + 13 \cdot 4 = 298$
$12 \cdot x + 118 = 298$
$x = 15$
$x + 6 + 4 = 25$
In Klasse 6c sind 25 Schülerinnen und Schüler.

Zehn Schülerinnen und Schüler sind älter oder jünger als 12 Jahre, also sind mindestens elf Schülerinnen und Schüler 12 Jahre alt. Du kannst also das Probieren mit $x = 11$ anfangen.

Teste dich selbst

1 $8 \cdot (4 - x)$; $(4 - x) \cdot 8$; $4 \cdot (8 - x)$;
$(8 - 4) \cdot x$
Es gibt noch mehr Möglichkeiten.

2 Das Doppelte einer um 15 vermehrten Zahl

3

x	4	12	20
$3 \cdot x + 9$	21	45	69
$4 \cdot (x - 3)$	4	36	68

4 29

5 $2 \cdot x + 7$; $(3 \cdot x + 5 \cdot y) : 2$; $p : 2 - 20\,€$

6 $x = 18$; $x = 15$; $x = 3$; $x = 5$

7 Gleichung:
$2 \cdot 3 \cdot x + 2 \cdot (x + 2\,cm) = 44\,cm$
$x = 5\,cm$
Länge: 15 cm; Breite: 7 cm

9 Proportionale Zuordnungen

1 Zuordnungen und Schaubilder

1

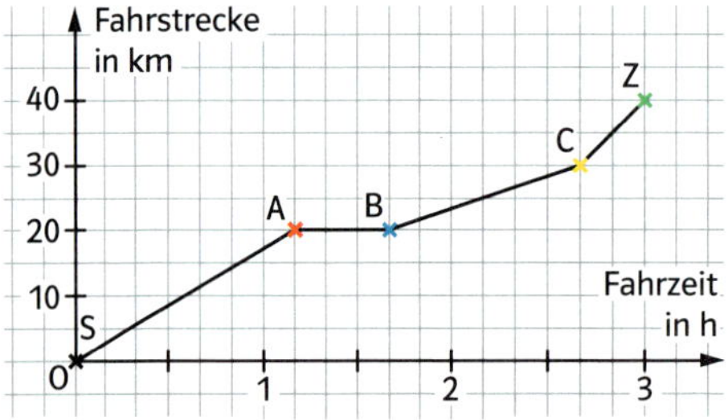

Von B bis C fuhr die Gruppe langsam, von C bis Z fuhr sie schnell, von S bis A mit mittlerer Geschwindigkeit.
Von S bis A waren es 20 km. Für diese Teilstrecke brauchte die Gruppe 66 min = 1 h 6 min.
Die Rast dauerte 30 min = $\frac{1}{2}$ h lang.
Für die 10 km lange Teilstrecke $\overline{BC}$ brauchte die Gruppe 1 h, für die ebenso lange Teilstrecke $\overline{CZ}$ nur 20 min. Sie war auf der Teilstrecke $\overline{BC}$ also langsamer.
Nach der halben Zeit ($1\frac{1}{2}$ h) ist die Gruppe genau 20 km weit gefahren, also die Hälfte der Strecke.
Nach einem Drittel der Zeit (1 h) ist die Gruppe mehr als 15 km gefahren. Das ist mehr als ein Drittel.

2 rot: Fahrt mit zweimaligem Rasten: S – A – B – D – C – Z
blau: Fahrt mit einer einzigen Rast, die lang dauert: S – D – C – Z
gelb: Fahrt, die erst schnell, dann langsam und dann wieder schnell geht: S – A – C – Z
grün: Fahrt, die erst langsam, dann schnell und dann wieder langsam geht: S – B – D – Z
schwarz: Fahrt mit gleichmäßiger Geschwindigkeit: S – Z; B liegt auf der Strecke

3

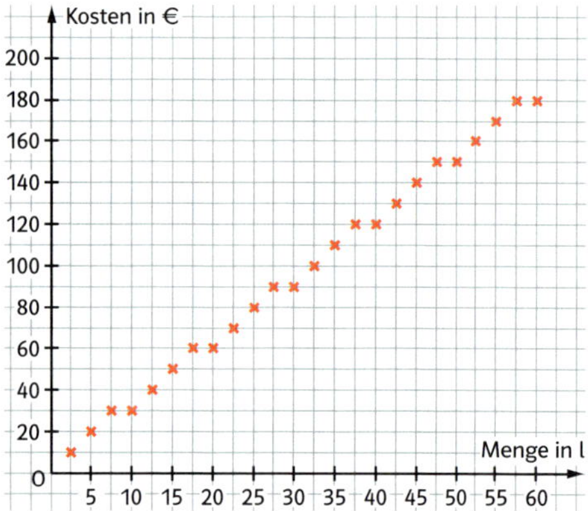

Wagner: 140 € ; Schott: 150 €
Scheuer: Da es eine Menge von 51 l nicht zu kaufen gibt, müssen $52\frac{1}{2}$ l zu 160 € gekauft werden.
Larmann: Es müssen $37\frac{1}{2}$ l zu 120 € gekauft werden. Frau Larmann überlegt, ob sie dann nicht gleich 40 l nehmen soll, denn diese Menge kostet ebenfalls 120 €. Damit hätte sie eine Reserve zum Ausbessern.

2 Proportionale Zuordnungen

1

0,7 l-Flaschen Saft	1	2	3	4
Preis in €	1,20	2,40	3,60	4,80

0,7 l-Flaschen Saft	5	6	7	8
Preis in €	6,00	7,20	8,40	9,60

Beutel Äpfel	1	2	3
Preis in €	2,30	4,60	6,90

Beutel Äpfel	4	5	10
Preis in €	9,20	11,50	23,00

Becher Jogurt	1	2	3	4	5
Preis in €	0,35	0,70	1,05	1,40	1,75

Stück Butter	1	2	3	4	5	8
Preis in €	1,10	2,20	3,30	4,40	5,50	8,80

2

Packungen Dübel	1	4	10	6	8	5	12
Preis in €	1,10	4,40	11,00	6,60	8,80	5,50	13,20

Dosen Lack	1	3	4	7	8	9
Preis in €	4,50	13,50	18,00	31,50	36,00	40,50

Packungen Schrauben	2	4	8	6	12	16
Preis in €	3,60	7,20	14,40	10,80	21,60	28,80

Rechenbeispiele:
1. Tabelle: $1 \cdot 4 = 4$ und $1{,}10 \cdot 4 = 4{,}40$
2. Tabelle:
$3 + 4 = 7$ und $13{,}50 + 18{,}00 = 31{,}50$;
$3 \cdot 3 = 9$ und $13{,}50 \cdot 3 = 40{,}50$
3. Tabelle: $2 \cdot 2 = 4$ und $3{,}60 \cdot 2 = 7{,}20$;
$2 \cdot 3 = 6$ und $3{,}60 \cdot 3 = 10{,}80$

3

Stockwerke	3	1	2	5
Höhe des Hauses (ohne Dach) in m	8,40	2,80	5,60	14,00

Anzahl der Stufen	15	30	5	20
Treppenhöhe in m	2,70	5,40	0,90	3,60

Anzahl der Stufen	15	30	75
Treppenhöhe in m	3,00	6,00	15,00

Wohnfläche in m^2	60	80	100	120
Miete in €	480	640	800	960

Wohnfläche in m^2	50	75	100
Miete in €	350	525	700

4

Fahrzeit in min	20	80	60	10
Fahrstrecke in km	5	20	15	2,5
$\frac{\text{Fahrstrecke in km}}{\text{Fahrzeit in min}}$	$\frac{1}{4}$	$\frac{1}{4}$	$\frac{1}{4}$	$\frac{1}{4}$

Fahrzeit in min	30	90	45	1
Fahrstrecke in km	7,5	22,5	11,25	0,25
$\frac{\text{Fahrstrecke in km}}{\text{Fahrzeit in min}}$	$\frac{1}{4}$	$\frac{1}{4}$	$\frac{1}{4}$	$\frac{1}{4}$

Alle Quotienten haben den Wert $\frac{1}{4}$ (= 0,25).

Fahrzeit in min	14	25	35
Fahrstrecke in km	$3\frac{1}{2}$	$6\frac{1}{4}$	$8\frac{3}{4}$

5

Gewicht in kg	1	$\frac{1}{2}$	$1\frac{1}{2}$	$\frac{3}{4}$
Preis in €	1,80	0,90	2,70	1,35

Gewicht in kg	2	$2\frac{1}{4}$	$1\frac{3}{4}$
Preis in €	3,60	4,05	3,15

6 Der erste unpassende Höhenwert ist 420 m. Wäre die Zuordnung eine Proportionalität, müsste er 490 m sein.
Mögliche Gründe für die Abweichung von der Proportionalität: Ermüdung, Rast, schwieriger Weg, schlechtes Wetter.

3 Schaubilder proportionaler Zuordnungen

1

Fahrzeit in min	5	20	25	40
Fahrstrecke in km	10	40	50	80

2

Fahrzeit in min	30	45	60
Fahrstrecke in km	20	30	40

3 Es werden 75 min benötigt.

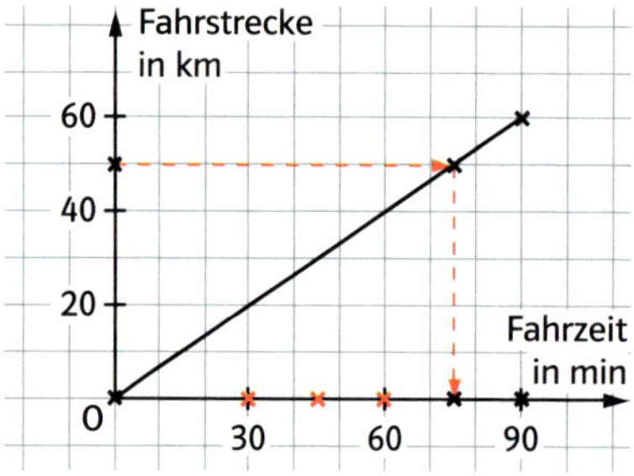

4

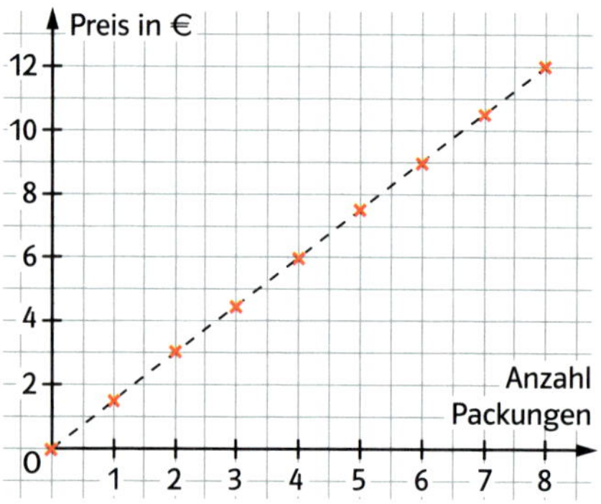

Anzahl Packungen	1	2	3	4
Preis in €	1,50	3,00	4,50	6,00

Anzahl Packungen	5	6	7	8
Preis in €	7,50	9,00	10,50	12,00

5

Gewicht in g	50	100	150	200	250
Preis in €	0,68	1,36	2,04	2,72	3,40

Gewicht in g	300	350	400	450	500
Preis in €	4,08	4,76	5,44	6,12	6,80

125 g kosten 1,70 €; 275 g kosten 3,74 €; 325 g kosten 4,42 €.
Preise für die beiden benachbarten Gewichte addieren, Summe halbieren!

6

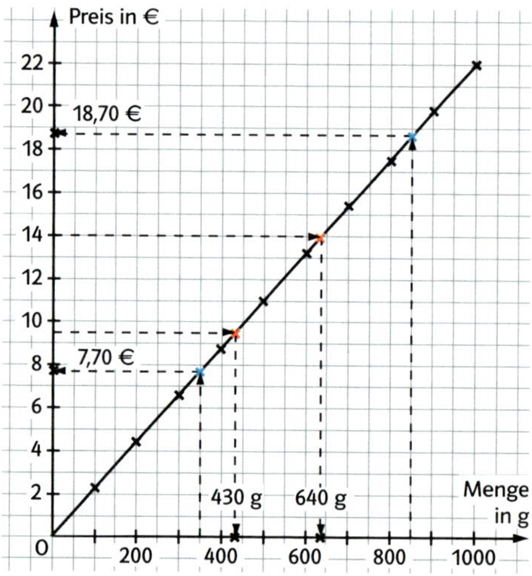

350 g kosten 7,70 €, 850 g kosten 18,70 €. Frau Schindler kauft 640 g, Herr Wagner kauft 430 g.

7

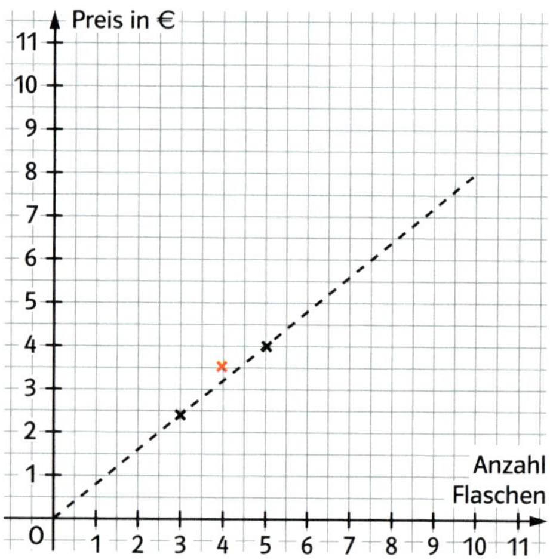

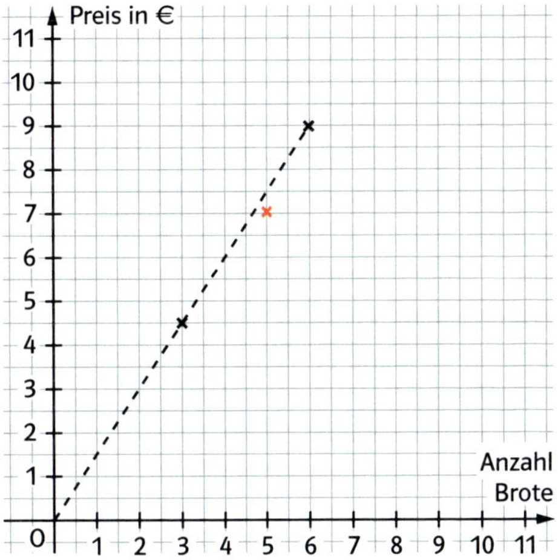

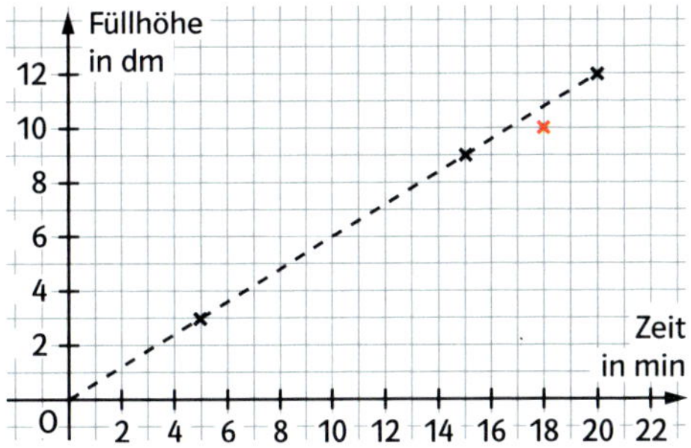

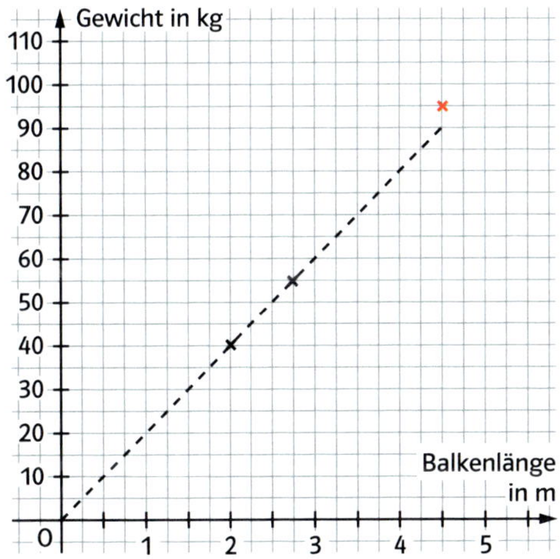

Rechnerische Lösung mit Hilfe der Quotienten „Ausgabewert : Eingabewert"
Erste Tabelle: Drei Quotienten sind 0,80 €; der Quotient zum Eingabewert 4 ist aber 0,90 €.

Zweite Tabelle: Zwei Quotienten sind 1,50 €, der Quotient zum Eingabewert 5 ist aber 1,40 €.
Dritte Tabelle: Drei Quotienten haben den Wert $\frac{3}{5} = 0{,}6$, der Quotient zum Eingabewert 10 hat aber den Wert $\frac{10}{18} = \frac{5}{9} = 0{,}\overline{5}$.
Vierte Tabelle: Zwei Quotienten haben den Wert $\frac{1}{30}$, der zum Eingabewert 3 hat aber den Wert $\frac{3}{100}$.

8

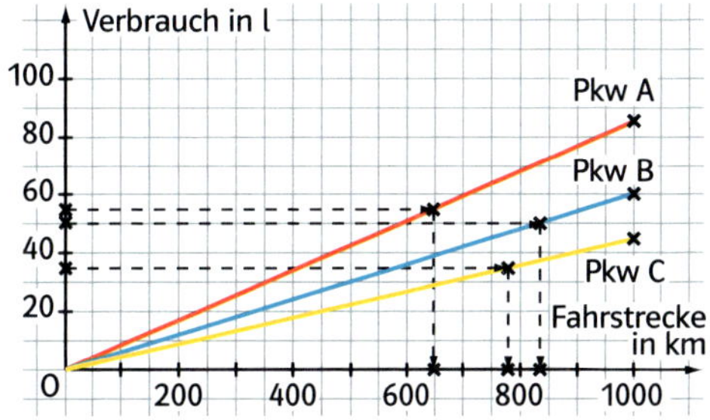

Aus dem Schaubild liest man die Reichweite genähert ab.
Pkw A: 650 km; Pkw B 830 km;
Pkw C 780 km

4 Dreisatz

1 2,80 €; 4,50 €

2 9,90 €; 4500 g; 98 kg; 99 €

3 220 km; 42 m; 3300 €

4 126 m^3; 21 h
1620 €; 258 m^2

5 Die Antworten sind natürlich nur sinnvolle Vermutungen, denn auch mit Mathematik kann man nicht sicher in die Zukunft blicken. Außerdem gibt es verschiedene Lösungswege.
Anne liest im Durchschnitt täglich 154 : 7 = 22 Seiten. In den verbleibenden 3 Tagen wird sie 66 Seiten lesen. Da 154 + 66 = 220 größer als 210 ist, wird ihr der Lesestoff ausgehen.
Manuela hat in 10 Spielen durchschnittlich je 14,5 Punkte erzielt. Sie kann also erwarten, in 16 Spielen 14,5 · 16 = 232 Punkte zu erreichen und damit ihren Saisonrekord zu überbieten.
Mircea hat in 8 Spielen durchschnittlich $\frac{106}{8} = \frac{53}{4} = 13\frac{1}{4}$ Punkte geworfen.
In den restlichen 6 Spielen kann sie auf 6 · 13,25 = 79,5 Punkte hoffen. Es gibt natürlich keine halben Punkte. Sie sollte also mit 79 Punkten rechnen. Damit kommt sie auf 106 + 79 = 185 Punkte und wird die 200 Punkte wahrscheinlich nicht erreichen.

Teste dich selbst

1 Die Gruppe ist 40 min lang sehr schnell gegangen und hat dabei einen Weg von 5 km zurückgelegt.

2

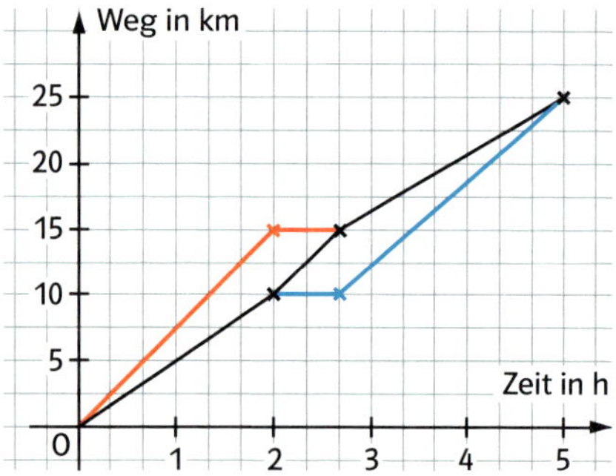

3

Milch in l	1	2	4	6	8
Preis in €	0,90	1,80	3,60	5,40	7,20

4

Dosen Katzenfutter	3	6	4
Preis in €	4,50	9,00	6,00

Dosen Katzenfutter	7	5	12
Preis in €	10,50	7,50	18,00

5

Fahrzeit in min	20	40	45	15
Fahrstrecke in km	8	16	18	6

6 Für 400 km braucht der Pkw etwa 21 l. Mit 35 l kommt der Pkw etwa 660 km weit.

7 3 Packungen kosten 3,90 € .
9 Packungen kosten 11,70 €.

8 Nach 21 h sind 87,5 m^3 eingelaufen.
Das Füllen dauert 30 h.

10 Daten erfassen und auswerten

1 Daten erfassen

1 Dritte Zeile: 7; 13; 44; 27; 9
Verena muss den Strich in die Spalte 3 setzen.

2 Häufigkeiten, hier zur Platzersparnis als Zeile geschrieben:
17; 18; 3; 18; 6; 7; 5; 3; 23
Die Erhebung hat nicht viel genützt, weil es nur drei wirklich beliebte Gerichte gibt. Unter den vielen „anderen Gerichten" könnten noch beliebte Gerichte sein.

3

	6a	6b	6c	6a, b und c
Elefant	9	11	7	27
Orang Utan	8	3	12	23
Giraffe	2	7	3	12
Seelöwe	7	6	7	20

Klasse 6a: Elefant   Klasse 6b: Elefant
Klasse 6c: Orang Utan
Klassen 6a, b und c zusammen: Elefant

4

	7a	7b	7c	7a, b und c
Elefant	8	10	6	24
Orang Utan	4	5	1	10
Giraffe	3	0	4	7
Seelöwe	7	9	13	29

Klasse 7a: Elefant   Klasse 7b: Elefant
Klasse 7c: Seelöwe
Klassen 7a, b und c zusammen: Seelöwe
Zwei Klassen haben den Elefant als Lieblingstier, nur eine Klasse hat den Seelöwen als Lieblingstier. Trotzdem ist der Seelöwe das Lieblingstier aller 7. Klassen zusammen.

5 Das Lieblingstier der meisten Klassen (nämlich von vier) war der Elefant.
Die meisten Stimmen, nämlich 51 hat der Elefant bekommen.

6 0; 5; 5; 5; 6; 6; 7; 7; 9; 10; 10; 11; 11; 11; 12; 12; 12; 12; 12; 13; 13; 14; 14; 14; 15

Punktzahl	0	1	2	3	4	5	6	7
Häufigkeit	1	0	0	0	0	3	2	2

Punktzahl	8	9	10	11	12	13	14	15
Häufigkeit	0	1	2	3	5	2	3	1

Es wurden 11 Freikarten gewonnen.

7

17	19	20	22	22	23	23	24	28
20	22	22	23	23	24	25	27	27

29	30	31	31	31	32	33	38	40
28	33	33	34	34	35	35	36	37

In der unteren Rangliste sind die Weiten an 14 von 18 Stellen größer als in der oberen Rangliste. Das Training hat also Erfolg gehabt.

2 Daten darstellen

1

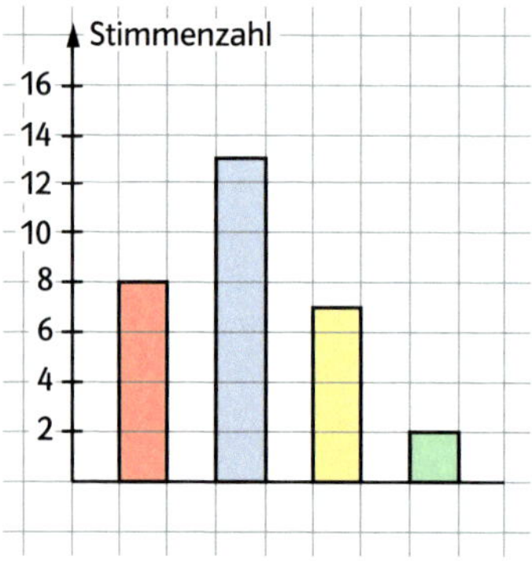

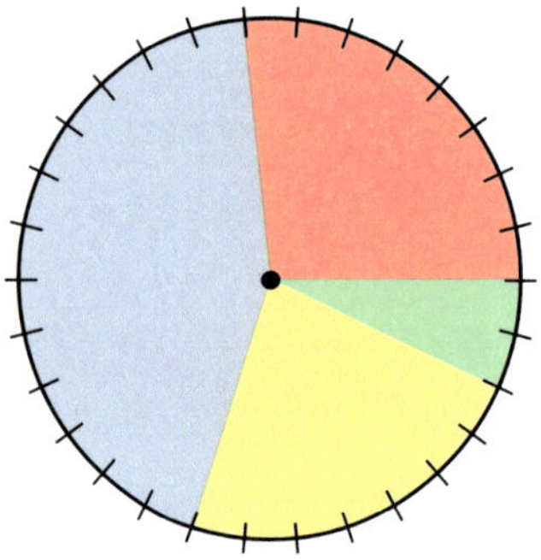

Die einzelnen Kreisausschnitte können auch anders als im Bild liegen.

2 Zucker $\frac{11}{20}$; Fett $\frac{6}{20}$; Haselnüsse $\frac{2}{20}$; Milchpulver $\frac{1}{20}$

Zucker 55 %; Fett 30 %; Haselnüsse 10 %; Milchpulver 5 %

3

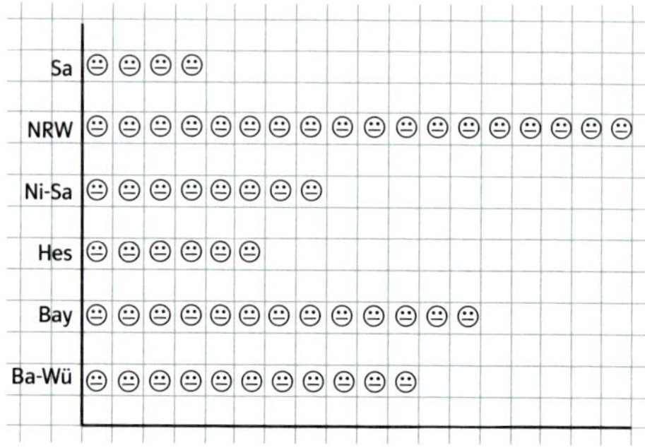

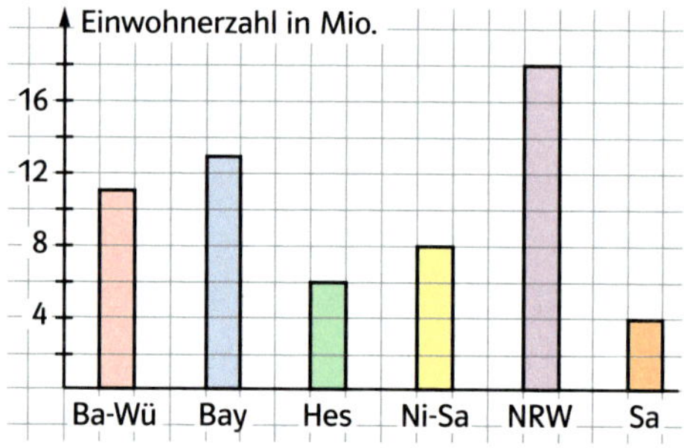

4

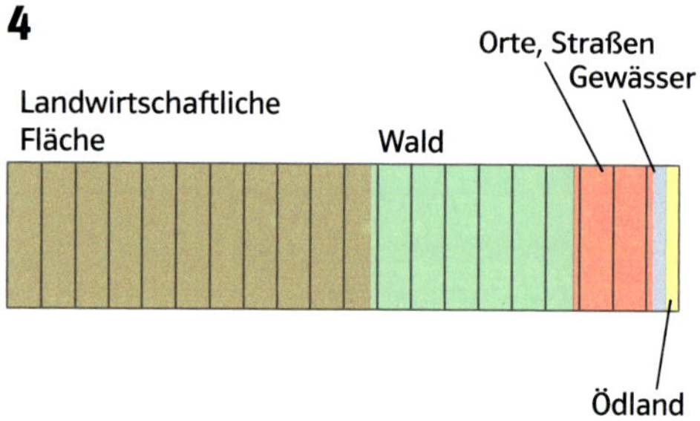

1 %	2 %	4 %	10 %	12 %
3,6 °	7,2°	14,4°	36°	43,2°

20 %	30 %	40 %	50 %	54 %
72°	108°	144°	180°	54°

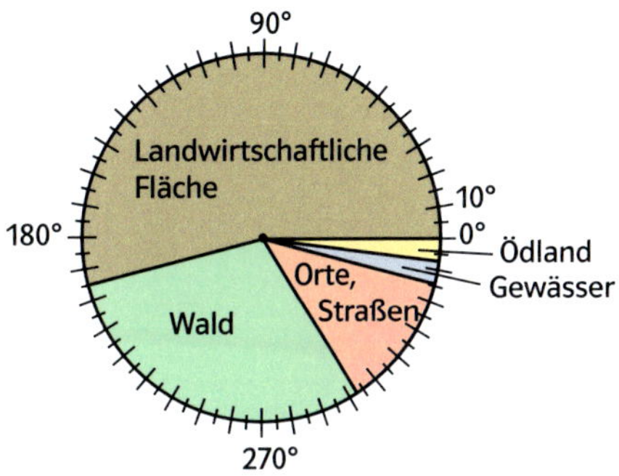

3 Daten auswerten

1 Liste 1: Minimum: 7; Maximum: 89; Spannweite: 82
Liste 2: Minimum: 3,8; Maximum: 12,9
Spannweite: 9,1
Liste 3: Minimum: $2\frac{1}{2}$; Maximum: 9
Spannweite: $6\frac{1}{2}$

2 7; 12,9 8; 16 $\frac{44}{8} = 5{,}5$; $\frac{66}{9} = \frac{22}{3} \approx 7{,}1$

3

Minimum	Maximum	Spannweite	Mittelwert
281 m	426 m	145 m	350 m
3,2 kg	9,2 kg	6,0 kg	5,75 kg
98 cm	6,4 m	5,42 m	4,005 m
45 min	2 h 35 min	1 h 50 min	1 h 20 min

4 Mittelwert aller zehn Würfe:
366 m : 10 = 36,6 m
Die Weite 21 m wird gestrichen. Neuer Mittelwert: 38 m
Zusätzlich wird die Weite 46 m gestrichen. Neuer Mittelwert: 37 m

5 Laura: Minimum: 22; Maximum: 33; Spannweite: 12; Mittelwert: 27,2
Sophie: Minimum: 17; Maximum: 37; Spannweite: 20; Mittelwert: 29,2

Sophie hat die beste, aber auch die schlechteste Zeit und einen schlechteren Mittelwert erreicht. Man kann also sagen, dass Laura besser reagiert.

6 Anna: 12,80 m; 0,64 m = 64 cm
Alex: 13,60 m; 0,68 m = 68 cm

7

Punktzahl	0	1	2	3	4	5	6	7	8	9	10
Häufigkeit	0	0	1	1	2	1	1	2	2	3	7

Mittelwert: $\frac{151}{20} = 7{,}55$

8

6	6		7	8
6	7		14,5	13,5
12	10		10	20

9

	Rangliste	Min.	Max.	Sp.-w.	M.-wert	Z.-wert
1. Woche	11; 12; 13; 14; 16; 17; 18	11	18	7	14,4	14
2. Woche	8; 9; 10; 11; 15; 22; 23	8	22	14	14,0	11
3. Woche	7; 7; 8; 10; 10; 14; 27	7	27	20	11,8	10

Für Woche Nr. 3 passt der Zentralwert besser zum Temperaturverlauf als der Mittelwert, denn er liegt nahe bei fünf Werten.
Woche Nr. 1 hat den größten Mittelwert, aber das kleinste Maximum. Woche Nr. 3 hat den kleinsten Mittelwert, aber das größte Maximum.

4 Daten vergleichen

1

Anteil	Bruch	voll gekürzter Bruch	Bruch mit Nenner 100	Prozentzahl
7 von 20	$\frac{7}{10}$	$\frac{7}{20}$	$\frac{35}{100}$	35 %
4 von 50	$\frac{4}{50}$	$\frac{2}{25}$	$\frac{8}{100}$	8 %
12 von 30	$\frac{12}{30}$	$\frac{2}{5}$	$\frac{40}{100}$	40 %
144 von 200	$\frac{144}{200}$	$\frac{18}{25}$	$\frac{72}{100}$	72 %
57 von 300	$\frac{57}{300}$	$\frac{19}{100}$	$\frac{19}{100}$	19 %
8 von 40	$\frac{8}{40}$	$\frac{1}{5}$	$\frac{20}{100}$	20 %
55 von 220	$\frac{55}{220}$	$\frac{1}{4}$	$\frac{25}{100}$	25 %
27 von 200	$\frac{27}{200}$	$\frac{27}{200}$		13,5 %
15 von 80	$\frac{15}{80}$	$\frac{3}{16}$		18,75 %
10 von 30	$\frac{10}{30}$	$\frac{1}{3}$		33,33 %

2

	Anteil als Bruch	Anteil in %
Klasse 6a	$\frac{7}{25}$	28 %
Klasse 6b	$\frac{9}{30} = \frac{3}{10}$	30 %
Klasse 6c	$\frac{5}{20} = \frac{1}{4}$	25 %

Die Erkältung ist in Klasse 6b am schlimmsten.

3

sehr gut	gut	ordentlich	mäßig	schlecht
45	70	125	171	89
$\frac{45}{500} = \frac{9}{100}$	$\frac{70}{500} = \frac{7}{50}$	$\frac{125}{500} = \frac{1}{4}$	$\frac{171}{500}$	$\frac{89}{500}$
9 %	14 %	25 %	34,2 %	17,8 %

4 Umfang der Erhebung: 800

sehr gut	gut	ordentlich	mäßig	schlecht
40	248	312	114	86
$\frac{40}{800} = \frac{1}{20}$	$\frac{248}{800} = \frac{31}{100}$	$\frac{312}{800} = \frac{39}{100}$	$\frac{114}{800} = \frac{57}{400}$	$\frac{86}{800} = \frac{43}{400}$
5 %	31 %	39 %	14,25 %	10,75 %

5 Gerundete Prozentzahlen:

D: 9 %; 14 %; 25 %; 34 %; 18 %

F: 5 %; 31 %; 39 %; 14 %; 11 %

Deutschland

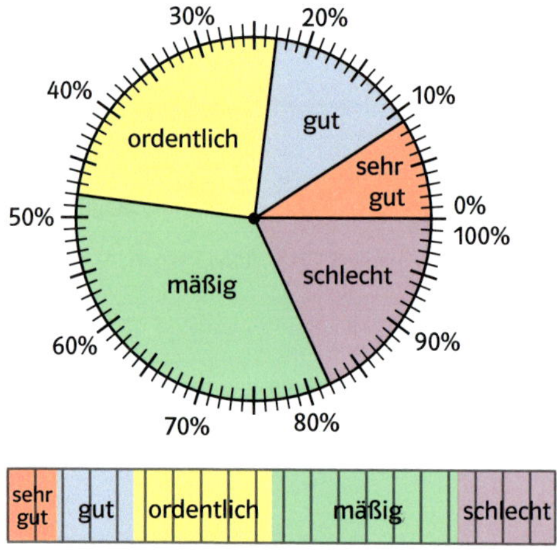

Frankreich

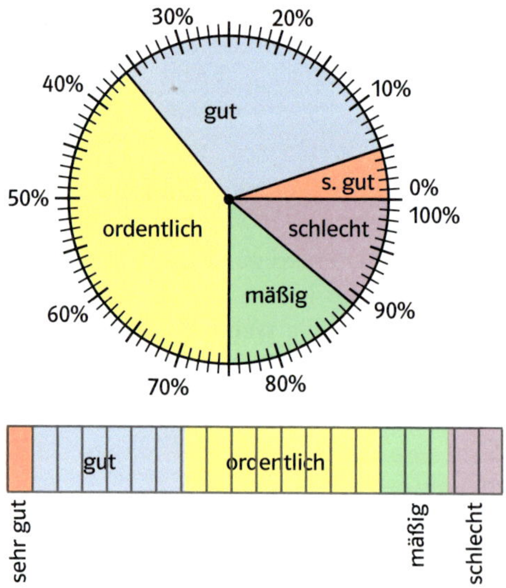

6 In Frankreich gibt es prozentual viel mehr Jugendliche mit guter oder ordentlicher Fitness als in Deutschland. Der Anteil der Jugendlichen mit schlechter Fitness ist in Frankreich kleiner als in Deutschland, dafür ist aber auch der Anteil der Jugendlichen mit sehr guter Fitness kleiner.
Warnung: Aufgaben 5 und 6 beruhen nicht auf einem wirklich durchgeführten Test.

Teste dich selbst

1

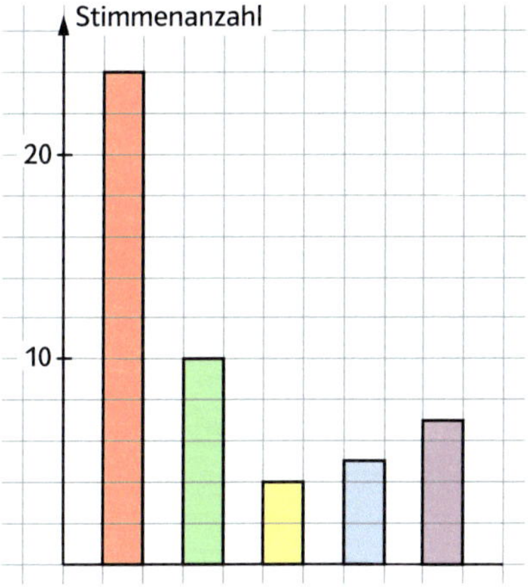

2 rot: $\frac{24}{50} = \frac{12}{25}$; grün: $\frac{10}{50} = \frac{1}{5}$;
gelb: $\frac{4}{50} = \frac{2}{25}$; blau: $\frac{5}{50} = \frac{1}{10}$; violett: $\frac{7}{50}$

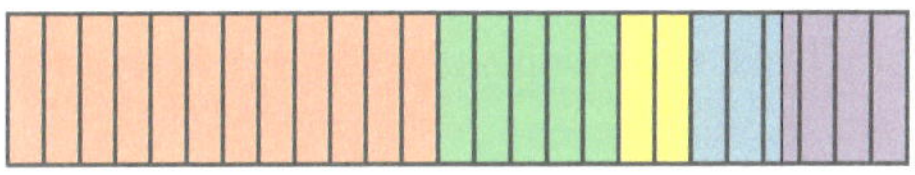

3 Minimum: 6; Maximum: 15;
Spannweite: 9; Mittelwert: 11,1

4

0	1	2	3	4	5	6	7	8	9	10	11	12	13	14	15
0	0	0	0	0	0	1	1	0	3	4	3	1	3	2	2

Anzahl der Tests

mit 0 bis 5 Punkten: 0;
mit 6 bis 10 Punkten: 9;
mit 11 bis 15 Punkten: 11

5

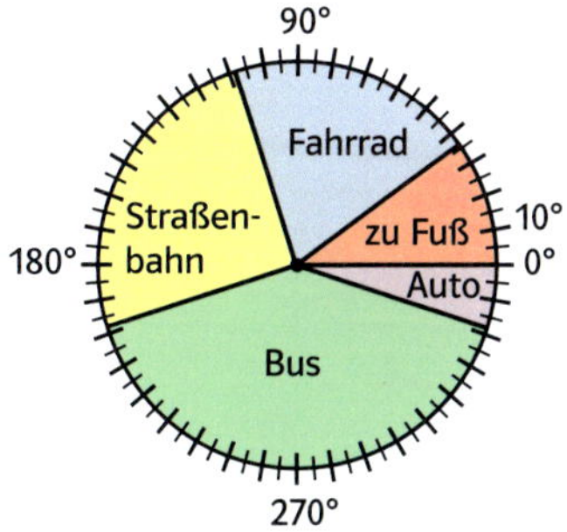

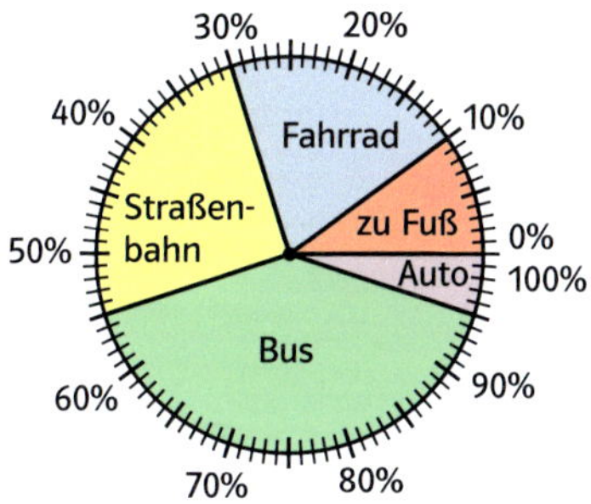

6 15; 17; 19; 21; 25; 26; 30; 30; 30; 31; 31; 32; 33; 35; 36; 40; 41; 42; 43; 47; 47
Zentralwert: 31 m

7 Team 6a:
46; 49; 56; 64; 65; 70; 73; 80; 81; 84; 99
Team 6b:
44; 50; 58; 67; 67; 69; 77; 82; 84; 90; 94
In der unteren Rangliste sind die Werte an 8 von 10 Stellen größer als in der oberen Rangliste. Nach Rangliste hat also Team 6b besser abgeschnitten.
Man kann auch die Mittelwerte vergleichen: Team 6a erreicht den Mittelwert 76,7 P, Team 6b erreicht den Mittelwert 78,2 P. Auch nach Mittelwert hat Team 6b besser abgeschnitten.

11 Ganze Zahlen

1 Ganze Zahlen

1

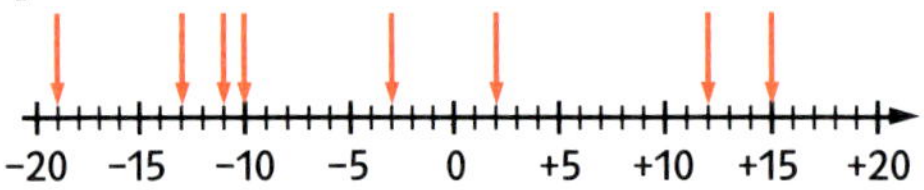

2 Erste Zahlengerade:
−44; −29; −24; −17; −5; +19; +43
Zweite Zahlengerade:
−98; −79; −67; −55; −35; −22; −18; −7

3 +1; −1; −5; 0 −2; −7; +5; 0

2 Anordnung

1 +2 < +5; −2 < +3; −4 > −5; +5 > −5; −2 < +4
+12 > +8; −9 < +16; −14 < −9; +3 > −20; −22 < +34

2 −222 < −221; −123 > −321;
−40 > −400; +567 < 576; −548 > −854
+1002 > +102; −1002 < −102;
−1234 > −1235; +34 > −34; −4050 < −405

3 −9 < −5 < +2 < +6; −8 < −5 < +3 < +7
−13 < −2 < +4 < +11; −14 < −9 < −7 < +9
+1 > 0 > −7 > −9; +9 > −1 > −2 > −6
−6 > −9 > −10 > −19; −7 > −8 > − 11 > −14

4 −22 < −21 < −13 < −12 < −8 < 0 < +12 < +17 < +35 < +57
+57 > +35 > +17 > +12 > 0 > −8 > −12 > −13 > −21 > −22

5 −57 < −35 < −17 < −12 < 0 < +8 < +12 < +13 < + 21 < +22
+22 > + 21 > +13 > +12 > +8 > 0 > −12 > −17 > −35 > −57

6 Erste Zeile: −7; −12; −8
zweite Zeile: −18
dritte Zeile: −37; 29; 0
vierte Zeile: −370; −399

7 Ergebnisse:
erst kleinste Zahl, dann größte: −15
erst größte Zahl, dann kleinste: −19.
Die übrig bleibenden Zahlen sind also verschieden.
Woher kommt das? Stelle dir die 18 Zahlen in einer Kleiner-Kette geordnet vor. Streichst du die kleinste Zahl, die größte, die kleinste usw., streichst du von vorne acht und von hinten sieben Zahlen. Die neunte Zahl von vorne bleibt übrig.
Streichst du die größte, die kleinste, die größte usw., streichst du von hinten acht und von vorne sieben Zahlen. Die achte Zahl von vorne bleibt übrig.

8 −34 °C < −30 °C < −26 °C < −22 °C < −20 °C < −14 °C < −13 °C < −12 °C < −11 °C < −10 °C < −8 °C < +3 °C
Am kältesten war es am 1. Juni. Am wärmsten war es am 1. Dezember.
Die zweitniedrigste Temperatur herrschte am 1. Juli, die zweithöchste am 1. November.
Die drittniedrigste Temperatur herrschte am 1. Mai, die dritthöchste am 1. Februar.
Die Temperaturen am 1. der Monate Februar, Oktober, November, Dezember waren höher als die Temperatur am 1. September.

Die Temperaturen am 1. der Monate April, Mai, Juni, Juli waren niedriger als die Temperatur am 1. August.

3 Zunahme und Abnahme

1 +4; +3; +7; −5; −6
−7; −10; −10; +13; −13
+15; −13; −20; −14; −16
+15; −13; −20; −14; −16
−9; −8; +14; −1; +1
+14; −15; −4; −18; −17
−23; −1; −20; +32; −32
−15; −43; −53; −31; −29

2 −4; −2; +3; −7; −10
−9; −6; −10; −2; +1
−9; +10; +8; −1; −10
−20; −2; −1; +8; −9

3

−8	−7	+19	+4	−5	+8	−12	+10	−3	+5	−4	0	−8

4 −60 m; −90 m; −50 m; −30 m; −110 m

5

−10	−4	+49	+7	−5	−6	−21	+4	+25	−2	−16

größte Zunahme: 49 cm;
kleinste Zunahme: 4 cm
größte Abnahme: 21 cm;
kleinste Abnahme: 2 cm
Abnahme vom höchsten zum tiefsten Wasserstand: 52 cm

Teste dich selbst

1 −49; −44; −37; −31; −20; −15; −9; −1; +9; +23

2 −7; −2; −10; +6

3 −34 < −13 < −12 < 0 < +4 < +18

4 −49; −22

5 +6; +12; −21; −32
−9; +5; +6; +9

6 +13 °C; +12 °C; −18 °C; −19 °C; +18 °C; +16 °C; −2 °C
größte Zunahme: 18 °C
kleinste Zunahme: 12 °C
größte Abnahme: 19 °C
kleinste Abnahme: 2 °C

im Griff!
Jeder Titel 14,99 €
Die Lernhilfe mit Online-Abschlusstest
+ Schritt-für-Schritt-Erklärungen mit vielen Beispielen zeigen dir, wie's geht.
+ Viele Übungsaufgaben machen dich zum Profi.
+ Mit den ausführlichen Lösungen korrigierst du dich selbstständig.
+ Extra: Mit Online-Abschlusstests nach jedem KapiteL kannst du deinen Lernerfolg überprüfen.
Grammatik Deutsch 5/6 im Griff!
ISBN 978-3-12-927225-1
Grammatik Deutsch 7/8 im Griff!
ISBN 978-3-12-927226-8
Aufsatz Deutsch 5/6 im Griff!
ISBN 978-3-12-927227-5
Rechtschreibung Deutsch 5/6 im Griff!
ISBN 978-3-12-927223-7
Rechtschreibung Deutsch 7/8 im Griff!
ISBN 978-3-12-927228-2
Grammatik Englisch 5/6 im Griff!
ISBN 978-3-12-927224-4
Grammatik Englisch 7/8 im Griff!
ISBN 978-3-12-927229-9
Grammatik Englisch 9/10 im Griff!
ISBN 978-3-12-927281-7
Bruchrechnung Mathematik 5-8 im Griff!
ISBN 978-3-12-927233-6
Funktionen Mathematik 7-10 im Griff!
ISBN 978-3-12-927246-6
Wahrscheinlichkeitsrechnung Mathematik 5-10 im Griff!
ISBN 978-3-12-927279-4
Grammatik Latein 1/2 im Griff!
ISBN 978-3-12-927232-9
Übersetzung Latein 3.-5. im Griff!
ISBN 978-3-12-927265-7
Grammatik Spanisch 1.-3. im Griff!
ISBN 978-3-12-927272-5
Grammatik Französisch 1./2. im Griff!
ISBN 978-3-12-927247-3
Foto: © foto.fritz – Fotolia.com